Bienen-Kunst

M. Caspari Höfflers/ P.L. Rechte

Aus
Nicol Jacobi Schlesiers/Weyland anno 1568
publiziertem Traktat, mit bewährter Erfahrung
in drei Bücher zusammengeschrieben, mit
schönen Bienenmeisterischen Kunststücklein
und Figuren versehen, und allgemein zum
Besten anno 1614 herausgegeben.
Daraus ein fleißiger Hausvater gründlich
erlernen kann, wie er eine Bienenzucht anlegen,
eine solche in Person nutzbringend erhalten und
fruchtbringend genießen könne.
Hier in richtiger Ordnung verfasst, von
Unnötigem entledigt, in vielem Merklichen
vermehret und verbessert durch
M. Christoph Schrot Grimmâ-Misnicum, Pfarrer
zu Langen-Leube im Oberhain
Leipzig - In Verlegung Friedrich Lanckisch/
Druck: Johann Erich Hahn. 1660

Bienen-Kunst

Autoren: M. Caspari Höfflers, M. Christoph Schrot, M.
Nicol Jacobi

erschien zwischen 1568 und 1660.

Überarbeitung der Stahlstichtafeln und Aktualisierung
von Sprache und Rechtschreibung Copyright © X-Star
Publishing Company, 2014

X-Star Publishing Company
Nehawka, Nebraska, USA
xstarpublishing.com

ISBN 978-161476-257-7

299 Seiten
19 Abbildungen

Anmerkungen des Überschreibers der deutschen Ausgabe:

Das im Jahre 1568 von Nicol Jacob aus Sprottau verfasste Werk "Gründlicher und nützlicher Unterricht von der Wartung der Bienen" gilt als der Beginn der deutschen Bienenliteratur. Es ist Zeuge einer Zeit, in der Bienen von immensem wirtschaftlichen Nutzen waren, da Honig das einzig verfügbare Süßungsmittel stellt. Die Gewinnung von Zucker aus Rüben wird erst 1801 von F. C. Achad entwickelt. Bis zu dieser Zeit wurden Bienen und die Imkerei so hoch geschätzt, dass Papst Urban III diese Tiere in sein Wappen aufnahm, und Kaiserin Maria Theresia von Österreich eine nationale Imkereischule einrichtet.

M. Caspari Höffler griff Jacobs Werk auf und publizierte 1614 die erste Auflage eines kommentierten Werkes, „Die rechte Bienenkunst". Es erschienen insgesamt 4 Ausgaben dieses Werkes zwischen 1614 und 1700.

Die hier vorliegende zusätzlich von Christoph Schrot überarbeitete Fassung von Höfflers Werk wurde 1660 in Leipzig veröffentlicht.

Mir fiel die ehrenvolle Aufgabe zu, dieses Kunstwerk aus den Anfängen der deutschen Bienenliteratur in das Jahr 2014 zu überführen. Neben der Digitalisierung umfasste dies hauptsächlich die Erneuerung der Sprache. Altertümliche Schreibweisen und Satzstellungen, die das Lesen erschweren, wurden aktualisiert, und Satzeichen eingeführt, da der Text des Originals großteils nur durch Schrägstriche unterteilt ist. Weiters wurden nicht mehr gebräuchliche Wörter ersetzt oder durch in Klammern gesetzte Übersetzungen oder Anmerkungen erläutert, und ein Nachschlage-Index angelegt. Die Quelle für die meisten dieser Erklärungen ist das „Deutsche Wörterbuch" von Jacob und Wilhelm Grimm, das 1854 in Leipzig erschienen ist. Wörter oder Satzteile, für die keine Übersetzungen gefunden wurden, sind mit einem Fragezeichen markiert und/oder wurden unverändert übernommen.

Die Kommentare von M. Caspari Höffler sind kursiv gedruckt, gemäß der ebenfalls differenzierten Schreibweise im Original.

Die vielen lateinischen Zitate wurden entweder direkt oder in gegebenem Falle aus einer englischen Übersetzung von Virgils Georgica (Internet Sacred Text Archive) in's Deutsche übersetzt.

Die Illustrationen stammen aus einer weiteren Ausgabe desselben Werkes, und sind teilweise mit denen in Nicol Jacobs Werk ident.

—Nina Bausek, Überschreiber und Übersetzer

Zur Ermahnung

Neid gehe fort, gehe weg von hier in die Eingeweide
deiner Mutter, damit du vergehst, dieses mühevolle
Werk hier aber nütze den Ehrbaren.
(Übersetzung)

Dem hoch-edel geborenen gestrengen und besten
Herrn Curdt Lösern aus Galitz, Reinharts, Hänichen und
Nenckersdorff, und Kurfürstliche Durchlaucht zu Sachsen,
und hochwohlbestallten Rath der Kur Sachsen, Erbmarschall
auch der löblichen Landschaft des Herzogtums Altenburg.

Meinem insbesonders hochgeehrten Herrn Gevatter
und hochgeneigten Patron.

Von Gott dem Vater Gnade, Friede, Segen, glückliche
langlebige Regierung durch Christus Jesus, in Kraft des
heiligen Geistes, neben meinem andächtigen Gebet zuvor,
hochedler Herr Hofrat und Gevatter.

Ach wie gar viel Gaben muss der Hausstand haben.

Dass in der christlichen Kirche dies mit Wahrheit
gesungen werde, ist klar ersichtlich, wenn man ansiehet:

1. Den geistlichen Lehrstand: Ist also etwa in der
Religion ein Streit, oder im Gewissen ein Zweifel, so kann
man nach der Norm Gottes, nach dem Gesetz und Zeugnis
Ef. 8.19. sicherlich und gewiss dem Streit abhelfen und
tröstlich dem geängstigten Gewissen raten.

2. Den weltlichen Regentenstand: Ereignet sich
Uneinigkeit in bürgerlichen und rechtlichen Händeln, so ist
der Richter Jus civile (Bürgerrecht), nebens dem Richter in
unseren Landen Saxonicum (Sachsen). Soll man zu Friedens-

oder Kriegszeit eine Regierung anstellen, oder eine solchermaßen angestellte und verfasste erhalten, dienet dann Jus publicum (öffentliches Recht) mit seinen Zusätzen. Alsdenn ist, wo sich nicht Unwissenheit und Unvorsichtigkeit oder Falschheit mit eingemengt haben, die Sache richtig.

3. Den häuslichen Nehrstand: Da ist sicherlich wahr, was Paulus sagt: So ist nun weder der da pflanzet, noch der da begießt etwas, sondern Gott, der das Gedeihen gibt; 1. Cor. 3.7. Zumal man darin weder Gesetze noch Regeln, an welche Gott mitnichten sich binden lässt, vorschreiben kann; wie es an den kleinen geflügelten Tierchen, den Bienen, von anderen Stücken in der Haushaltung zu schweigen, zu ersehen ist. Die haben und führen ihrer Natur nach ein wohlbestalltes (trotz allen!) Regiment das nicht auszulernen, viel weniger zu beschreiben ist, selbst wenn man leicht demselben 60 Jahr widmen und darüber ersterben wolle, wie Aristomachus Solensis, davor Plinius (10. Buch) es getan haben sollen, und wie aus diesem Traktat oder bloßer Anmerkung, wiewohl unvollkommener, doch der Erlernung dienender, zu erkennen ist. Das sei mehr als allzu wahr. Ach wie gar viel Gaben muss der Hausstand haben.

Dass aber dieses Werklein Euch, hochedler Herr Hofrat und Gevatter (der nicht etwa allein aus Gewohnheit mitsinget, sondern mit der Wahrheit bezeugen kann, dass er in Glaubenssachen an der heiligen Schrift und derselben reinen Auslegung anhalte; In der Regierung an den Juribus, darinnen Er nicht nur so versiert ist, dass er den Seinen Jus und Justiriam legitimê administrieren kann, und auch Gott Lob! löblich administrieret, sondern auch der höchstlöblichen Sächsischen Kur- und Hochfürstlichen hohen Obrigkeit mit höchstrühmlichen Rat schuldigstermaßen fruchtbar an die Hand gehen und nach dem Exempel seiner löblichen Vorfahren dienen kann. Aber in der Haushaltung, die Er ansonsten in allen den Seinigen von Gott rechtmäßig verliehenen Gütern vernünftig und weislich, wie alle Verständigen diesfalls Zeugnis geben müssen, anstellet, noch immer zu lernen hat, oder Gottes Gnadengaben bedürftig ist) ich zuschreibe, und Euren hochedlen Namen habe vorher drucken lasse, hat mich die Dankbarkeit wegen der mir in vielen Stücken erwiesenen Gut- und Wohltaten, die alle zu erzählen vermöchten, verursachet, bitte demnach unterdienstlich, dass Er, hochedler Herr Hofrat, solches wohl verstehen und mir hochgeneigt verbleiben wolle. Der Vater aller Gnaden wolle Euch zu seines Heil, Göttlichen Namens Ehren, der Christlichen Kirchen, sowohl auch dem lieben Vaterlande zum besten, noch lange Zeit gesund fristen und samt Eurer hochedlen tugendsamen Gemahlin, hochadeligen Herren Söhnen und jungfräulichen Töchtern auch allen Angehörigen in gutem glücklichen Wohlstande erhalten, schützen, schirmen und segnen. Dem hiermit Euch zusammen getreulich empfehlende, mit dem heiligen Alcuino schließende: Prologo libri deficie sanctae et individ., Trinitatis, ad glorios. Imperat. Carolum.)

Vos Pater, atq. Patris proles, vos Spiritus alma protegat, exalte, falvet, honoret, amet.

Gegeben zu Langen-Leube im Oberhain, den 19. Dezember 1659.

E. Hoch-Ed. Gestr.

Gebet- und Dienstbefl.

M. Christoph, Pastor inibi

Inhaltsverzeichnis

xix

An den gutherzigen Leser

Günstiger lieber Leser, dass ich meines seligen Herrn Antecessoris Bienenkunst wieder habe auflegen lassen und zwar in einer richtigeren Form, ist-dir zur Nachricht-darum geschehen, weil dieses einem Hausvater ein sehr dingliches und nützliches Buch ist, und deswegen auch in allen Buchläden vergriffen war, sodass auch kein einziges Exemplar um großes Geld zu bekommen war, und nicht nur ich, sondern auch viele andere junge Haus- und Bienenväter ein heftiges Verlangen danach haben. Nachdem ich aber ungefähr solches von einem sehr guten Freunde zu lesen bekommen hatte, wurde ich willens, mir nach zu meinem Bedürfnis zu machen. Nachdem ich aber keine richtige Ordnung vorfand, konzipierte ich es auf diese richtige Art für mich alleine. Weil aber viele gute Freunde hörten und sahen, dass ich M. Höfflers Bienen-(Kunst ist zu viel gesagt) Buch hätte, baten sie um die Erlaubnis zum Durchlesen und auch zum Abschreiben, wodurch aber viel Mühe wäre verursacht wurden. Also wurde ich, nachdem ich das Werk fertig gestellt hatte, durch den Rat etlicher guter Freunde angehalten, dieses durch den öffentlichen Druck allen guten Bienen-und Hausvätern zur Verfügung zu stellen. Die Erben des seligen Herrn Verlegers des ersten Werkes bewilligten solches, um die Arbeit, so sehr geändert und vermehrt, nicht in fremde Hände oder Verlag kommen zu lassen.

Die Ursache der neuen Ordnung war bei mir diese: obwohl M. Höffler allzeit des Nicol Jacobs Wort voransetzt und mit seiner Meinung wiederholt, habe ich entweder Nicol Jacobs Wort, wenn es mit Höfflers Meinung übereinstimmt, behalten, und Höfflers hingegen ausgelassen; oder Höfflers behalten und Nicol Jacobs fahren lassen, damit der Verdruss mir beim Abschreiben und nunmehr dem Leser beim Lesen genommen werde; wie denn auch, dass der Ankauf, wenn er zu hoch wäre, weil man heutzutage lieber das Geld als an Bücher, obgleich sie nützlich sind, anders anzuwenden pflegt, einen Haus-und Bienenvater nicht abschrecken dürfte.

Doch habe ich in der geänderten Ordnung beachtet, dass die drei Bücher behalten worden sind, aber so, dass in dem ersten Buche abgehandelt wird, was zu einem Bienenvater gehöret, das ist, was er wissen und haben soll. Im anderen, wie er der Bienen wartet; und im dritten, wie er mit derselben Nutzung erlangt und umgehen soll. So wurde es also in gewisse Paragraphen verfasset, zum Nachsehen in beigefügtem Register, wie es auch auf dem Rande allezeit eines jeden Paragraphen Inhalt zu finden ist. Was von mir hinzu getan wurde, ist mit anderen Buchstaben gedruckt worden. So ist nun diese Arbeit, so Gott zu Ehren, dem nächsten aber zu seinem Nutzen eingerichtet worden, dies wirst du günstiger Leser also auch erkennen, und zu deinem Nutzen nächst der göttlichen Ehre zu gebrauchen wissen, und so Gottes große Güte erkennen, lebe wohl in Gott und verbleibe mir günstig.

M. Christoph. Schrot.

Vorrede

M. Caspari Höffler - Pfarrer zur Langen-Leube

An den gutherzigen Leser.

Obwohl der allmächtige gütige Gott viele herrliche Tugenden in den unvernünftigen Tieren gemalt und abgebildet hat, die uns vernünftigen Menschen zum Exempel und zur Erinnerung dienen, so erscheinen doch dieselben mehr und reicher in den Bienen. Denn in diesen kleinen Tierchen sind viele herrliche Tugenden, deren Betrachtung und Nachfolgung uns höchst nützlich ist, nicht allein zur Besserung und Vermehrung äußerlicher Zucht und Ehrbarkeit, sondern auch um unser Leben nach Gottes Geboten und in Untertätigkeit gegenüber der Obrigkeit auszurichten.

Uns wird an ihnen ein herrlich wohl geordnetes Regiment und Staat vorgestellt, indem sie ihren König als von Gott verordnete Obrigkeit in bürgerlichen Ehren und Würden halten, und welchem sie nicht nur Achtung und Untertänigkeit bezeugen, sondern ihm auch durch ihre Treue und fleißige Arbeit notdürftigen Tribut und Enthalt schaffen, damit sie unter seinem Schutz in Ruhe und Frieden sein können und desjenigen, was Gott beschert, sicher genießen können. Ihr Gehorsam ist nicht alleine von Plinius und Aristoteles beschrieben, sondern auch durch die tägliche Erfahrung bezeugt und bewiesen.

Sie sorgen und arbeiten nicht alleine ihrem Könige zugute, sondern haben ihn daneben lieb und wert, sie lohnen ihm nicht nach gemeinem Weltbrauch wie dem alten Hunde, der das Wild nicht mehr erlaufen kann, mit Undank, sondern in seinem schwachen Alter heben, tragen und ernähren sie ihn bis er stirbt, dann betrauern sie ihn, wie ich es weiter unten beschreibe. Solche Liebe und Treue beweisen sie nicht alleine ihrem König, sondern auch sich selbst untereinander. Sie arbeiten alle mit gleichem Fleiß, und obwohl im Sommer eine mehr Vorrat einträgt als die andere, wird doch alles der ganzen Bevölkerung zugute verwahrt, dass die selbige den kalten rauen Winter über davon erhalten und gespeist werden, bis man im Sommer neue Nutzung und Proviant einschaffen kann. Müßiggang und Faulheit sind jedoch niemandem gestattet, sondern alle müssen arbeiten und den gemeinen Nutzen fördern helfen. Die Arbeit ist jedoch nicht bei allen gleich schwer, sondern die jungen Bienen müssen fern ausreisen, und sich um allerlei Nutzung von Honig, Zellenbau, Wachsbändern und dergleichen bemühen, solange sie jung und stark sind.

Dagegen wird den alten gestattet daheim zu bleiben, und ihnen keine Arbeit auferlegt, die ihnen zu hart und schwer sein möchte, sondern sie warten auf der jungen Bienen Rückkunft, und damit dieselben desto schleuniger wieder fortkommen, nehmen die alten das gebrachte Gut von ihnen, tragen und verwahren es an die gebührlichen Orte zur Notdurft. Wie ein jeder fleißiger Bienenmann bezeugen wird, sind in der Zeit der Nutzung immer mehr junge Bienen als alte im Flug gesehen worden.

Durch solch ein Exempel dieser unvernünftigen Tierchens sollen wir uns zum Bezeugen gebührlicher Referenz und Ehre dem lieben Alter gegenüber bewegen lassen. Wie sie aber fleißig sind in der Arbeit und sparsam in Erworbenem sind, so dulden sie keineswegs die Müßiggänger und faulen Gesellen. Obwohl im Frühling viele junge Bienen gezeugt werden und darunter nicht wenige sind, welche gar nichts arbeiten, und keine Nutzung bringen, sondern singen und klingen jeden Nachmittag vor den Bienenstöcken, ziehen danach wieder hinein, und was die anderen gesammelt und eingetragen haben, das können sie meisterlich verzehren helfen. Die arbeitsamen Bienen dulden sie so lange, als genug vorhanden ist; aber im Herbst, wenn der kalte Winter nahend vor der Tür ist, bekommen dieselben Fäulinge nicht gar einen freundlichen Urlaub, denn wenn sie nicht gar Tod gewürgt werden, werden sie doch aus den Bienenstöcken getrieben, sodass sie vor Kälte und Hunger hernach verderben müssen. Deshalb verstreichen sie auch alle Ritzen gar fleißig mit Beutenleim, dass nicht fremde Bienen und schädliche Würmer zu ihnen hineinkommen, und was Gott bescheret, sie geruhsam gebrauchen mögen.

Unsere faulen losen Hummeln möchten auch von den Bienen lernen im Sommer Honig einzutragen, weil sie zur Leibesstärkung arbeiten und zur Nahrung kommen können, und davon im Winter ihres Alters was herzunehmen hätten, und nicht panem propter Deum singen müssten (Brot um Gottes willen erbetteln müssten). Aber die heillosen Buben tun kein gut, wenn die Bäume und Felder mit allerlei luftiger und genüsslicher Blüte bekleidet sind, sondern sie singen und klingen, weil was im Felde ist, kann es auch ihnen so gut gehen, und fressen guten Leuten ihr Brot vor dem Maule weg, darum müssen sie nachher wenn andere fleißige Bienlein ihren eingetragenen Vorrat genießen, mit dem Bären, der auch ein Bienenfeind ist, Klauen saugen, und wie diese im Herbst aus den Bienenstöcken getrieben werden. Also verschließt ein guter Mann vor seinen Hummeln auch seine Tür und heißt sie aufheben, wo sie gedroschen haben.

Nach diesen faulen Hummeln, die nichts gelernt haben als vom Schlemmen zu singen, haben die Bienlein andere viel schädlichere Widersacher und Feinde; das sind Wespen, welche nicht nur in die Bienenstöcke kriechen und den Honig fressen, sondern auch mit ihrem Stechen Menschen und Vieh beleidigen. Noch viele andere Feinde stellen diesen arbeitsamen Tierlein nach, dass sie es ganz und gar verschlingen, wie der Grünspecht, Marder, Bär, Eidechsen, Kröten, Spinnen, Frösche, usw. welche aber letztendlich durch fleißiges Aufpassen des Bienenwärters gar erschlagen oder gefangen werden: wie man den Grünspecht vor den Beuteln leicht fängt, mit einer Schlinge, dass er daran erwürgen muss, zur Warnung der bösen Buben, welche, nachdem sie gute Leute mit Raub und Diebstahl vielfältig betrübten, endlich dem Henker an seinen Strick kommen und müssen daran erwürgen. Neben fleißiger Mühe und Arbeit sind die Bienen sehr keusch, sodass Plinius zurecht von ihnen sagt: Niemand habe jemals ihre Vermischung gesehen. Darüber sagt Virgil mit Aristoteles, dass sie ihre Jungen aus den Blumen saugen, und sind doch so fruchtbar, dass aus manchem Stocke in einem Sommer drei oder vier Schwärme sich bildeten in unseren Landen. Aber in Pommern und anderen Ländern noch viel mehr, wie solches glaubwürdige Leute bezeugen. Dadurch werden wir erinnert, dass Kinder Gaben Gottes sind von welchem sie müssen erbeten werden, wie Anna den Samuel durch ihr emsiges Gebet erhalten hat. Gott gibt sie nach seinem gnädigen Willen wenig oder viel, wo aber Gottes Segen nicht ist, da ist alle Hoffnung umsonst.

Es haben auch die Bienen die Art, dass sie die ganze Nacht über ruhen. Sie summen nicht so sehr wie am Tage, bis am Morgen wenn es Zeit ist an die Arbeit zu gehen, da macht sich eine jede auf und tut ihr Amt. Aber unsere Nacht-Raben kehren diese gute Ordnung um, und verkehren die Nacht in den Tag, wie der Prophet Esaias im 5. und 56. Kapitel sagt: die Nacht über laufen sie aus einem Bier- oder Weinhause in das andere, singen und schreien, dass man wenig Ruhe vor ihnen hat. Des Tages aber, wenn man was Nützliches arbeiten sollte, liegen sie und schnarchen, bis dass das übrige Getränk verdaut ist, welches sie haufenweise in sich gegossen haben. Sie werden aber der gebührlichen Strafe zu seiner Zeit nicht entgehen. Abgesehen davon, dass solche Nachteulen mit ihren unordentlichen Leben einen ungesunden Leib, frühzeitiges Alter, und leeren Beutel bekommen, werden sie im allgemeinen betrunkener Weise von ihresgleichen, obgleich sie nicht selber Krieg anfangen, gezeichnet, sodass sie eine Zeit lang danach daran denken, wenn sie auch der Strafe der Obrigkeit entgehen.

Von der fleißigen Bienen treuen Arbeit und Eigenschaft wurde bisher wenig Meldung gemacht, nun will es sich auch gebühren, etwas von ihrem König zu sagen: Derselbe, weil er seiner Untertanen treuen und unersparten Fleiß und wohlmeinende Gemüter spürt, überhebt er sich keineswegs seines hohen Amtes, begibt sich nicht in fressen, saufen, und schlemmen, sondern achtet bestens auf seinen Nutzen, hält sich auch seiner Dignität und Würden gemäße Trabanten und Diener, durch welche er die Ungehorsamen straft, und wie Plinius bezeugt, sitzt er nicht müßig, sondern geht umher und schaut mit Fleiß wie die Seinen arbeiten, damit sie nicht in Müßiggang geraten. Und wie zuvor angezeigt, müssen die Jungen auswandern und Viktualien holen, welche die Alten von ihnen nehmen und nach Anweisung des Königs verwahren und für künftige Not aufheben.

Daher hat der König auch unbezweifelt den Namen des Weisels bekommen, dass er seinem Volk Anleitungen und Anweisungen gebe, nach denen sie sich in all ihrem Tun und Arbeiten zu richten haben, welches auch klar daraus zu entnehmen ist, dass, sobald er stirbt, die Bienen kein Gutes mehr tun, sondern sie sitzen mit großem Trauern ohne fernere Sorgen der Nahrung bei ihrem verstorbenen König und arbeiten gar nichts. Sie kommen also um, sofern ihnen nicht ein anderer König gegeben wird, wie in diesem Büchlein am gelegenen Orte ferner gemeldet werden wird. Obwohl der König über die Seinen volle Gewalt hat und mit einem Stachel gewappnet ist, übt er doch keine Gewalt oder Tyrannei aus, sondern hält jedermann gleichen und treuen Schutz und ist daneben gegen seine lieben Untertanen gütig und gnädig, und gebraucht keineswegs seinen Stachel gegen dieselben. Der frommen Obrigkeit zum Exempel und Beispiel, dass sie mit ihren Untertanen, die ihnen von Gott anvertraut sind, Geduld haben sollen, sie nicht wider Billigkeit beleidigen noch beschweren, sondern sie vielmehr gegen böse Buben schützen und beschirmen, wie der Bienen König, der im Fall der Not selbst mit Heereskraft auszieht und gegen seine Feinde streitet, mit dem ganzen Regiment und hellen Haufen, was Virgilius gar wirklich beschreibt und Plinius bezeugt, dass besondere Hauptleute die Ordnung stellen ehe die Schlacht beginnt.

Dies sei in Kürze von der Bienen und ihres Königs Eigenschaft gesagt, welches uns Gott der allmächtige ohne Zweifel vorangestellt hat, dass wir ihren züchtigen, mäßigen, nüchternen und arbeitsamen Leben in seiner Furcht und Gehorsam gegen unsere Obrigkeit nachfolgen sollen, wie es uns dann auch der hochweise König Salomon im 6. Kapitel zu der fleißigen Ameise weiset, auf dass wir von ihr Arbeiten und nicht Faulenzen lernen; auf dass wir nicht im Winter mit der Heuschrecke, welche auch, wie die faulen Hummeln, weidlich singen während das Feld grün ist, und nachher Mangel leiden müssen: Sondern in Gottesfurcht durch seinen

Segen und unseren Fleiß genug erhalten haben. Dass
verleihe uns der liebe Gott und treue Vater.

Amen.

Die Bien habn zwar klein Cörperlin /
Es steckt aber gros Thugend drin.
Fürwar solch Thierlein zeigen frey /
Daß ein Allmächtiger GOTT sey.

Prolegomena

Von Autoren, die hauptsächlich von Bienen geschrieben haben, und was von denselben Berichten zu halten ist.

I

Es haben, günstiger lieber Leser, nicht allein etliche gutherzige Leute zu unserer Zeit von Bienen berichtet, sondern es haben vor vielen 100 Jahren auch nicht wenige in griechischer, lateinischer und anderen Sprachen davon geschrieben: Und zwar nicht nur Philosophen oder Weltweise, sondern auch Theologen, das sind geistliche Männer und Priester. Diese haben die Natur und Eigenschaft, neben dem großen Nutzen welchen wir von diesen haben, fleißig nachgeforscht, und die sonderbare Weisheit und Vorsorge göttlicher Majestät für solche Tierlein als ihre Geschöpfe allgemein vor Augen gestellt. Die vornehmsten unter den heiligen Vätern sind Brasilius und Ambrosius. Es besteht wohl kein Zweifel, dass die heiligen Patriarchen oder Erzväter auch mit Bienen umgegangen und gute Bienenpfleger in solchen guten warmen Ländern gewesen sein müssen, weil wir etliche Male in der Heiligen Schrift lesen, dass sie ihren Gästen Honig zu essen vorgetragen und aufgesetzt haben. Dies geschah so oft als Gott der Herr den Kindern Israels, seinem Volke, das gelobte Land anpreisen und ihnen sonderliche Lust und Begierde dazu machen wollte. So sagte Er zu ihnen: Er wolle sie in ein Land bringen, in dem Milch und Honig fließen, d.h. in welchem sie reichliche und überflüssige Nutzung von Vieh und Bienen haben könnten und sollten. Es sind wahrhaftig diese beiden Stücke neben dem Feldbau die ehrlichsten Nahrungen auf Erden, davon die heiligen Erzväter sich samt den ihrigen ehrlich und mit gutem Gewissen durch Gottes Gnade und Segen ernährt haben. Unter den Philosophen oder Weltweisen haben vortreffliche Männer von Bienen geschrieben, wie Aristoteles,

Plinius, Columella, Varro et cetera, und der vortreffliche Poet Virgilius hat seine göttliche Ader auch den Bienlein erteilt, von anderen Schriften über ländliche Dinge ganz zu schweigen, die nicht ausschließlich diese Materie behandeln.

II

Was aber die hier bedachten vornehmen Leute und anderen und deren Schriften von Bienen anbelangt, muss ich dem günstigen Leser mein Urteil oder Gutdünken aufdecken. Denn wenn gemeine Leute die in der Sprache nicht erfahren sind und solche Schriften nicht haben oder lesen können, von solchen Schriftstellern hören oder lesen, so denken sie alsbald bei sich: Ei, wenn ich auch wissen könnte dass solche vortrefflichen Männer hiervon geschrieben haben, ich wollte meine Bienenzucht auch nach ihrer Art anstellen und sie solchermaßen pflegen und warten. Im Voraus empfangen sie solche Lust und Begierde wenn sie vernehmen, dass etliche viele Jahre allen ihren Fleiß und Gedanken auf die Bienen gewandt haben; zum Exempel schreibt Plinius (10. Buch, Kapitel 9) dass Aristomachus Solensis 62 Jahre nichts Anderes getan habe als mit den Bienen umgegangen zu sein. Aristodemus, ein hochberühmter Philosoph, hat 20 Jahre damit zugebracht. D. Moses Pflacher in Postill. fol. 480. Davon ist nun zu wissen, dass zwar solche gelehrten Leute wegen ihres angewendeten Fleißes, und dass sie sich des gemeinen Nutzens so treulich angenommen haben und ihr von Gott verliehenes Pfündlein nicht vergraben, sondern dem nächsten zum Besten an's Tageslicht gegeben und eröffnet haben, alle Ehren und Lobe gebühren. Aber weil ihre Schriften auf ihre Landarten in denen sie gewohnt haben, also auf Griechenland, Welschland, Spanien, Frankreich et cetera eigentlich ausgerichtet sind, so ist uns in diesen mitternächtlich kalten Ländern mit ihrem Bericht in allem nicht gedient, ausgenommen dieser Stücke: die entweder zur Cura (Pflege) oder zur äußerlichen Wartung der Bienen gehören, oder zur Ethik, was wir für ein Muster im Regier- und Hausstande annehmen sollen. Denn so wenig als es in diesem Lande angehen würde, wenn ich nach des Poeten

Virgilii Unterricht meinen Ackerbau anstellen wollte und im September die Gerste oder Lein säen würde, wie er im 1. Buch der Georgica seine in Rom wohnenden Landsleute unterrichtete, ich würde sehr zu kurz kommen und weder Gerste noch Flachs erbauen. Genauso wenig würde ich mir auch mit meinen Bienen Nutzen und Frommen schaffen, wenn ich meiner Bienen Wartung nach oben bedachter vornehmer Leute Lehre in allem regulieren und anstellen wollte. Ja, wenn einer mit seinen Bienen hier hantieren wollte, wie es im Lande zu Württemberg und in der Mark geschieht, so würde er nicht viel Bienen und Nutzen davon haben.

In der Mark, als ich in Goldwedel in meiner Jugend drei Jahre lang in Neustadt in die Schule ging, habe ich sie wunderlich mit den Bienen umgehen sehen. Ich wurde das letzte Jahr mit dem Pfarrer zum heiligen Geist, dem nunmehr seligen Herrn Johann Praetorio, bekannt. Der selbige hatte eine ziemliche Anzahl Bienen in Körben (denn dort haben sie die Bienen alle in geflochtenen Strohkörben), und er ließ einen ganzen Wagen voll solcher unten mit Tüchern verbinden, die Fluglöcher aufs beste verstopfen und um Petri und Pauli, nachdem die Schwarmzeit vorüber war, hinaus in die Heide führen, damit sie sich dort Honig holen sollten. Ungefähr um Michaelis wurden sie ihm dann wieder gebracht, aus diesen wählte er nur acht oder neun Körbe aus und setzte sie an die vorige Stelle im Garten. Davon wollte er das künftige Jahr Junge zeugen. Die anderen Stöcke, etliche 20 an der Zahl, hielt er gemächlich über ein Feuer und Rauch, verbrannte den Bienen die Flügel und tötete sie alle miteinander. Die Körbe setzte er danach in eine kühle Kammer und nach etlichen Tagen schnitt er allen Honig und Wefel (Waben) heraus. Auch im Württemberger Lande soll man die Bienen nicht mehr als vier Jahre behalten, wie M. Picus im 3. Kapitel meldet. Wenn die armen Bienlein solchen Termin ihres Alters erreicht haben, so verfahren sie mit ihnen wie die Märker mit ihren Bienen zu tun pflegen. Dieses unfreundliche Beginnen gegen die Bienen geht bei den märkischen und württembergischen Bienen an und bringt Nutzen. Aber in unserer Landart leidet es sich ganz und gar nicht. Denn unsere Bienen schwärmen bei weitem nicht so viele Male im Jahre als jene, welche aber nicht so viel Honig eintragen wie unsere. Wenn nun die Märker ihre Bienen so wert hielten wie wir unsere, so würden sie vor der Menge nicht wissen wo aus oder ein, jedoch wenig Honig von solchen nehmen, weil die meisten von den jungen Schwärmen bei weitem nicht so viel eintragen als sie im Winter über zu ihrer Erhaltung benötigen. Wenn wir aber hier in Meissen unsere Bienen genauso um des Honigs Willen würgen und töten würden wie die Märker, so würden wir gar keine haben.

Bienenalter und Erneuerung

M. Andreas Picus meldet in seinem Traktätlein von Bienen, dass im Württemberger Herzogtum ein Schwarm Bienen kaum vier Jahre überdauere. Bei uns kommen die Bienen in drei oder vier Jahren kaum zum rechten Stande, und je älter sie werden, desto besser werden sie. Wenn man die Bienen recht in Acht nimmt, so bleiben sie nicht nur vier, sondern wohl 40 Jahre und länger. Nicht weil die Bienen in den Stöcken so lange am Leben bleiben, sondern weil sich die Stöcke jährlich und zwar vielfältig verjüngen und erneuern. Und so, obschon täglich die Alten abgehen, so wird doch fort und fort solcher Abgang reichlich durch Junge ersetzt und der Schwarm in seinem vorigen vollen Wohlstande erhalten.

Weisel Veränderung

Dabei werden auch genauso die Weisel in den Stöcken verändert. Kann der alte nicht mehr seinem Amte vorstehen, so nehmen sie einen jungen an zum Regenten und töten den alten. Oftmals stirbt auch der alte im Streit, wenn er den jungen mit Gewalt (zur Schwarmzeit) aus dem Stock jagen will. Gewinnt der junge, so bleibt er mit seinen Bienen im Stocke und nimmt sich anstatt des erwürgten Königs des Regimentes an.

Warum aus guten Stöcken schlechte werden

Daher kommt es, dass sich oft in Stöcken Veränderungen zutragen, dass also die Stöcke, die vorher gut gewesen sind, nicht mehr soviel Nutzen geben als zuvor.

Das geschieht, weil der gute Weisel abgegangen ist, und der junge dem Regiment nicht so gut wie der alte vorstehen kann. Etliche Stöcke aber, die zuvor übel gestanden sind, werden oft sehr gut, wenn sie einen anderen und tüchtigen Weisel bekommen. Solche Erneuerung und Verjüngung der Bienenstöcke gedachte auch Virgilius im 4. Buch der Georgica:

So, obwohl die Zeit mit ihren (der Bienen, Anm.) Tagen geizt,

und im siebenten Frühjahr ihren Lauf beendet, ist ihre Rasse unsterblich,

und, unter neuen Herren, ersetzen unzählige Junge ihre Vorfahren

(Übersetzung)

Aus dieser Erzählung nun scheint es, dass ein jedes Land seine sonderliche Art und Eigenschaft in der Bienenzucht habe. Dieses bekennt auch unser Autor, indem er in seinen Schriften berichtet, dass in Schlesien es fast allzeit jede Meile einen anderen Zustand mit den Bienen haben solle. Deswegen soll ein Hauswirt in diesem Fall vorsichtig handeln und seine Landart bei der Erhaltung der Bienen wohl in acht nehmen, damit er für seine Kosten und Mühen Nutzen und nicht Schaden haben möge. Und dieses ist auch die vornehmliche Ursache, warum ich diesen Bericht von Bienen zu Werke gebracht habe, nämlich, damit wir Meißener einen gründlichen Bericht haben mögen, wie wir in unserer Landart mit Bienen umgehen und Nutzung davon nehmen mögen, da ja M. Cöleri noch M. Pici und anderer Unterricht sich zu unserer Landart in vielen Stücken nicht reimen noch schicken wollen.

III

Von unserem Autor

Was den Autor dieses unseres Büchleins anbelangt, so hat er Nicol Jacob geheißen, und war zu Lebzeiten wohnhaft in Spretta in der Schlesien; der ist ein sehr wohl erfahrener Bienenmeister gewesen, wie genügend verständige und erfahrene Bienenherren aus diesem seinen Bericht von Bienen vernehmen werden. Ich halte seinen Bericht für das beste Bienenbuch, dass man bis jetzt hat haben können. Er hat alles selbst probiert und erfahren, auch viel durch seinen Schaden erlernt, und nicht von Hörensagen oder aus Fabeln seinen Bericht zusammenschreiben lassen. Man findet nicht kindische und schädliche Sachen in seinem Buche.

Mängel

Die größten Mängel sind diese, die wir daran haben: für's erste, dass es nicht eigentlich auf diese Landart gerichtet ist. Für's andere, dass es nicht methodisch ordentlich zusammengestellt ist. Die Ursachen sind diese: erstlich, was diesen Punkt anbelangt, so ist es indes lieben seligen Mannes Vermögen nicht gewesen, weil er für sich nicht studiert hatte, und dieses Werk durch einen guten gelehrten Freund, wie er in der Vorrede selber bekennt, in eine solche Form und Ordnung hat bringen lassen müssen. Den anderen Punkt betreffend, so kann ein jeder leicht ermessen, dass, weil er in der Schlesien nicht nur erzogen, sondern auch wohnhaft gewesen war, er nicht eigentlich den Meißenern, sondern hauptsächlich seinen Schlesiern einen Unterricht von Bienen hat schreiben können.

IV

Diese beiden Defekte oder Mängel will ich durch Gottes Gnade, soweit mir bewusst und möglich, ersetzen, und diesen Traktat erstens eigentlich auf unsere Landart und Bienenzucht richten, und zweitens auch unser Nikolai Jacobi Bienenbuch in eine richtigere Ordnung bringen. Zwar nicht so, dass ich die Kapitel zerreißen und ein jedes Stück an seinen Orte setzen wollte, wie es die Notdurft erfordere, sondern ich habe die Kapitel so in drei Bücher eingeteilt, dass ein fleißiger Hauswirt ein jedes, dass er zu wissen begehrt, leicht finden und sich daraus Rat holen kann.

Die drei Bücher

Das erste Buch handelt vom Ursprung und von etlichen Eigenschaften der Bienen, ebenso wie man eine nützliche Bienenzucht anlegen und notdürftig verwahren sollte. Im anderen Buch wird gemeldet von der Nutzung der Bienen, und wie und welchergestalt man erstens beim Schwärmen und zweitens beim Zeideln, oder wenn man Honig ausnimmt, mit den Bienen ohne Schaden umgehen und hantieren solle. Im dritten Buche (welches in dieser jetzigen Edition das andere (zweite, Anm.) Buch ist) wird von der Wartung der Bienen gehandelt, seien sie gesund oder krank, von der Hilfe und Kur der vornehmlichen Zufälle und Krankheiten derselben. Das soll die Ordnung dieses Unterrichts sein. Bei jedem Kapitel aber in einem jeden Buch will ich zum Teil meine Beobachtungen, zum Teil aber mein Urteil treulich und fleißig hinzufügen, und ich zweifle nicht, dass diejenigen, wenn sie meinem Rat in diesen Stücken folgen, davon durch Gottes Gnade großen Nutzen und keinen Schaden haben sollen

In nomine Jesu

Das erste Buch

Von Bienenvater und seinen zugehörigen notwendigen Stücken

Das erste Kapitel

Wem die Bienen am besten gedeihen und wer damit umgehen soll.

Bienen stehen ehrlichen Biederleuten am besten

Ehrlichen Biederleuten, seien sie auch wer sie wollen, gedeihen die Bienen wohl, wenn sie nur die Bienenzucht weise anstellen und führen. Geizigen, betrügerischen und unehrbaren Leuten wie Henkern, Bütteln (Häscher, Gerichtsdiener, der flüchtige Verbrecher einfängt) usw. wudeln (gedeihen) sie nicht. Denn anno 1578 hat der Bürgermeister zu Leißnick einen unterwegs und in einem Hut und Regenhut fortgebrachten Schwarm um einen halben Taler von dem Vater unseres Autoren gekauft, und in seinen Garten tragen und einfassen lassen; welcher aber etliche Male aus unterschiedlichen Stöcken ausgezogen, und sich doch allezeit wieder angelegt hat. Dadurch bemerkte dann der Bienenmann, dass eine Person, welche die Bienen nicht leiden könnten im Garten vorhanden sein müsste, und als es sich danach umsieht, so wird er des Büttels gewahr, und er befiehlt, diesen auszutreiben. Sobald der Häscher hinweg war, fasste er die Bienen ein, die darauf denn willig bleiben, und viele Jahre sich wohl genährt und vermehrt haben (darum ist es nicht immer gut, dass allerlei Leute bei Bienen-Schwärme-Fassung in Gärten geduldet werden), welches ins dritte Buch zum Kapitel zwei gehört.

Der Hausvater soll selber mit den Bienen umgehen

So ist es auch am bequemsten, dass, wo immer möglich, ein Hauswirt selbst mit seinen Bienen umgehe, täglich zu ihnen gehe und fleißig zusehe, oder dass er, wo es diese Gelegenheit nicht gibt, die ganze Wartung einem in solchen Sachen wohlgeübten Mann anvertraue, und nicht bald diesen, bald einen anderen Zeidler dazu nehme, denn am besten und nützlichsten ist es, wenn die Bienen, wie andere Tiere, ihren Herren kennen, so haben sie alsdann Freude an seiner Gegenwart. Unehrbare Weibspersonen, ebenso diejenigen, die nicht rein sind, desgleichen Personen die, weil sie manschlächtig (Totschläger) und den Henkern in Händen gewesen waren, wie auch die, die mit heilen oder schlachten umgehen oder versoffene Gesellen sind, lasse man nicht oder ja selten zu den Bienen gehen oder in die Stöcke sehen; diese sollen auch selbst für die Bienen sich säubern, weil solcher Geruch von Natur den Bienen sehr zuwider ist.

Das andere (zweite) Kapitel

Wie man Bienengärten den Bienen zugute zurichten soll

Wenn nun ein rechter Biedermann einen guten Bienenvater abgeben will so muss er, um die Bienen nutzbar zu setzen, einen bequemen Ort dazu haben und denselben dazu nützlich anrichten lassen.

Bequemer Ort zum Bienenstöcken

Diesen Ort betreffend gibt es zweierlei Meinungen unter den Bienenvätern. Nicol Jacob meint, man soll die Bienen mit den Fladern (Fluglöchern) gegen Morgen und nicht gegen Mittag setzen, und führt zwei Ursachen an. Die erste ist, wenn die Bienen gegen Mittag stehen, und die Sonne scheint im Winter warm hinein, so fliegen etliche Bienen hinweg, aber das Wiederkommen wird ihnen von Kälte und Ungewitter verkürzt und sie sind verloren; so liegen auch oft viel Bienen auf dem Schnee, welches ein großer Schaden ist, besonders, wenn Lichtmess vorbei ist, so ist eine drei Pfennig wert. Aber diesem Unheil kann man leicht zuvorkommen, wie im zweiten Buch (Kapitel drei) von der Wartung der Bienen im Winter berichtet werden wird.

So ist auch der warme Sonnenschein im Winter den Bienen wenn sie gegen den Ausflug verwahrt sind nicht ganz schädlich, sondern sehr zuträglich.

Als die andere Ursache setzt er, dass, wenn im Sommer die Sonne den ganzen Tag auf die Stöcke trifft, das Holz außen von der Sonne, innen aber von den Bienen ganz warm wird, und das Gewürche (Zellbau der Bienen) weich und schwer von Honig und Bienen gemacht werde. Als dann schießt (tropft) das Gewürche den Stock herunter in einen Haufen, und so können die Bienen und der Weisel im Honig und Gewürche umkommen.

Sonnenschein schadet den Stöcken nicht

Aber der großen Sonnenhitze, damit sie den Stöcken nicht schädlich ist, kann man auf zweierlei Weise wehren. 1. Wenn man der Bäume Schatten über die Stöcke bringen tut, so das die Sonne nur das Flader erscheinet, oder wie man es haben will. 2. Danach so hilft man ihnen mit einem Dache, mit langen Brettstücken geht es meisterlich an.

Gegen Mittag stehen sie am besten

M. Höffler meint neben anderen, man soll die Stöcke gegen Mittag setzen, und zwar so, dass früh bald die Sonne an's Flader komme, den ganzen Tag daran bleibe, und am späten Abend wiederum davon weiche. So fangen die Bienen in der Früh desto eher an zu fliegen, und lassen am Abend desto langsamer nach. Zusammenfassend, die Bienen stehen wie sie wollen, wenn sie nur den Tag über lange Sonne haben, und vom Winde, Rauch und Gestank nicht gehindert werden, so stehen sie wohl.

Die Landart will in acht genommen sein

Wenn denn nun ein zukünftiger Bienenvater einen solchen bequem gelegenen Ort dazu hat, so muss er noch zwei Stücke dabei beachten. *1. Ob die Landart zum Bienennutze bequem sei. 2. Womit der Bienengarten soll angerichtet seien.*

Wer sich Bienen zulegen will, der muss die Landart beobachten, ob die Bienen an selbem Orte gedeihen mögen oder nicht. Im kalten Ländern, in denen es im Frühling langsam warm und im Herbst bald kalt wird, und ebenso um die Bergwerke und Schmelzhütten, da sind die Bäche vergiftet und der Hüttenrauch fällt auf die Bäume und Blumen (wie mir solche Orte selber bekannt sind), da haben die Bienen kein Gedeihen, sie verlieren sich langsam von Tag zu Tag, bis sie das böse Wasser und Gift alle tötet. In Hybernia (klassischer Name für Irland, Anm.) oder Irland gibt es gar keine Bienen, wegen der Kälte, weil die Sonne und Wärme der Bienen Leben, aber Kälte ihr Tod ist.

Gut Land gibt viel und gut Honig

So wie es auch in saurer kalter Landart geringen Ackerbau an Wicken und Rübensaat hat, wo kein weißer Klee wächst, da können die Bienen nicht so viel wie in guten fruchtbaren Landen und Auen eintragen. Sie machen zwar Honig, wo nicht gutes Land, sondern sandiger Boden ist, wie der Herr Lutherus davon Tom. 5. Germanic. Witeberg. fol.

253 in der Auslegung des Gesanges Moses schreibt, und die Erfahrung bezeugt das, aber nicht viel.

Denn gleich wie die Menschen, die an gebirgigen und unfruchtbaren Orten wohnen, zwar ihr Auskommen haben, aber nicht viel Getreide verkaufen können: andere wiederum, welche ihn fruchtbarer Landart wohnen, haben nicht allein reichlich Nahrung, sondern behalten noch viel im Vorrat: so ist es mit den Bienen auch bewandt: in kalten unfruchtbaren Ländern tragen sie doch so viel ein, dass sie ein Auskommen, aber nicht viel Übermaß haben. In warmen und sehr fruchtbaren Orten tragen sie reichlich ein, dass sie viel Honig übrig haben, und ihr Herr einen guten Schnitt im Frühling in ihren Stöcken tun kann.

Sebastian Münster, in Beschreibung Deutschlands Kap. 37 meldet das in Sitten im Schweizerlande wegen Fruchtbarkeit des Ortes die Bienen übermäßig Honig eintragen, und man davon das ganze Jahr über Honigwaben aus den Stöcken nimmt und den Gästen zu essen aufträgt.

Diese Gelegenheit muss man in acht nehmen (beachten), wenn man Bienen anlegen will, damit man nicht zu Schaden komme, oder mehr auf die Bienen verwenden müsse als man davon nehmen kann.

Was man für Bäume in Bienengärten zeugen soll.

Ehe wir sagen was man in Bienengärten zeugen soll, müssen wir zuerst in acht nehmen, wo ein Bienengarten gut liege, denn es ist nicht genug, dass die Mittags-Gelegenheit oder die Sonne beachtet werden.

Der Ort muss rein und luftig sein

Es soll meines Gedenkens zum Bienengarten oder auch zum Stande der Bienen ein reiner luftiger Ort erwählt werden, der nicht nass und sumpfig liegt, und auch keine stinkenden Sudel oder Kloaken darum oder daneben seien. Denn die Nässe, die so täglich um die Stöcke ist, zieht sich in die Stöcke, davon wird das Gewürche schimmelig und die Bienen verderben davon, wie dann auch von dem Gestank.

Sicher von Winden

Es soll aber gleichwohl solcher Ort, wo man die Bienen hinein setzen will, fein in der Stille liegen, dass der Wind nicht von allen Seiten auf sie stoßen könne, weil der Wind sie merklich am Fluge hindert, er verzögert nicht nur ihre Arbeit, sondern schlägt sie oft vor dem Fladerloche nieder, sodass sie ihr Höslein darüber verlieren, an dem sie einen halben Tag gesammelt haben, wie auch Virgilius lehrt:

Übersetzung:

Zuerst muss man den Wohnsitz der Bienen und dessen Ausrichtung so wählen, dass sie gegen die Winde geschützt sind (weil der Wind sie daran hindert einzutragen).

Ebenso sollte man starke Gerüche nach Zitrone vermeiden, sowie Felsen, wo das Echo auf die Stimme antwortet, die ruft.

Das letzte, nämlich das Echo oder Hall und Widerschall den derselbe Ort gibt, schadet nicht groß; meine Bienen stehen an einem solchen Ort und dazu dem Glockenklang gar nahe. Aber der Glockenklang stößt auf die Beutenbretter und geht von hinten über die Stöcke. Meines jetzigen Schulmeisters Bienen stehen mit dem Fladern dem Glockenklang entgegen, haben aber die neun Jahre, die ich hier gelebt habe, weder im Schwärmen noch im Eintragen merklichen Nutzen gehabt. Wenn also des M. Höfflers und auch meine einen solchen Stand, wie die des jetzigen Schulmeisters haben, gehabt hätten, so wären sie auch gleichen Nutzes gewesen.

Nicht döbericht

Zu döbericht (stickig, schwül) soll es auch nicht um sie sein, weil reine Luft der Bienen Leben, aber Fäule ihr Tod ist.

Nicht dem Hausrauch nahe

Die Bienen sollen auch so gesetzt werden, dass der Hausrauch, wenn er vom Winde und Gewitter getrieben wird ihren Stand nicht berühre welcher ihnen schädlich ist.

Bienen gedeihen besser in Dörfern als in Städten

In den Vorbergen und Dörfern gedeihen sie am Besten, besser als in Städten, wenn sie nicht gar nahe an der Stadtmauer stehen, sondern über Gassen und Häuser fliegen müssen; da ist es misslich um sie.

Denn 1. So ist es nicht möglich, dass die armen Tierlein, so klug sie auch immer seien, im Flug sich nicht verirren werden.

2. Wenn sie schon den Flug lernen, so müssen sie eine geraume Zeit dazu haben, welches auch am Eintragen hindert.

Der Bienen ärgste Feinde

3. So wohnen ihre ärgsten Feinde, die Schwalben, ihnen haufenweise nahe, sie stürzen sich täglich auf sie, wo sie ihrer innewerden.

4. So bekommen sie langsam Sonnenschein am Stocke.

5. So haben sie weit auf die Fütterung zu ziehen, welches ihr Eintragen und Bauen gar nicht fördert, sondern merklich hindert.

Wer sie nun außer diesen Fällen nahe beim Wohnhaus haben kann, sodass er täglich ein fleißig Auge auf sie haben kann, das ist nicht unbequem, denn sie sind 1. desto sicherer vor den Dieben, weil die Hunde, die das Haus bewachen, auch die Bienen mit hüten.

2. Wenn ihnen etwa einen Unfall zustößt, wenn der Wind die Decken abwirft, wenn Honig abschießt, die Ameisen oder Spechte an sie geraten, ebenso wenn Wespen, Hornissen oder ähnliche sie anfallen, so wird man's desto leichter bemerken.

Was für Bäume nicht schädlich sind

Beider Autoren, Nicol Jacob und M. Höffler Rate besagt, man solle Arten von Bäumen umher in den Gärten und um die Bienenstöcke zeugen (oder gezeugt haben) welche nicht sehr hoch wachsen, sodass man die Bienen, wenn sie sich in Schwärmen daran legen, desto leichter und mit weniger Mühe abnehmen und fassen könne, als da sind Kirschbäume, Quitten, Morellen, Pfirsichbäume, Mandeln, Apfel- und Birnbäume, und was eine jedwede Landart trägt.

Wenn sich auch gleich die Bienen an ziemlich hohe Bäume legen, so sind doch lange Leitern gut dazu, davon soll mehr im dritten Buch Kap. 4 gesagt werden. *Besonders sind hohe Bäume gut und nützlich, wenn die Bienen hoch stehen, wie bei mir, und in der Schwarmzeit nicht fleißig gehütet werden, dass sie alsdenn in der Verfolgung Grund haben sich niederzulassen.* Doch aber soll man den Bienen hohe Eichen und andere Bäume, die man nicht ersteigen kann, nicht zu nahe setzen, denn die daran liegenden Schwärme sind verloren, wie die Exempel bekannt sind.

Schädliche Bäume

Rustbaum aber, Christ- und Nieswurzel, davon werden die Bienen krank und matt, und bekommen von der Blüte leicht die Ruhr, diese soll man nicht dulden.

Seichte Wässerlein oder Bäche sind gut

Wo ein kleiner Bach oder fließendes Wässerlein durch den Garten gewiesen werden kann, ist es den Bienen sehr zuträglich, dass sie nicht gefeit nach Wasser fliegen müssen, sondern sich der Honigarbeit desto fleißiger widmen können. An etlichen Orten gießt man den Bienen Wasser in Rinnen, welches nicht schadet, besonders, wenn wegen großer Hitze die Wasserpfützen vertrocknen, denn die Bienen benötigen zu ihrer Arbeit Wasser und Tau. Deshalb, wo kein Flusswasser ist, und große Hitze herrscht, und es auch etliche Nächte nicht tauet, und die Bienen Wasser zu ihrem Gebrauch bedürfen, so kommen sie dorthin, wo Wassertröge stehen, aus denen man das Vieh getränkt wird, fallen in das Wasser und ertrinken bald.

Aber solchem Unheil kommen fleißige Bienenväter zuvor, und legen Stecken oder Ruten in die Tröge, auf dass sie mögen herauskommen, wie auch Virgil hiervon schreibt:

Übersetzung:

In der Mitte von stehenden oder fließenden Gewässern lege man große Steine oder Weidenstämme quer, wo die Bienen sich ausruhen und ihre Flügel in den Strahlen der Sommersonne ausbreiten können, wenn der Regen sie überrascht oder zerstreut hat, oder wenn sie der Wind in die Welle gestürzt hat.

Das ist:

In die kleinen Bächlein soll man Steine legen, die über das Wasser herausreichen, in die Teichlein (oder Tröge) soll man Ruten werfen, darauf die Bienen sitzen können, wenn sie Wasser holen, und daran sie wieder heraus kriechen können, wenn sie der Wind gar ins Wasser schlägt.

Wenn im Sommer die Bienen vom Wind und Regen gar darniedergeworfen werden, bleiben sie über Nacht liegen, als wären sie tot, solange sie nur nicht im Wasser liegen, so werden sie wiederum lebendig von Wärme oder Sonnenschein. Das lange Gras in dem Garten, besonders vor den Stöcken, soll zu jeder Zeit abgehauen werden. Ursache: Wenn die Bienen voll beladen oder vom Regenwetter schwer heimkommen und in das Gras fallen, dann fressen sie die Frösche, Eidechsen, Kröten, oder anderes Ungeziefer.

Große Wasser sind schädlich

So nützlich aber kleine Bächlein und Wässerlein um die Bienen sind, so schädlich sind hingegen große Teiche und Wasser wenn sie den Bienen nahe liegen und sie ihren Flug darüber nehmen müssen. Denn wenn sie entweder von der kühlen Luft, besonders der, die aus dem Wasser kommt, ein wenig erstarren, wie es oft zu geschehen pflegt, oder von bösen Honigtauen schwach und matt oder von der Nahrung schwer geworden sind, so fallen sie vor Müdigkeit ins Wasser, oder es schlägt sie der Wind gar leicht hinein, und darinnen verderben sie alle und kommen um; will es einer nicht glauben, so versuche er es, wenn es nicht zutrifft, so schelte er mich. Virgilius warnt hiervor auch:

Übersetzung.: .... stelle sie weit weg vom Sumpf.

Anständige Teiche aber, die nicht gar zu groß sind, und in denen viel Gras und Schilf wächst, schaden den Bienen nicht sehr; fallen sie schon da hinein, so arbeiten sie sich am Schilf wieder in die Höhe und fliegen ihren Flug.

Die Bienen suchen ihre Nahrung und Nutzung nicht allein in der Luft auf den Bäumen sondern auch auf der Erde von Blumen

Sollten sie sich alleine von der Baumblüte ernähren und erhalten, so würden sie manches Jahr übel stehen, wenn nämlich die Blüten verderben, oder die Bienen ganz und gar keine Nutzung davon empfinden (wie es oft geschieht. Etliche Jahre haben meine Bienen manchmal nicht einen Käsenapf voll Honig in der Baumblüte erübrigt, denn sie fanden nichts darauf, und was sie bekamen, war durch die Nebel vergiftet, sodass sie kein Gedeihen davon hatten). Und dies ist die Ursache, dass sehr viele Bienen an manchen Orten ganz wenig bauen oder eintragen, nämlich, sie werden dann in der Baumblüte krank, und welchen nicht mit Arznei geholfen wird, die verwinden die Krankheit nicht, während sie Nutzung finden. Kranke Leute aber und Bienen können nicht große Arbeit tun und Rat schaffen. So ist auch bisweilen in der Baumblüte das Wetter nicht danach, dass sie fliegen können.

Honigtau

Doch trägt es sich oftmals zu, dass in einem Garten viele Bäume oder Büsche stehen, die haben weder Blüte noch Früchte; dennoch sind auf einem, zwei oder mehreren Bäumen viele Bienen ungefähr des morgens bis um den Mittag, doch nicht auf allen. Ursache: es ist ein Honigtau auf nächtliche Bäume gefallen, deren Blätter glänzen und kleben wie Firnis, bisweilen fällt er auf die Eichen, dann sagen die Zeidler, es bedeute einen Hunger den Bienen. Wenn er aber auf das Gras fällt, und die Schafe weiden, dann sagen die Schäfer, es sei den Schafen ein Gift, aber den Bienen ist er nützlich. *Anno 1658 fiel er auf das Korn, das bekam viel Brandkorn und Kornmuttern, wie es genannt wird, und es war sehr ungesund; und die Bienen hatten keinen Honig mehr, und bitten zum Teil großen Schaden und gingen ein.*

Den Bienen nützliche Gewächse

Wenn es möglich ist, so erholen sich die Bienen ihres Schadens an den Blumen und Blüten, an Feldgewächsen und anderen, wie an den Saam-Rüben (Saatrüben, Anm.), die über den Winter stehen bleiben; wenn sie im Sommer blühen, haben die Bienen gute Nutzung, wie auch an dem Dülch (oder Rübe-Saat), womit man die Vögel speist, an Kapsamenblüte; vornehmlich aber soll man viel Mohn zeugen, davon nehmen die Bienen nicht allein Nutzung zu sich, wie von anderen Blumen, sondern sie werden von außen ganz weiß, als hätten sie in Mehl gelegen. Ursache ist, dass sie in dem blühenden Mohn umhergewandert sind, und Nutzung daraus geholt haben, denn wenn sie wieder aus dem Stocke kommen, so haben sie ihre Farbe wie zuvor, denn die anderen Bienen haben die Nutzung welche ihnen außen anklebte von ihnen genommen. Der Strauch Frangula oder Schießbärenholz (Faulbaum, Anm.), welche an ganz feuchten Orten wächst, so groß wie Weidensträucher, etliche Wochen blüht und schwarze Beeren trägt, soll mit Fleiß den Bienen zum Besten gezeugt werden. Doch darf man nicht denken, als müssten die Bienen, wenn man etliche Stauden im Garten pflanzt, alsbald die Stöcke voller Honig tragen, nein, ganze Gärten, ganze Stücke von Feldern voll Blüten und Blumen gehören dazu, wie jetzt folgen wird.

Der vortreffliche Poet Virgilius gedenkt auch in seinem Bienenbuch etlicher Kräuter die man in die Bienengärten zeugen soll:

Übersetzung: Um diesen herum grünt der Lavendel und Feldthymian und verbreitet seinen Duft, und Saturei blüht mit starkem Duft, und das Veilchen trinkt aus der frischen Quelle.

Hanf nützt den Bienen

Ein Stück Hanf im Krautgarten kommt den Bienen mit einer guten Haussteuer wohl zu Hilfe. Landherren und die von Adel können ihren Bienen großen Vorteil tun, und denselben wohl genießen, wenn sie den Bienen nahe gelegene Stücke von Feldern zum Teil mit Winter- , zum Teil mit Sommer Rübesaat (welches Dülch sonst genannt wird) zum Teil mit Wücken bestellen lassen, von solchen Stücken haben die Bienen gute Nahrung, und eines folgt dem anderen fein in der Blüte. Sehr zuträglich ist es den Bienen auch, wenn an den Orten, wo auf den Brachfeldern der weiße Klee häufig wächst (wie überall hier in Langenleube), man ein gutes Stück bis nach Johannes dem Täufer heget, das schafft den Bienen Nutzen und davon tragen sie auch kräftig ein.

Hegeweide nützlich

Und in guten Feldern, wenn sie recht gearbeitet und gedüngt werden, so schadet es der Kornsaat nichts, expertus loquor (sagt der Experte, Anm.). Zu solchem Hegen der Kleeweide ermahnt auch Virgilius die Bienenherren:

Übersetzung: Zuerst muss man bei dem Wohnort der Bienen beachten und danach streben, wo weder der Wind Zutritt hat (denn der Wind verhindert das Eintragen von Futter), noch wo Schafe und Böcke ausgelassen in den Blumen herumspringen: oder eine irrende Färse (junge Kuh, Anm.) im Feld den Tau abschlägt und die aufgerichteten Gräser zertrampelt.

Freilich, wo die Viehtriefften (Viehweiden) über alle Felder gehen und keine Hegeweide ist, da haben die Bienen böse Gelegenheit. So ist das gemeine Sprichwort zu verstehen, da man sagt: Bienen und Schafe stehen nicht wohl beisammen. Und das ist wahr, denn wo die Schafe den Klee als der Bienen bester Fütterung abfressen, da haben die Bienen kein großes Gedeihen. Wenn man aber, wie oben aufgezeigt, den Bienen Brache hegt, so können die Bienen und die Schafe wohl nebeneinander gedeihen.

Erbisse (Erbsen)

Von Erbissen (Erbsen) tragen sie gar nichts ein, man sieht auch keine Bienen auf derselben Blüte. *Ich denke, ich habe sie darauf gesehen, und will es besser anmerken.*

Roter Klee

Auf roten Wiesenklee setzen sie sich nicht bevor der höchste Hunger sie dazu treibt, daher kommt das Sprichwort: Die jungen Schwärme; die nach Sankt Petri und Pauli gefallen sind, haben Macht auf solchen Klee zu fliegen. *Man sagt, sie gehen alle 6 Jahre auf denselben, ich habe sie eher gesehen als in 6 Jahren.* Dem Heidekorn tun sie auch nicht groß, *ich aber habe, wo es gebaut wird, das Gegenteil gesehen.* Die Heide genießen sie ziemlich, *und so lange, bis kein starker Reif oder Frost darauf kommt, denn dann geht die Blüte zu und fällt ab.*

Gehölze und Tannenwälder sind den Bienen sehr dienlich

Wo aber den Bienen Gehölze und Tannenwälder nicht weit entlegen sind, dort genießen sie dieselben merklich, und zwar vom Anfang des Sommers bis zum Ende desselben, *wie man sieht an den Orten, wo solche Heiden sind, dass mancher Bauersmann 50 bis 100 Stöcke und auch wohl darüber hat mit großem Nutzen.* Unsere Nachbarn hierzulande an der Leinen bei Mörbitz gelegen wissen nicht, was sie für ein Honignest an der Leinen haben, doch geht es nach Ovids Regel:

Übersetzung: Nicht ist nützlich, was nicht auch schädlich ist.

Sie tragen stattlich ein, wenn sie großen Gehölzen nahe liegen: Aber weidlich wischen sie auch zur Schwarmzeit auch hinein in die Wälder und herbergen in den hohlen Bäumen. Doch ziehen unsere Bienen hier ebenso gut oft und viel in solchen Wald, ungeachtet dessen, dass sie eine Meile Weges dahin haben. *Es besteht kein Zweifel, sie holen sich auch Nutzung und Nahrung daher, wie denn von fleißigen Bienenvätern angemerkt worden sein soll, dass diejenigen Bienen, die solchen Kiefern und Tannenbäumen weit entlegen sind, nicht so reichlich Wachs-Material eintragen, weil sie weit danach ziehen müssen, welches auch gar wohl zu glauben ist, denn mancher Bienenvater es auch mit Schaden erfahren hat, und an solchen Orten noch täglich erfährt.*

Palmweiden sind dienlich

Beim Holzschlagen soll man auch Palmweiden ausscheren *(Geizige und eigennützige Hausväter, die keine Bienen haben, hegen ungern, was den Bienen zur Nahrung und Nutzung dienlich ist, daher sie auch nicht mehr als billigen, wenn sie was von der Bienenfrucht bedürfen, dass solches teuer ist, und sie selbst wenn es sonst wenig angenehm ist, bezahlen sollen und müssen)*, davon erholen sich am Anfang die Bienen.

Sowohl auch, soviel es immer möglich sei, sollen keine Linden geköpft oder umgehauen werden, denn solche Blüte genießen die Bienen vor allen anderen Bäumen merklich.

Das dritte Kapitel

Wie man rechtmäßigerweise gute Bienen kaufen und an sich bringen soll.

Bienen werden auf zweierlei Weise erlangt, entweder durchs Glück oder Geld.

Glücksbienen

Durchs Glück, wenn die Bienen einem aus freier Luft zu fliegen, sich auf seinem Grund und Boden anlegen und sich fallen lassen. Wem sie Gott sie so bescheret, der mag gute Achtung auf sie geben, dass sie im Wetter ihr Auskommen haben können und nicht umkommen, denn solche Bienen haben für gewöhnlich Glück, und so bringt mancher etliche Stöcke auf, das ist eine gute Weise die nicht Geld kostet.

Kaufbienen

Danach beschafft sich ein ehrlicher Biedermann Bienen durch einen Kauf oder Tausch, dabei hat er dreierlei zu beachten.

1. Man muss rechtmäßig kaufen

Dass er es rechtmäßigerweise tue, und sie nicht mit Praktiken, Gewalt oder Wucher an sich bringe, denn sonst, nach Gottes gerechtem Gericht, unrechtes Gut nicht wächst oder gedeiht; also haben daher Bienen keinen Bestand und Gedeihen, wenn man sie mit unziemlichen Stücken, obschon es unter einem Schein des Rechten geschieht, an sich bringt. Denn diese edlen Kreaturen können kein Unrecht, Vorteil oder Betrug dulden.

2. Man soll feilgebotene Bienen kaufen

Dass er sie bei solchen Personen kaufe, denen sie feil sind, und niemandem seine Bienen feil mache (sie abkaufen wollen, Anm.), oder mit Gewalt sie ihm abringe, wie es jener tat, da ihm sein Untersasse nicht den Bienenstock lassen wollte, sandte er Richter und Schöffen zu ihm und ließ ihn ein gut Schock (alte Währung, Anm.) dafür zahlen, und den

Stock mit Gewalt nehmen. Als er aber nach etlichen Tagen vernahm, dass sie nicht den besten Stock ergriffen hätte, schickt er den ersten wieder heim und ließ den anderen holen. Das sind ganz unchristliche Stücke, laufen wider das zehnte Gebot Gottes, vom siebenten ganz zu schweigen, ja wider die Liebe des Nächsten, so ist auch kein Segen, sondern lauter Unheil dabei zu erwarten.

3. Man muss Bienen nicht auskaufen

So soll er sich auch hüten, dass er einem anderen, der den Kauf gemacht hat, nicht in Kauf falle, oder Bienen einem anderen auskaufe, denn solche Eigenschaft hat Gott der Herrn und Schöpfer diesen Vöglein eingepflanzt, dass sie im geringsten keinen Betrug und Vorteil, Neid und Zank dulden mögen. Ich muss hier einer Historie gedenken, wie es mir in diesem Fall begegnet ist. Jetzt ist es zwölf Jahr her, dass ein Bürger von Altenburg mit einem meiner Nachbarn um einen Bienenstock gehandelt hat, sie waren aber des Kaufes nicht ganz schlüssig geworden. Ich kam zu ihm, in dem Vorhaben ihm auch einen abzukaufen, er ließ mir die Wahl, ich griff zu dem, welcher der von Altenburg besprochen hatte, denn es war ein ausgesprochen schöner großer Lindener Stock, und die Bienen hatten ihn ganz voll gebaut. Der Mann, nunmehr seliger, wollte nicht, zeigte mir einen anderen, der freilich viel besser war, und sagte unverhohlen, er würde sich sorgen, weil der andere Stock besprochen war, möchte ich kein Glück damit haben. Ich aber, weil ich ihm dasselbe Geld wie der Fremde bot, achtete es für ein abergläubisches Tun und lachte darüber. Was geschieht? Er brachte mir den Stock, wie ich ihn haben wollte, wiederholte aber immer seine Bedenken, nämlich, er würde mir nicht gedeihen, wie es dann auch geschah, denn als die Bienen eine Zeit lang im Garten gestanden hatten fingen sie an von Tag zu Tag nachlässiger und schwächer zu werden. Bis mir endlich derselbe Mann riet, ich sollte diesen einem von meinem Hausgesinde schenken, das tat ich und schenkte ihm meinem Weibe, da fing er an wiederum sich zu mehren und steht noch, Gott Lob, an seiner Stelle. Aber keinen einzigen Schwarm hat er gelassen, wo doch von dem anderen Stocke, den mir der Mann vor diesem geben wollte, und den darauf ein anderer Nachbar kaufte, über 40 Schwärme während dieser Zeit über gefallen waren. Da habe ich mir selbst sehr im Licht gestanden. Ein anderer sehe sich besser vor.

Wo man Bienen kaufen soll

Wenn ein zukünftiger Bienenvater rechtmäßigerweise Bienen zeugen will, der muss auch beobachten wo er solche kaufen soll. Denn gleich wie die Menschen, wenn sie aus geringer Kost und Küche in eine gute Küche geraten, gut gedeihen; aber wenn einer aus einer fetten Küche in eine geringe und hungrige gerät, ganz abnimmt und kraftlos wird; genauso ist es um die Bienen auch bewandt.

Wer Bienen aus guter Landart in geringe führt, der wird wenig Nutzen damit schaffen, weil die Bienen die vorige gute volle Gelegenheit und rechte Nutzung gewohnt sind, an der neuen Stelle finden sie danach aber wenig Nutzung, und so werden sie verzagt, tragen bei weitem nicht so viel in der geringeren als in der guten Landart ein. Deswegen ist es nötig, dass, wer sich Bienen zulegen will, solche an Ort und Stelle kaufe, wo es nicht so gute Landart hat wie da, wo er sie hinführen will. Sobald die Bienen merken, dass sie an bequemere Orte kommen, als sie zuvor gewesen sind, so nähren und mehreren sie sich gewaltig, so wie denn die Bienen, die von hier in die Altenburgische Pflege und an die Leine geführt werden weit mehr bauen und eintragen als bei uns hier.

Abgestorbene Bienen

Wobei mit zu merken ist: ob man auch Bienen, deren Hauswirt gestorben sei, ohne Gefahr kaufen könne? Antwort: Wenn man sie fortführt, so ist keine Gefahr dabei, und man hat eben den Zustand, als wenn man sonst Bienen verkauft und fortführt. An der alten Stelle aber die Bienen stehen lassen ist nicht zu wagen, denn erstens haben solche Bienen einen fleißigen Hausvater gehabt, den sie geliebt haben, und so ist es zu glauben, wie etliche vorgeben, dass sie aus Kummer und Gram, wie man von dem Exempel von getreuen Hunden weiß, sterben. Außerdem aber kommen solche Bienen leicht um, weil sie ihren treuen Wärter verloren haben, und die jungen Erben nicht mehr so fleißig wie der alte auf sie sehen und sie in acht nehmen. Ich habe dergleichen hier im Dorf gesehen, als ein alter guter Bienenvater selig abschied, verwahrten die Erben die Bienenstöcke nicht wie es der Alte getan hatte. Im Frühling als die Sonne begann warm zu scheinen fielen die Bienen haufenweise heraus auf den Schnee und so blieben stracks etliche Stöcke auf dem Platze. An dieser Bienen Untergang war nicht vornehmlich der tödliche Abgang ihres vorigen Herren, sondern die Nachlässigkeit der Erben Schuld, und so pflegt es gewöhnlich zuzugehen. Deswegen soll sich niemand groß um die gemeine Rede kümmern, nämlich, dass 'verstorbene Bienen nicht wudeln sollen' (verstorbene Bienen gedeihen nicht): man schaffe sie nur fort, sobald es geht und pflege sie danach wie sie zuvor gepflegt worden sind.

Wo solche Bienen gleich ein Jahr nach ihres Herren Absterben gelebt haben, mag man sie jedoch ohne Scheu kaufen. Wo aber Hausherren Bienen hinter sich gelassen haben, die sie selbst in Person nicht gepflegt haben, sondern ein anderer, da hat das nichts zu bedeuten. Doch wollen etliche, dass Geheimnisse in der Natur verborgen sein sollen, welches ich einem jeden zu glauben frei zulasse, ich rede von der Erfahrung. *Doch habe ich es erfahren, dass, wenn sie nur in demselben Garten fortgesetzt oder durch einen starken Schlag an der Stelle erschreckt wurden und gleichsam verwirrt worden waren, dass es ihnen nichts geschadet hat.*

Gute Bienen soll man kaufen

Nach diesem allem muss ein künftiger Bienenvater sich nach guten Bienen umsehen. In diesem Fall halte ich es für das bequemste, dass einer mit einem guten bekannten Freund auf Glauben handle, und stelle es der Käufer dem Bienenherren heim, will ihn der gut verwahren, so kann er es tun, denn er weiß wohl was in einem jeden Stocke ist.

Wer diesem Vorschlag nicht folgen kann der nehme dieses Mittel zur Hand.

Guter Bienen Kennzeichen

1. Suche er keine Bienen, die in alten verfaulten Stöcken sitzen aus, denn es ist Gefahr dabei, wenn man sie fortführt, und noch größer, wenn man sie in einen anderen Stock fasst, ja es geht auch nicht ohne Schaden zu. Bringt man sie gleich zurecht im neuen Stock, sodass sie bleiben, so werden sie doch am Eintragen und am Schwärmen dasselbe Jahr merklich gehindert; drum sollen die Stöcke die man kaufen will gut oder wenigstens mittelmäßig sein.

2. Am besten werden gute Bienen am Fluge erkannt, denn wenn ein Stock stark fliegt, und die Bienen am Fladerloch einander mit Gewalt treiben, und viel Höslein oder Gebäu am Beinlein einbringen, solche sind gewiss gut. Wenn aber die Bienen einzeln fliegen, wenn jetzt eine, jetzt die zweite, jetzt die dritte, jetzt vier geflogen kommen, und unter zehn kaum eine Höslein bringt, und sie auch fein der Weile in Ein- und Auszug nehmen (sich bei Ein- und Auszug Zeit lassen, Anm.), da ist wenig besonderes dran.

3. Wenn es aber zu einer Zeit ist, an der man dies Indiz oder Merkzeichen nicht haben kann, dann ist es das gewisseste, man lasse ihn die Beuten oder den Stock aufmachen, sehe an, wie sie gebaut haben, wie stark sie sind, je mehr Bienen im Stocke sind, desto besser sind sie, brausen sie sehr nach einem gelinden Rauch und zeigen sich böse, so sind es gute Bienen. Dabei ist auch gut zu beachten, ob sie sehr dicke oder geringe dünne Kuchen haben, ob sie gemeinen oder steinigen Zuckerhonig haben, welche sehr dicke Kuchen und guten Stein-Honig gesetzt haben, dies sind die besten.

Wie man bald zur Bienenzucht kommen soll

Wer nun nutzbar gute Bienen sich zulegen und züchten will, dem rate ich, dass er ein paar oder mehr alte und bestandene Stöcke kaufe, so kann er desto eher damit zur Anlage kommen. Wenn man nur einen einzelnen Stock zeugt, so kommt man nicht bald zum Satze, denn es mögen Schwalben, Hornissen, Störche usw. ihn ein wenig hindern, so bleibt man gar sitzen, und es verdirbt einem Hausvater alle Lust zum Bienenwerk; kommt mancher um den ersten Stock, so lässt er es danach ganz bleiben, und zeugt Zeit seines Lebens keine Bienen mehr. Wenn man aber zwei oder drei Stöcke am Anfang ersteht so kann man Lust und Nutzen davon haben. Gibt nicht einer Honig, so tut es der andere, schwärmt einer nicht, so tut es der andere.

Alte Stöcke besser als junge

Bestandene Stöcke kenne ich, welche 2,3 oder mehr Jahre alt sind und voll mit Bienen und Honig stehen. An solchen tut man weit besser als an jungen, denn diesen muss man Kost geben, und noch in der Gefahr leben, ob sie fortkommen oder nicht. Man kann leicht einem jungen Stock so viel verfüttern (*wie es viele nach zwei oder drei Jahren mit großen Schaden erfahren haben, da mancher 2-3 Taler verfüttert hat, und um Geld, Honig und Bienen gekommen ist*) als man von einen alten bekommt, und besteht dennoch Gefahr darauf ob man ihn fortbringen kann. Bienen, die man speisen muss, denen gehen täglich Bienen ab, sie erfrieren, sie ersaufen, wenn sie die Kost aus dem Geschirr in den Stock hinauf holen; fällt der Weisel hinunter in den Honig, so ist es um den ganzen Stock geschehen. Riechen andere Bienen (von den Raubbienen ganz zu schweigen) den warmen Honig im Stock, so fallen sie ein, werden sie nicht dadurch hingerichtet, so können sie sich doch nicht recht wehren und ihrem Herren Nutz schaffen. Doch wer guten Bescheid weiß, und möglichsten Fleiß anwendet, der kann junge Stöcke auch in Schwung bringen und mit jungen Bienen eine Zucht anfangen.

Wenn man aber Alte Bienen sich angeschafft hat, die können sich wehren, bei denen muss man nicht groß mit Honig schmieren, und sie kommen leicht zur Nutzung. *Doch ist die jetzige Welt ganz voll List und Betrug, so dass sie die alten Stöcke bis auf das dürftige Leben verschneiden, entweder zum Verkaufen, oder zum zweifelhaften behalten, dass wenn einer kommt, damit betrogen werden kann. Wie ich hier etliche solcher unbarmherzigen Bienen-Stiefväter und Betrüger kenne, die es mir selbst zum Teil auch mitgespielt haben, dass also einer mit den alten Stöcken sowie als mit den jungen kann betrogen oder in Mühseligkeit gesetzt werden.*

Am besten der beste Kauf

Daher denn ein künftiger Bienenvater an guter Stöcke Kauf etwas nicht vergessen darf, denn am besten ist der beste Kauf, pflegt man zu sagen. Wie teuer nun zu jeder Zeit ein Stock zu kaufen sei, lehrt der Markt und die Zeit; wenn man einen Kaufmann hat, kann man die Bienen auch verkaufen, doch soll ein Verkäufer in diesem Fall sein Gewissen und guten Namen fleißig in acht nehmen, und etliche Leute mit seiner Ware nicht übersetzen (übervorteilen), viel weniger betrügen.

Schätzung des Wertes eines Bienenstocks

Wenn nun der Bienenherr einen Stock einem ehrbaren Biedermann verkaufen will (mit geizigen mißtreulichen (pflichtwidrig, unfleissig, Anm.) Leuten rate ich keinem dass er sich verwirre in diesem Fall, denn wenn man es noch so treulich meint, so trauen sie einem doch nicht, und die Bienen haben gar kein Gedeihen wegen der Untreue solcher Leute. Mit jenen, die so gar nichts über die Bienen wissen, ist gleichergestalt übel zu handeln. Ich verkaufte vor Jahren einen sehr guten Stock nach L. Den hatten sie in einen Keller gesetzt, und darin bis 14 Tage nach Ostern stehen lassen, wollten nochmals lose Karten auswerfen (wollten nochmals verhandeln, Anm.), der Stock hätte nicht viel Honig gehabt. Ich wunderte mich, dass noch etwas darin gewesen ist. Darum ist mein Rat, man stehe mit solchen Leuten zu Frieden), so schätze er für sich selbst den bloßen Stock, fürs andere den Honig, der im Stocke ist, fürs dritte das Wachs, und zum vierten die ledigen Bienen. Also zum Exempel: ist der Stock groß und schön, aus einem Lindenklotz zugerichtet, so ist er, nachdem man jetzt solche Bäume bezahlen muss, wohl 15 oder auch 20 Groschen wert, die Stöcke aber, die aus anderem Holze, also Espen, Erlen, Tannen, Kiefern, ebenso aus Pfosten oder Brettern gemacht sind, berechnet und kauft man geringer.

Siehst du das sechs oder mehr Kandel (Hohlmaß) Honig im Stock sind, so rechne was die Kandel gilt, also oft 15 oder 18 Groschen, danach es zur selben Zeit, sage ich, gilt: 2 Pf. (Pfund?) Wachs 16 Groschen, die Bienen gäbest du um 2 Thaler nicht, so sie im Stocke sind wenngleich sie im Mai an einem Aste liegen. Also:

15 Groschen der Stock

6 Kandel Honig/ die Kandel für 15 Groschen

16 Groschen für 2 Pfunde Wachs

2 Thaler die Bienen im Stock

Fazit 8 Flor (vermutlich Fränkischer Gulden, Anm.) 1 Groschen

Für gefallene junge Schwärme gibt er eine Zugabe, usw.

Wenn ich nun einem, welcher über die Sachen nicht so nachdächte, einen Bienenstock so teuer anschlüge, der vermeinte, ich übersetzte ihn, aber dem ist nicht so. Drum ist meine Meinung, mancher täte besser er schnitte nur den Honig aus seinen Stöcken im Herbst und tötete die Bienen, wenn es nicht der Natur und weltlichen Rechten zuwider wäre, er verkaufte weit mehr im Winter aus dem Honig, denn im Frühling aus den Bienen, und müsste sich um keine böse Nachrede sorgen.

Gleichnis

Was aber geringere Stöcke sind, die man mit Gefahr füttern muss, diese sind ein weit leichterer Kauf, wenn man Stock und Bienen zahlt, so sind sie nicht viel mehr als 2 Gulden oder 36 Groschen wert, und hier ist eben der Unterschied in acht zu nehmen: man kauft einen stattlichen Gaul um 60, 70,80 Gulden; wenn nun ein armes Bäuerlein sein Rösslein, das alleine nicht eine Egge ziehen könnte, als gleich erachten wollte, und ebenso auf diesen Wert schätzen würde, das wäre Betrug und Narrheit. So ist es mit den Bienen auch, gute alte bestandene Stöcke sind im Kauf teuer, aber junge schwache gar wohlfeil, und der Einkäufer tut dennoch besser an guten als an geringen Stöcken, welches ich dem günstigen Leser zur Nachricht habe melden wollen.

Weil in diesem Kapitel behandelt worden ist, wie ein Bienenvater rechtmäßigerweise gute Bienen kaufen soll, so erfordert es die Ordnung, dass auch etwas hier gemeldet werde, was für ein **Unterschied sei zwischen liegenden und stehenden Stöcken**, damit er sich beim Einkaufen wohl vorsehen kann.

Lagerstöcke

Ich will hier meine Meinung kurz und rund heraus sagen, was ich von Lagerstöcken halte, nämlich ganz und gar nichts. Die Ursache ist diese: die Bienen werden nicht alt darin (wer es nicht glauben will, der versuche es), und es ist gut möglich, dass darin im Winter die Bienen sich vor der Kälte und im Sommer vor der Hitze nicht erhalten können. Außerdem, sobald als Motten unten am Boden wachsen, so sind sie stracks im Gebäue oder Gewürche, so ist es denn um die Bienen leicht geschehen, ganz zu schweigen, dass der Wind solche Beuten leicht zutreibt, und dass Ameisen und alles Ungeziefer darein kommen kann.

Deswegen, wer Bienen in solche Stöcke setzt, der tut nichts anderes, als dass er sie mutwillig um's Leben bringt. Ich für meine Person will, so Gott will, solange ich lebe keinen Schwarm in einen Lagerstock fassen. Denn da mir sonst in einem stehenden Stock ein Schwarm 30, 40,50 Jahre und darüber lebt, so kann ich eines Lagerstockes mich nicht eines Jahres gewiss vertrösten.

Solchem Unrat (Unheil) aber wird entgegen gesteuert, wenn man von starken Pfostenbrettern, gute zwei Finger dicke Ständerstöcke zusammen nagelt (wie oben beschrieben), wo man runde natürliche Stöcke aus Mangel des Holzes nicht haben mag. Wachsen schon Motten mitten im Stock, so können sie nicht ins Gewürche kommen und bleiben am Boden liegen. Zusammengefasst, wie die stehenden Stöcke allen Ruhm und Ehre wert sind, so taugen die liegenden zu nichts besser, als dass sie zerhauen und ins Feuer geworfen werden.

Warum nun wohl M. Höffler von den Lagerstöcken gar nichts hält, so kann und mag ist die Ursache sein, weil sie hiesiger Orten nicht bekannt und viel weniger gemein sind, und sind die angeführten Ursachen so wichtig nicht, dass man sie abschaffen und verlassen soll, während, wie er selber anführt, durch dicke Pfostenbretter der Kälte und Hitze kann Widerstand getan werden. Von dem Leim (Lehm), mit dem solche dünnen Lagerstöcke überzogen werden können, um vor allem Unfall bewahrt zu werden, ganz zu schweigen. Denn ich habe hölzerne und stroherne stehende Stöcke beiliegend in einer Hütte oft bei guten Bienenvätern gesehen; wenn sie so unnütz wären, trauten diese Bienenväter nicht, weil sie klug und auf den Nutzen auch verständig waren, sie hätten solche nicht geduldet, darum heißt es: ländlich - sittlich. Und ich halte es mit Nicol Jacob, wer nur mit den Lagerstöcken übereinkommen kann, besonders beim Zeideln, der kann vom Honig und Wachs noch mehr Nutzung haben, als von stehenden. Nicol Jacob sagt: ein Lager bringe mehr ein als drei Ständer, außer dass sie nicht so oft schwärmen. Die Lager soll man legen, dass sie mit dem Haupt ein wenig höher liegen, zur rechten Hand um des besseren Schneidens wie auch um des Wassers willen. Man soll sie fein mit Zwerchhölzern (Querhölzern) zusammenhalten, dass sie von der Luft und Hitze ihren Feinden zum besten nicht voneinander gerissen werden, man kann zwei Nebeneinander legen, und den Dritten in der Mitte darüber, und sie dann mit Schindeln gut vor dem Regen bewahren.

Wenn ein Bienenvater, der Lust zur Bienenzucht hat, dieses alles wohl beachtet hat, alsdann ist es notwendig, dass er solche Bienen an dem beschriebenen Ort in guter Sicherung vor dem Ungewitter und Dieben halten kann, dazu ist sehr dienlich eine Bienenhütte oder Bienenhaus zu haben, wie solches zugerichtet werden soll, wird wie folgend gemeldet.

Bienenhütten

Dieser Punkt ist sehr wohl in Acht zu nehmen von einem Hausvater, der Nutz von Bienen nehmen will, denn wo die Bienen nicht genügend vor dem Wind und Regen verwahrt werden, nimmt man leicht großen Schaden dazu, und kommt oftmals ganz und gar darum.

Diesem Übel wird am besten entgegen gesteuert, wenn man ein Bienenhaus oder Hütten über die Stöcke baut. **Wer nun den Bienen ein Bedürfnis erfüllt, und dieselben zu verwahren eine Hütte bauen lassen will, der gebe auf etliche Umstände in Erbauung solcher Hütten gute Achtung.**

Sie soll nicht zu klein sein
1. Lass er solche Hütten ja nicht zu klein bauen, damit er die Stöcke nicht zu sehr ineinander stecken müsse, ein Stock soll wenigstens eine Elle von dem anderen stehen, damit die Bienen am Flug einander nicht hindern oder irre machen.

2. Er lasse die Hütten auch nicht zu eng bauen, so dass man beim Schneiden der Bienen Raum habe und sich darin recht zutun kann.

3. So befestige er solche Bienenhäuser ja gut gegen den Wind, damit derselbe nicht Hütte und Bienen über einen Haufen werfe, wie ich von etlichen solcher Exempel weiß.

4. Er baue sie nach seiner Gelegenheit und Gefallen, aber nur nehme er solchen Hütten die Luft nicht. In Hütten, die döberich (schwül und warm, feucht), dummicht (Bedeutung unbekannt, feucht/schimmelig?), und nicht luftig sind, verderben die Bienen leicht, die Stöcke werden entweder schimmelig oder mottig. Ich will hier einer Historie erzählen: hier in der Nachbarschaft bekam ein Bauersmann in kurzen Jahren etliche Stöcke von einem Schwarm, der ihm zugezogen war, und die Stöcke standen trefflich gut. Der Mann will sie vor Ungewitter und Dieben wohl bewahren, und baut nach seinem Vermögen ein enges Hüttelein, das noch steht, über die Bienen, und verklebt es an allen Seiten auf's Fleißigste. Was geschieht? Er hatte gedacht, er habe seinen Bienen am besten vorgestanden, und so hat er sie fast ganz verdorben, denn die Nässe von den Kleiberwänden hatte sich in die Stöcke gezogen, und alle Bienen starben davon bis auf einen Stock.

Beste Art

Drum sind meiner Meinung nach dieses die besten Hütten, die oben mit dem Dach gut verwahrt sind und sonst auf allen Seiten frei und offen, so trifft die Bienen keine falsche oder faule Luft.

So haben sie auch ihr Licht, und im Frühling wenn man zeidelt, ihre Wärme, da kann man ohne Schaden dann mit den Bienen hantieren, welches in kalten und finsteren Hütten nicht geschehen kann.

Verwahret

Wer aber seine Bienen ja gut verwahret haben will, der lasse das Bienenhaus mit Brettern oder Schwarten beschlagen, und auf's Beste befestigen. Solche Hütten sind auch luftig und nässen nicht in die Stöcke.

Das Dach soll entweder von Ziegeln, Brettern oder Schindeln sein. Strohdach ist gar nicht gut, denn Mäuse, Motten und anderes Ungeziefer hält sich darin auf, und tut dann den Stöcken leicht Schaden.

Außerdem ist es überaus gefährlich mit dem Feuer in solchen strohernen Hütten umzugehen. Wie leicht kann es geschehen, dass Hütten und Bienen aus Verwahrlosung im Feuer verderben und auch sonst an anderen Gebäuden mehr Schaden geschehen.

Form und Weise wie man Bienenhäuser bauen soll, kann ich niemandem vorschreiben, Gelegenheit und Beutel wird es wohl einen jeden lehren. Etliche bauen solche Häuser zwei Stock hoch, setzen Stöcke unten und oben, welches nicht schadet, solange der Wind die oberen nicht zu sehr trifft. Etliche bauen sie nur so hoch wie die Stöcke sind, wenn sie vorne eine ziemliche Höhe haben, dass sich die Luft fein ändern kann. Ich halte am meisten davon.

Wer einen solchen Bau vornehmen will, der besehe sich zuvor etliche Hütten und nehme an ihnen ein Muster, oder er brauche einen erfahrenen Zimmermann.

Ich habe Hütten gesehen, wo man die Beutenbretter hinten an den Stöcken mit gezimmerten Hölzern so befestigen und verschließen konnte, dass kein Dieb ohne große Mühe und Pochen dazu kommen mag. Das erachte ich für sehr bequem, daher sind meine Bienenhütten auch so formiert.

Gute Achtung aber ist beim Bauen darauf zu geben, dass für eins die Schwelle stark sei, und zurecht gelegt werde, worauf die Stöcke mit dem Vorderteil gesetzt werden. Ebenso soll man das Vorderdach nicht zu groß machen, damit den Bienenstöcken nicht dadurch die Sonne genommen werde.

Wenn man auch an dem Vorderdach eine Traufrinne führt, damit die Platzregen in großen Gewittern die Bienen nicht niederschlagen und ersaufen, so ist das auch nicht unbequem.

Etliche lassen das Bienenhaus inwendig und auch vorne auswendig mit Brettern dielen wie eine Stube, das ist auch nicht unbequem, nicht alleine, dass die Nässe sich nicht zu sehr in die Stöcke zieht, sondern man kann es auch fein rein um die Stöcke halten, und leicht vorne erkennen, was die Bienen aus- und eintragen.

Bienen ohne Häuslein zu verwahren und zu erhalten

Wenn jemand nur 2, 3, 4, 5, oder 6 Stöcke hat, und es nicht in seinem Vermögen ist, der muß nicht flugs eine Bienenhütte bauen. Sondern man schlägt ein paar gute lange und starke eicherne Zaunstecken tief in die Erde, damit, wenn das Erdreich erweicht, der Wind sie nicht umstürzen kann, sonst kommen die Bienen gar zu leicht ganz um. Man setze einen Stock oder Stein in die Mitte, oder schlägt drei oder vier Pfähle, aus Zaunstecken gemacht, da rein, so dass gut ein Viertel einer Elle oben über das Erdreich herausragen, setze den Stock darauf, binde ihn mit bästenen Stricken und guten starken Weiden gewiss an, bedecke ihn mit Brettstücken oder Schindeln, so ist er auch versorgt. Wer es gewisser haben will, der grabe starke eicherne Stützen ein, oder lasse ein Loch durch eine starke Säule machen, lege oder stecke eine Stange darein, setze die Stöcke auf die Pfähle, Stöcke oder Steine wie gesagt, binde sie an die Stange, bewahre sie mit Decken vor den Regen, so ist es ebenso viel, als wenn sie in einer Hütte stünden. Doch ist in diesen beiden Fällen anzumerken, dass man die Stöcke ein wenig nach hinten neigen muss, damit keine Nässe zu den Beutenbrettern kommen möge, oder, wenn was vom Regen hinein kommt, desto eher wieder hinaus fließe. So auch Columella 10. Buch, Kapitel 7 : Übersetzung: damit der Regen nicht eindringe, oder, wenn er zu stark und eingetreten ist, wieder ausfließe, komme er zusammen und beuge die Bienenkörbe.

Über rück (nach hinten) soll man sie beugen, meldet dieser alte Bienenherr.

Vorsicht:

Man soll sich aber vornehmlich hüten, dass man die Stöcke nicht an selbst wachsende Wände oder Bäume lehne und binde. Denn 1. wenn der Wind die Bäume bewegt, so schaukeln die Stöcke auch hin und her, so schießt das Rohs (Honigwaben) mit Honig und Bienen im Stock herunter. 2. So kann man auch Stöcke, die an selbst wachsende Bäume gebunden sind, nicht genug vor dem Regen verwahren, es sickert immerzu das Regenwasser vom Stamme an die Beuten, bis endlich die Stöcke von der Nässe ganz verderben.

Das vierte Kapitel

Zu welcher Zeit des Jahres man Bienen kaufen und auf welche Art und Weise man sie fortführen soll

Im Frühling, wenn die Kälte vorüber ist, zur Frühjahrs-Tag und Nacht Gleiche, und wenn die rechte Zeidelzeit herbeinaht, im März oder April, da ist am allersichersten Bienen zu kaufen, damit sie vor der vollen Nutzung den Flug an den neuen fremden Ort lernen, und nicht in der Arbeit gehindert werden. Wer im Herbst Bienen kauft, muss den Winter über große Gefahr tragen, welcher man erhoben ist, wenn man die Bienen erst im Frühling kauft, doch ehe sie verschnitten werden.

Welche ihre Bienen nach Ende Mai fortführen, die tun leicht Schaden am Gewürche und hindern die Bienen heftig am Eintragen, denn ehe sie an einem fremden Ort den Flug lernen, so ist die Nutzung weg.

Im Juli führen die Märker ihre Bienen in die Heide, aber sehr weit, wenn sie am Gewürche keinen Schaden erleiden, schadet es ihnen nicht, sie müssen sich ihres Nutzes da erholen.

Bienen sollen nicht gar nahe der alten Stelle gesetzt werden

Man muss aber hier auch in acht nehmen, ob man die Bienen nahe oder ferne führen will. Bleiben sie in der Nähe, so muss man beizeiten dazu tun ehe sie den Flug lernen. Führt man sie aber auf eine Meile oder eine halbe des Weges, so hat es nichts zu bedeuten, wenn man die Bienen kaum um Gregorii kauft und fortführt.

An etlichen Orten ist es gebräuchlich, dass der Verkäufer dem Käufer die Bienen gewährt bis die Bäume blühen. Ich halte davon, was einer zusagt, das muss er halten. Wer aber meinen Rat befolgt und gute bestandene Bienen kauft, wo die Stöcke voller Honig und Bienen sind, der bedarf keines Ausbedingens und dergleichen. Außerdem ist es sehr notwendig zu wissen, dass, wer Bienen, nachdem sie den Flug richtig innehaben, im Sommer fort und nicht weit trägt, der kommt gewiss drum, denn sie fliegen auf die alte Stelle, weil sie aber den Stock dort nicht finden, legen sie sich an Bäume und Zäune, oder was dem Stock am nächsten gestanden hat, und verschmachten dort, wie Nicol Jacob an seinem eigenen und eines anderen Exempel beschreibt. Hier ist das fremde Exempel: es hatte einer dem anderen einen Stock Bienen abgekauft mitten im Sommer, und denselben ungefähr einen guten Armbrustschuss weit fort getragen. Da sind die Bienen auf die vorige Stelle geflogen und haben sich an einen alten hohlen Baum angelegt, und haben nicht wollen wegfliegen. Deshalb hat der Käufer den Stock mit den übrigen Bienen und Weiseln die darinnen waren wiederum auf die vorige Stelle tragen lassen. Da zogen die Bienen wieder hinein, aber er musste sie dort lassen bis auf eine andere Zeit.

Sein eigenes Exempel: dass er beim Fortführen der Stöcke aus einem Garten in den anderen die Decken verwechselte *(welches nicht geschehen soll, viel lieber soll man allen neue Decken geben, weil die Bienen davon große Nachricht haben)* da sind die Bienen irre geworden und zu ihrer alten Decke geflogen: aber ehe ich es merkte, sind die irren Bienen bei den anderen eingefallen und haben den Honig genommen. Meiner Meinung nach, sagt M. Höffler, ist nicht die Verwechslung der Decken, sondern die nahe Fortführung der Bienen an ihrem Untergang schuldig gewesen. Im Herbst, wenn es gleich auch schon um Martini ist, soll man doch keine Bienen forttragen und in die Nähe versetzen, denn wenn die Sonne ein wenig scheint, so begeben sie sich in die Luft, fliegen an die alte Stelle und kommen dort um. Im März, wie gemeldet, ist es am besten, denn weil sie den Winter über den alten Flug ziemlich vergessen haben, so erfassen sie den neuen umso schneller. Ranzovius schreibt in Calendario, man soll sie im Januar fortführen, wenn es nur geschieht, ehe sie anfangen zu fliegen, so ist es zeitlich genug.

Wie man nun ohne Schaden und Gefahr die Bienen fortführen kann und soll lehren beide Autoren

Nicol Jacob lehret: wenn ich die Bienen fortführen will, so mache ich ein Brett hinein in der Weite des Bienenstocks, hinten breit und vorne schmal, und eine handbreit kürzer, wenn die Beute tief ist, sodass das Beutenbrett hinein kann, verschneide das Gewürche und schlage einen Keil neben das Brett, damit, wenn das Gewürche oder Honig abbricht, es auf dem Plätze liegen bleibe, denn in zwei oder drei Tagen binden es die Bienen wieder an. Wenn aber kein Brett da drinnen ist, und der Honig und die Brut abfällt, kommen viele Bienen um, oftmals der Weisel selbst, auch ziehen sie oft gar davon, wie mir geschehen ist. Ich nahm den abgeschossenen oder gebrochenen Honig aus der Beuten am Abend, den anderen Tag haben die Bienen, was noch in der Beuten an Nutzung geblieben ist, genommen und sind davongezogen und haben das alte ledige Gewürche verkommen lassen. Darum soll man den Bienen von allem abgeschossenen gar nichts nehmen, sonst werden sie zaghaft und ziehen davon.

Wenn ich die Bienen fortführe, so nehme ich zwei Stangen, und mache zwei Stricke daran, so sind die Stöcke gut zu tragen und zu laden. Sonst, wenn man gemeine Tragen dazu verwendet, zerbrechen sie gewöhnlich, und die Bienenstöcke erleiden großen Schaden, ja, es kommen wohl bisweilen die Bienen gar um. Auf einem Schlitten oder Schleifen sind sie auch gut fortzuführen, aber auf dem Wagen erleiden sie gewöhnlich Schaden, wegen der unebenen Wege, und kommen auch oft durch Auf- und Abladen zu Schaden, denn sie haben ihre Regierung ganz still, je weniger man um sie geht oder poltert, desto lieber haben sie es.

Wie man Bienen fortführen soll

M. Höffler hat es gar kurz gefasst wie man die Bienen fortführen soll. Fein bescheiden und gemachsam (vorsichtig) muss man damit umgehen, und wie man sie gebaut hat, legt man sie auch beim Führen. Die Beutenbretter verzweckt (befestigt) man mit einem alten doch ganzen Sack oder Tuch, so kann man sie führen, wohin man will. Welche gleich zum Flader zu angesetzt haben, die lege ich beim Führen auch aufs Flader; welche aber die Zwerch über gebaut haben, lege ich auf eine Seite, damit, wenn schon ein Kuchen mit Honig abschieße, so können die Bienen samt dem Weisel weichen. Sonst, wenn ich das nicht in acht nehme, und ein Kuchen sinkt die Zwerch nieder, so erdrückt er mir die Bienen alle, die zwischen ihm und den anderen ihren Aufenthalt gehabt hatten, wäre der Weisel darunter, so ginge der ganze Stock ein. *Doch wenn die Stöcke mit den Kreuz- und Zwerchhölzern recht gemacht sind, und die Bienen halbwegs gebaut haben, so ist die Gefahr auch nicht gar zu groß.*

Beim Fortführen muss man die Fluglöcher am Stocke entweder mit einem eng gestrickten Netzlein oder mit einem Gitterlein aus Draht zumachen, damit die Bienen nicht heraus können und trotzdem Luft haben können. Etliche gebrauchen anstatt der Netzlein ausgekerbte Hölzer, welches gleich wohl sei, wenn sie dadurch nur Luft haben können. Wenn man auch die Stöcke mit den beiden Enden an Stroh legt, so muss doch wegen besprochener Ursache willen das Fladerloch frei bleiben. Abgesehen davon muss man auch fleißig zusehen, dass die Stöcke, die man fortführen will, richtig verbleiben, und der Lehm daran nicht morsch sei, dass er nicht beim Fahren herabfalle, die Bienen herausfallen, Ross und Mann verjagen, und selbst Schaden nehmen.

Wenn Bienen beim Fortführen offen werden, was dann zu tun sei

Wenn es sich aber so zutrüge, bei warmen Sonnenschein, so rücke der Fuhrmann aus dem Wege, spanne aus und warte so lange, bis sich die Bienen wiederum in den Stock begeben haben. *Wenn man jedoch gegen Abend solche wegträgt oder führt, so müssen sie wohl wegen der Finsternis und der kühlen Luft drinnen bleiben.* Um solchem Unheil aber vorzukommen, pflege ich meine Stöcke, wenn ich sie über Land auf 2, 3, auch obwohl 5 Meilen weit weg zu verschicken pflege, in Hopfenziechen (lange Hopfensäcke), Säcke und dergleichen zu stecken und zuzubinden, so müssen sie im Sack bleiben, wenn sie schon aus dem Stock kommen.

Wie und wenn man junge Bienen fortsetzen soll, soll unten im dritten Buch von den Schwärmen der Bienen angezeigt werden.

Das fünfte Kapitel

Von Bienenstöcken oder Beuten zu machen und aller anderen Notdurft

Aus was für Material die Beuten oder Bienenstöcke gemacht werden sollen.

So werden sie entweder aus Stroh zusammengeflochten, oder aus Bäumen ausgehauen, oder aus Brettern zusammengeschlagen, wie es bei den Römern auch gebräuchlich gewesen war:

Übersetzung: Die Bienenkörbe selbst aber sollen dir entweder aus ausgehöhlten Baumrinden oder aus gebogenen Weideruten gewebt sein.

Weidene Rütlein

In Frankreich flicht man sie aus weidenen Rütlein, wie D. Melchior Sebizius im andern Buch vom Feldbau bezeugt.

Zu strohernen Bienenkörben bedarf es keiner Wahl, wenn das Stroh nur frisch, lang und nicht modrig ist.

Lindenholz das beste

Wenn man aber Stöcke aus Klötzen von Bäumen macht, so mag man wohl gutes Holz dazu, wenn man es haben kann, wählen. Das beste Holz aber dazu das ist Linden, weil es von Natur nicht nur fein weich und gelinde, sondern auch süß ist und wärmt, denn ohne Hitze und Wärme mögen die Bienen wenig Nutzen schaffen.

Kiefern, Tannen und Fichten

Ich habe gesehen, wenn ich im Frühling Stöcke von Linden habe machen lassen, so sind die Bienen dick auf die Späne gefallen und haben sich Nahrung davon geholt. Wegen diesem halte ich das Kieferne wegen seines lieblichen Geruchs für das beste. Tannen- und Fichtenholz ist auch nicht zu verachten, besonders, wenn die Stöcke vom Stammorte geschnitten wurden. Von diesen Hölzern oder Bäumen sollen auch die Bretter geschnitten sein, aus denen man die Beuten zusammenfügt, wie jetzt gemeldet werden soll.

Von der Form der Bienen stöcke.

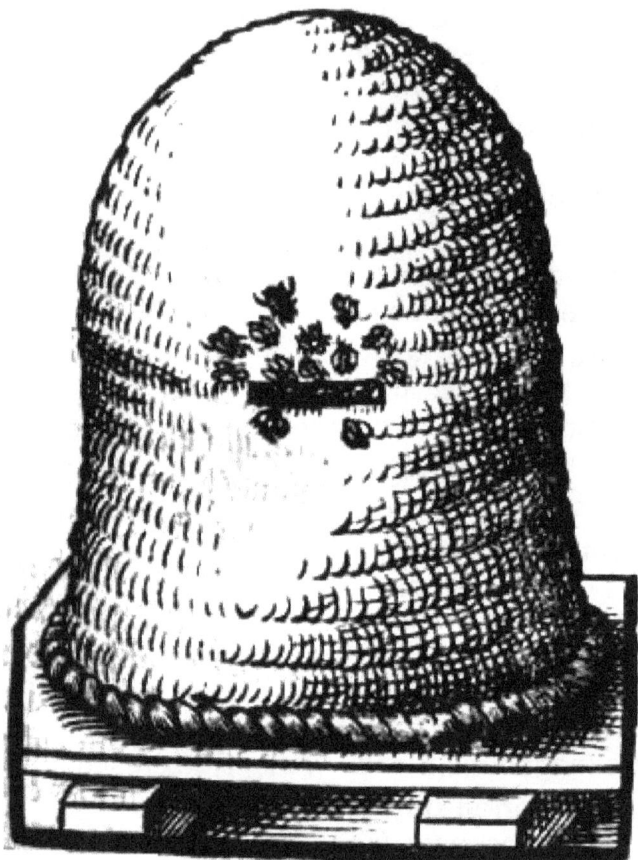

Espen, Pappeln und Weiden nicht gut

Espen, Pappeln und Weidenholz dient nicht gut als Stöcke, denn es säuert leicht, reißt auch sehr auf (Pallad. 1. Buch, Kapitel 37), doch im Notfall mag man es gebrauchen, aber die Stöcke müssen ein ganzes Jahr gemacht ledig an der Luft gelegen haben und ausgetrocknet sein.

Erlen und Eichen

Gleichwohl nehme ich noch Erlen dafür; solche Stöcke werden auch hübsch leicht, ohne dass sie auch nicht leicht aufreißen. Eichen sollen nicht gebraucht werden.

Zeit das Holz zu fällen

Das Holz aber zum Stöcken soll entweder im Dezember, auf des Monden letzte, oder im Januar gehauen werden, dann frisst es der Wurm nicht und die Schale bleibt dran.

Von der Form der Bienenstöcke Stroherne

Zuerst, was die strohernen Bienenkörbe belangt, werden dieselben etwa eine Elle, manchmal anderthalb Ellen hoch gemacht, nach oben zu eng und spitz wie ein Hut. Weil man aber hier in unserer Pflege nicht Klötze, sondern Bretter zum Stöcken hat braucht man solche hier nicht. Ich für meine Person will lieber einen Schwarm in einem Stock als drei in Körben haben. Ich rate auch, wer sie in Körben hat, der sehe zu, dass er sich liegende oder stehende Stöcke aus Brettern herstelle. Eine Form solcher stroherne Körbe oder Stöcke habe ich für diejenigen, die keine gesehen haben, hierher setzen wollen, und für's andere, was die Länge der Stöcke anbelangt, wenn von Linden, Kiefern, Tannen, Fichten oder Erlen Klötze gemacht werden, so muss man bei solchen auf die Dicke dieser Klötze achten.

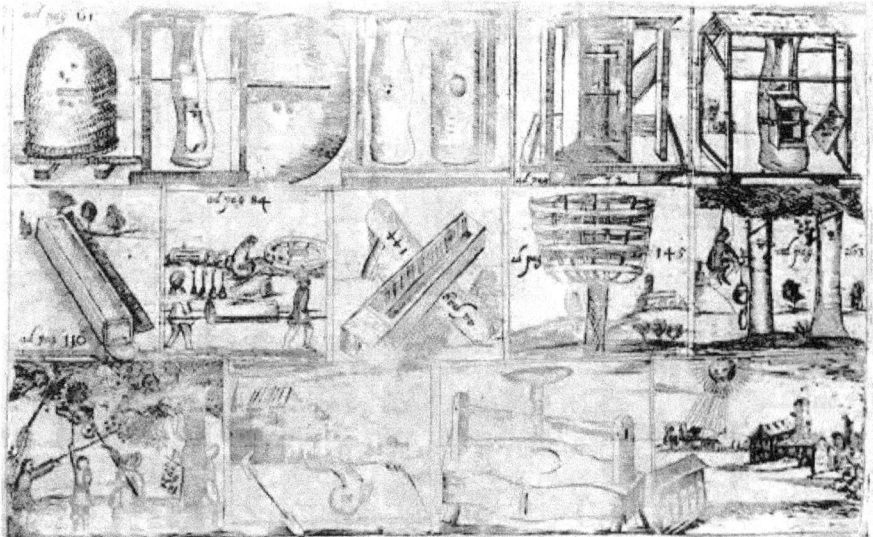

Höhe der Stöcke

Wenn ein Klotz kläfterig (einen Klafter lang, oder von solchem Ausmaß, dass er einen Klafter Holz gibt) ist (viel dicker darf er nicht sein, *es sei denn man wollte zwei Beuten hinein machen, oder auch wohl gar drei, dann müssen sie auch desto dicker sein, wie in der Lausitz und anderen Orten sehr gebräuchlich ist, aber sie werden nur in Triangel hinein gearbeitet*), so ist er hoch genug, wenn er zehn Viertel einer gemeinen Elle lang ist, das ist, wenn von er einer zierlichen Statur ist und einem Mann an den Mund reicht; dass also neun Viertel Ellen ausgearbeitet werden, ein Viertel bleibt unten, und eines oben zum Ansatz oder Orte. *Hier, glaube ich, ist ein Irrung vorgegangen, denn wenn sie nur zehn Viertel lang wären, so können sie nicht auf neun ausgearbeitet werden, dass sowohl oben als auch unten ein Viertel übrig bliebe. Ich habe kläfterige Stöcke zehn Viertel lang und acht Viertel ausarbeiten lassen, es haben die armen Tierlein Raum genug, und sind gut, wenn sie einen solchen Stock in drei Jahren voll bauen.*

Wenn man unten und oben den Stöcken zu wenig Holz lässt, so reißen sie leicht auf, das Aufreißen aber verhindert man, wenn man die Stöcke unten und oben ein halbes Viertel vom Ende über der Zwerch durchbohrt, und hölzerne Nägel hindurch treibt. *Wenn man in der Mitte des Hauptes und Fußes durch den Kern bohrt, habe ich befunden, dass die Stöcke nicht aufreißen, und nachher, wenn man sie gebrauchen will, macht man sie mit einem Pflocke zu.*

Wenn aber die Klötze nicht sehr dick sind, so müssen die Stöcke eine rechte Mannslänge, nämlich, drei Ellen haben.

Dass aber der Autor an diesem Ort schreibt, wenn die Stöcke enger als eine Elle über Ort (am Ende) dick seien, so sollen die Bienen leicht darin erfrieren, das habe ich nicht befunden. Sondern vielmehr, dass die Bienen in ordentlichen, auch kleinen Stöcken besser als in großen bauen und sich nähren, *auch eher und mehr durch Schwärme sich vermehren, denn wenn der Stock klein ist und sie ein wenig gute Zeit gehabt und fleißig gewesen sind, so haben sie große Lust ihr Geschlecht zu vermehren, was ich ihnen sonderlich angemerkt habe, darum, wer viel haben will, der behelfe sich mit engeren Stöcke, doch dass die Landart auch dazu dient; wiewohl auch die großen und weiten Stöcke mit Blenden eng und klein genug gemacht werden können, wie folgen wird.* Aber manchmal werden die Stöcke zu klein, das ist nicht fein.

Wenn die Klötze nicht gar eine Elle über Ort dick sind, so lässt man sie in einer Dicke ausarbeiten, am allerbesten, wenn's möglich wäre, dass man sie so rein machte von Spänen und Schiefern wie einen gehobelten Tisch, so wäre es umso besser, denn die Bienen haben oft lange damit zu tun, ehe sie die Schieferlein abbeißen und austragen.

Die Bretter, die man zum Stöcken braucht, müssen aus oben erwähnten Bäumen geschnitten sein, obwohl man Bücherne Bretter auch zu gebrauchen pflegt. Solche Bretter, wenn man sie zum Stöcken braucht, müssen zwei Finger dick sein, sonst, wenn man gemeine dünne Bretter nimmt, so treibt die Luft und Hitze die Stöcke auseinander, im Winter erfrieren auch die Bienen darin.

Wie man die Stöcke soll machen lassen

Sind die Stöcke oben sehr dick, so lässt man sie oben nicht zu sehr auf den Grund, etwa eine halbe Elle lang, ausarbeiten, sondern schiebt es zu zu, dass der Stock oben bei weitem nicht so weit wie über dem Flugloch und unten wird, das macht den Bienen Mut und Herz zu bauen, wenn sie über dem Kreuz den Stock bald füllen. Ein Muster habe ich hier beigesetzt.

Hier kann ich den M. Höffler nicht recht verstehen, denn obschon der Stock oben dicker als unten wäre, so wäre doch keine Gefahr, wenn er gleichmäßig oben ausgearbeitet wäre. Denn weil der Stock oben weit, unten enger ist, so könnte das Gebäude nicht herunterschießen, und so Unheil verursachen; doch lass sich es einem anderen, seine Meinung recht einzunehmen.

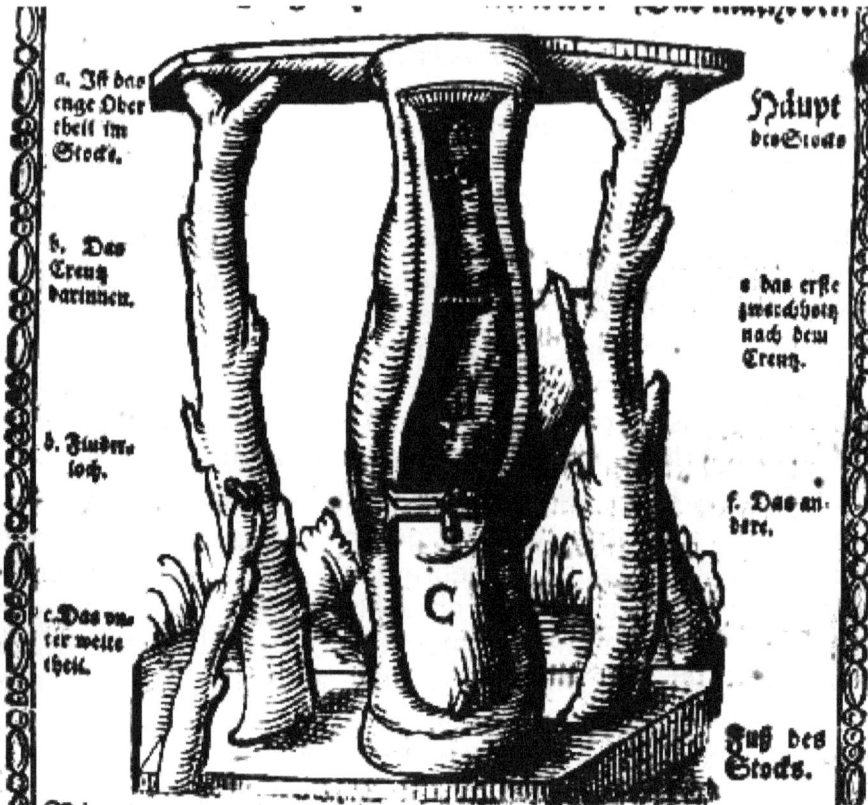

Beim Ansetzen schadet es den Bienen gar nicht, denn ungeachtet dessen, dass sie am Anfang wegen der Enge des Stockes kaum viel Kuchen haben, so werden doch dieselben, nachdem der Stock weit wird, immerzu vermehrt, sie setzen so fest am Kreuze wie oben am Haupte des Stocks an. Die hölzernen Stöcke lässt man inwendig ganz rund in Zirkel arbeiten, dass rings um und um im Stock das Holz ohne die Rinde die Dicke eines guten Brettes behalte.

Wenn man auch Stöcke machen lässt, so darf man sie hinten nicht weiter als eine vordere Spanne aufmachen. Etliche Zimmerleute nehmen eine Säge und schneiden den Klotz, aus dem sie den Stock machen sollen, am oberen und unteren Ort fast halb entzwei, spalten dieses danach aus, so haben sie gut arbeiten, und bedürfen nicht viel Mühe dazu, und können den Spänen fein mit der Axt beikommen. Aber das taugt gar nicht. Die Stöcke werden kaum halb so groß aus den Klötzen als sonst, bekommen ein Ansehen wie ein kleiner Backtrog, und die Bienen haben im Sommer keinen Schutz gegen die Hitze, im Winter auch nicht gegen die Kälte.

Stöcke sollen zirkelrund ausgearbeitet sein

Drum ist mein Rat, wer Stöcke machen lässt, der lasse sie recht fein im ganzen Zirkel und nicht im halben machen.

Die Zimmerleute tun es zwar nicht gern, denn wenn sie die Stöcke mit dem Dechsel (Beil, Hacke) so aushauen und im Zirkel schweifen (schwingen) müssen, bedürfen sie reichlich noch einmal so viel Zeit dazu, als wenn sie solche wohl aufmachten. Wenn man von einer Schwarte die Beutenbretter schneidet, und der Fleck vom Brett wiederum seinen vollen Zirkel erlangt, so sind sie recht gemacht.

Etliche Arbeiten nur in das Gevierte (in Richtung der Holzfasern, so dass man es leicht spalten kann) im Stock, sodass die Stöcke kein anderes Ansehen haben als, mit Kunst zu reden, ein Sautrog. Das taugt auch nichts. Wer Bienenstöcke nicht besser machen kann, der lasse es gar bleiben und verderbe das gute Holz nicht. Bienen in guten Stöcken, die ganz und gut sind, gelten allezeit in Flor mehr als die in geringen.

Das Fladerloch soll fast eine Viertel Elle lang, und eines Mannes kleinen Fingers dick hoch oder weit sein

Wenn nun die Stöcke fein hurtig inwendig im Zirkel ausgearbeitet wurden, so macht man von oben herunter fast in der Mitte des Stockes das Fladerloch. Solches, obwohl man es solche Linien lang darein machen lässt, so muss es doch nicht weit sein; denn wenn das Fladerloch sehr weit ist, so kriechen und fliegen Fledermäuse hinein, solche machen böse Arbeit in Stöcken. Außerdem schlägt im Sommer die Hitze mit Gewalt in den Stock, davon wird das Gewürche weich, und schießt mit großem Schaden der Bienen herab in den Stock. Im Winter schlägt der Frost und Kälte hinein, davon gefriert der Honig, dass die Biene diesen nicht verwenden kann, beschlägt und verstümmelt das Rohs, die Bienen erfrieren, so dass man sie oft in Stöcken alle tot, und gleichwohl genug Honig findet. Virgilius lehrt dieses auch in seinem Bienenbuche mit diesen Versen:

Übersetzung: Die Bienenstöcke sollen, ob sie aus hohler Rinde zusammengesetzt oder aus Weidenruten gewebt sind, enge Eingänge haben; denn der Honig friert in der Kälte des Winters und schmilzt und verdirbt in der Hitze. Die Bienen fürchten beides gleich.

Außerdem, wenn die Bienen schwach sind und große weite Fladelöcher haben, so können sie sich der Raubbienen, Hornissen, Wespen, usw. nicht gut erwehren, wie unten gesagt werden wird. Es darf aber auch nicht gar zu eng sein, so dass die Drohnen ungehindert herauskriechen können. Sonst hindert solche Enge des Fladers die Bienen am Zuge und auch am Schwarm. Anstatt der langen Flader bohren etliche drei, etliche fünf Löcher in den Stock dieser Form.

Nachdem das Flader noch in den Stock gemacht wurde, nimmt der Meister den Dechsel zur Hand und reinigt den Bienenstock inwendig um's Flader auf das allerreinste. Außen am Stock über dem Loch schlägt er nur die Schwarten mit einem Eisen, entweder rund oder eckig, ab, und dem Holz über dem Fladerloch gar nichts. Unten aber am Flader von außen braucht er seinen Dechsel. Dies sind die besten Flader meiner Meinung nach an Bienenstöcken.

Schmeißt schon der Regen und das Gewitter an die Flader, weil das Oberteil daran überhängt, so fließt die Nässe nicht in den Stock, sondern läuft an demselben hinunter. Wenn nun der Stock so geformt ist, so mache man oben ein Kreuz in den Stock, solches muss von feinem festen Holz, etwa so dick wie eine Leitersprosse sein, und nur eine gute halbe Elle vom Haupt des Stockes angebracht werden. Ich habe in diesem Fall auch mit Schaden müssen klug werden. Denn als ich das Kreuz eine Elle lang von oben an inwendig im Stock zuerst machen ließ, und die jungen Bienen ein dreiviertel von einer Elle gebaut hatten, war das Gewürche von Honig und Jungen schwer geworden, und es fiel mir in drei Stöcken über einen Haufen. Solchen Schaden verwandten die Bienen in zwei oder drei Jahren kaum, denn nicht nur die junge Brut, sondern auch viel alte kamen so um. Wer nun nicht haben will, dass ihm der gleichen widerfahren soll, der folge und lasse das Kreuz eine gute halbe Elle oder drei Viertel in die Stöcke bohren, man mag auch einen Sprügel (dünne, krumm gebogene Schiene) über dem Kreuz in den Stock beugen, der das Gewürche tragen hilft, vom Kreuz aus gemessen drei gute Viertel von einer Elle, so lasse er quer darüber wiederum ein Holz dem vorigen gleich mitten durch den Stock treiben, da kann das Gewürche abermals fußen und dann wiederum von diesem Querholz an gemessen, lasse er noch eines hinein machen. Solches dient dazu, dass die Kuchen mit dem Honig nicht abschießen. Etliche machen ein Kreuz oben, eines unten im Stock. Es genügt das obere, wenn ein paar Querhölzer noch dazukommen.

Es haben zwar diejenigen nicht gerne, die die Bienen zeideln oder beschneiden. Aber ich will doch lieber mir ein wenig Weile zum Schneiden nehmen, als Honig und Bienen unten in Stöcken mit höchster Gefahr für den ganzen Schwarm aufbewahren.

Nach diesem mach hinten am Stock ein Zwerchholz (Querholz) drei Finger breit, schneidet von starken Schwarten Beutenbretter vor, so ist der Stock wie er sein soll.

In diesem Fall ist mir neulich ein neues Muster, die Beutenbretter an die Stöcke anzubringen, untergekommen, welches mir sehr gut gefallen hat, dass ich nicht mehr einige Stöcke mit einigen Zwerchhölzern einrichten will. Denn erstens, so darf ich die schönen Stöcke um des Zwerchholzes willen nicht zuschneiden. Zweitens darf ich mich nicht fürchten, dass Motten sich in das Zwerchholz, wie es zu geschehen pflegt, einnisten. Drittens kann ich beim Zeideln ohne alle Hindernisse in den Stock kommen.

Ipsa autem seu corticibus tibi sus a cavatis,
Seu lento fuerint alvearia vimine texta:
Angustos habeant aditus. Nam frigore mella,
Cogit hyems, eademq̃ calor liquefacta remittit
Vtraq̃ vis apibus pariter metuenda &c.

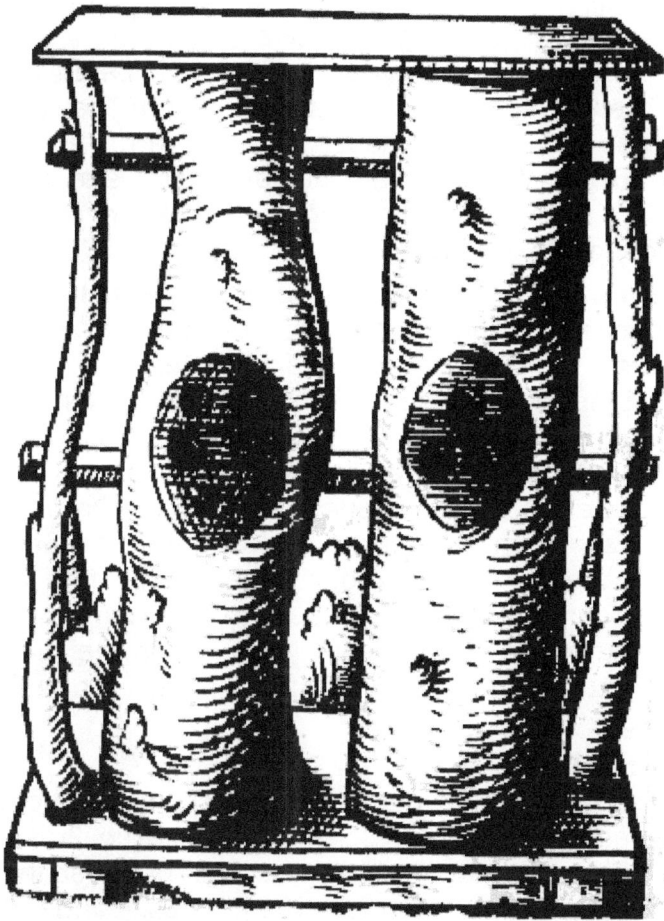

Sonderliche Art der Beutenbretter, wem sie gefällt

Mit solchen Kunststücklein aber ist es so beschaffen. Ich schlage oben am Haupt und unten am Boden des Stockes mit einem Meißel zwei Finger tief Kerben aus, in die ich an beiden Teilen die Beutenbretter stecken und befestigen kann. Danach schneide ich von einer Schwarte ein Beutenbrett, so lange, wie der Stock offen und das Ober- und Unterteil ausgemeißelt ist. Danach spitze ich die Schwartenstücke an beiden Ecken, oben und unten zu, so dass sie sich in das Ausgenommene am Stocke schicken. Ferner schneide ich das Brett in der Mitte entzwei, stecke einen Teil unten, den anderen oben in die ausgeschlagene Kerben, so geht's in der

Mitte gerade zusammen. Darauf nehme ich am Schnitt der Bretter ein jedes einen guten Zwerch (Durchmesser?) eines Fingers zu rings um aus, darein lasse ich beide Bretter mit einem Eisen, gleich einem Halseisen, fügen, hefte es an der einen Seite mit einem Haspen (Haken) an, verniete solche Haspen auf das festeste, auf der anderen Seite des Stockes schlage ich auch einen Haspen ein, so kann ich den Stock verschließen wie ich will.

Ein kleines Fladerloch unten, das ist sehr dienlich

Etliche machen in das unterste Beutenbrett, wie unser Autor auch lehrt, gar genau am Boden des Stockes ein kleines Fladerloch, dieses öffnet man bisweilen, damit die Bienen ihren Abraum, Müll und dergleichen leicht heraustragen können, das ist den Bienen sehr zuträglich. Wenn sie viel Müll, tote Bienen, zerbissene Drohnen haben, so macht es ihnen viel Mühe, solche durch ihr Gebäue zum rechten Fladerloch auszutragen. Aber wenn man das kleine Flader am unteren Beutenbrette im Mai zum Entrümpeln, nochmals um Petri und Pauli öffnet, wenn sie die Drohnen anfangen zu würgen, so geschieht ihnen große Hilfe und Förderung.

Stöcke aus Pfosten

Wer nun wegen der Landart sich nicht solche Stöcke machen lassen kann, der schaffe sich starke Pfostenbretter an, eine Elle oder auch etwas weniger breit, schneide zwei Stücke davon, elf Viertel lang, das sind die zwei Seitenbretter. Danach schneide er andere zwei ab, die ein wenig länger als eine Elle und von gleicher Dicke sind, diese geben oben das Haupt vom Stocke und unten den Grund. Das untere wird gleich, das obere scheibents (in die Kerben?) eingeschoben, dass es hinter sich hängt, denn wenn irgendetwas Nasses oben auf den Stock kommt, so hängt das Hauptbrett hinter sich und trägt auch über, so kann die Feuchtigkeit dem Stock nicht schaden. Aus diesem Grund muss auch das obere auch vorne am Stock etwas vorgehen. An den Seitenbrettern gehen oben und unten zwei Hörner eines Viertels vor, oben, dass man eine Decke darauf legen kann, unten, damit der Stock nicht offen stehe, zur Verhütung allerlei Unrats.

Ich habe auch wohl gesehen, dass man oben und unten anstatt der kleinen Bretter starke Stöcke genommen hat, und die Bretter ordentlich dareingefügt hat. Es mag eine in diesem Fall auswählen was er will, es gilt mir alles gleich, wenn aber die Seitenbretter zusammengefügt sind, oben und unten, so nimmt man ein Maß und schneidet das vordere Brett fein ordentlich ein, nagelt es mit hölzernen oder eisernen Nägeln ordentlich zusammen. Ist das vordere Brett nicht ganz stark, so nagle noch eins drauf, dass der Stock vorne zweifach wird, so muss man sich nicht sorgen, dass ihn die Hitze zertreibe. Mache das Flader durch beide Bretter hindurch, am äußersten Brett mag man ein wenig mit dem Dechsel arbeiten und es flach zubereiten, wie es an anderen Stöcken geschieht.

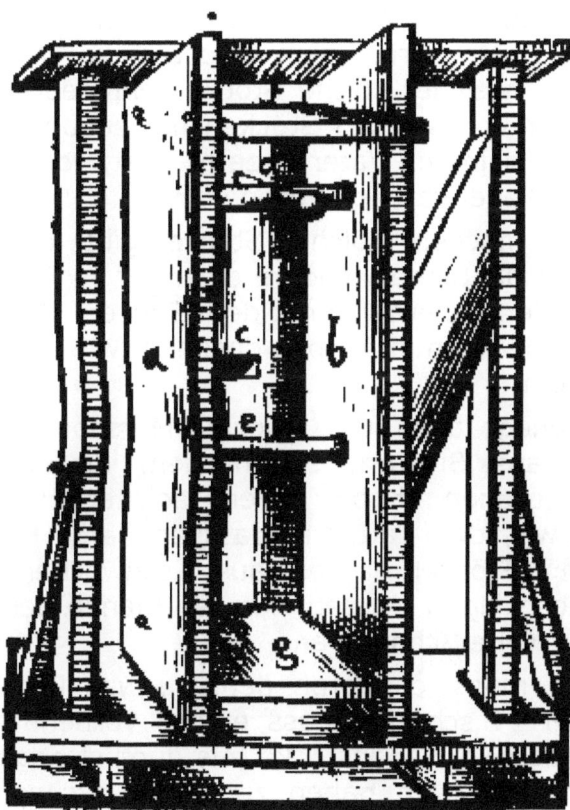

a. b. Das seitenbret.

c. Das föderbret/ sampt dem Flader- loche.

d. Das Creuß im Stock.

e. Zwer- holß am Stock.

f. Häupt- bret.

g. Fuß- bret.

Genauso mach das Kreuz, Roßsprossen, Zwerchholz (Querholz), Beutenbrett von hinten zu, wie in der vorigen Art der Bienenstöcke beschrieben wurde. Das halbe Fladerloch, wodurch die Bienen ihren Abgang austragen, das kann man vorne heraus machen, es ist besser als von hinten zu, denn die Bienen fliegen lieber gegen die Sonne als im Schatten.

Wenn man solche Stöcke (von Pfostenbrettern) dergestalt zubereitet hat, so zerlässt man Harz und reines Fasspech, oder auch nur Pech, und verpecht die Fugen auf's sauberste. Solch Pechen schadet den Stöcken nicht, die Bienen bauen gerne in Stöcken, die nach sauberem Pech riechen.

Ein solcher Stock, wenn ich ihn in's Trockene setzen kann, ist mir fast so lieb wie ein aus einem Klotz gemachter. Die Bienen bauen sehr gut darin, wie ich mit Verwunderung bei Ambrosio Meistern, dem Richter zu Alten-Mörbitz gesehen habe, welcher solche Stöcke sehr gebrauchte, und mir ein Muster von solchen Stöcken hat zukommen lassen, den er von seinem Vater geerbt hat, der auch ein vortrefflicher Bienenvater gewesen war.

Etliche machen solche Stöcke gibt doppelt oder zweifach, aber die Bienen hindern einander im Fluge, und ein Stock macht den andern irre mit dem Sausen. Solche Art hat Nicol Jacob in Mähren in Auspitz gesehen, wie er im anderen Kapitel bezeugt.

Man pflegt auch um Leipzig, Merseburg, Halle die Lagerstöcke aus Brettern zu machen, die ich auch in Altenburg gesehen habe. Wer solcher Stöcke sich gebrauchen will, dem rate ich, dass er starke Bretter dazu nehme. In Stöcken, die aus schwachen Brettern zusammengeschlagen wurden, tut den Bienen der Wind, die Hitze und die Kälte Schaden an.

Hierbei muss ich daran denken, was Plinius im 21. Buch, Kapitel 14 schreibt, dass etliche vornehme Leute in Rom und anderswo Bienenstöcke aus durchsichtigen Steinen und Gläsern und Horn haben zurichten lassen, damit sie dadurch haben erkennen können, wie die Bienen in Stöcken arbeiten, das ist eine feine Lust zu sehen. Man darf aber der

Kosten scheuen; wenn man nur in ein Beutenbrett im Stock eine durchsichtige Scheibe aus Glas einfügen lässt, so kann man auch sehen wie sie bauen. Zu diesem Zwecke habe ich ein solches Werk etliche Jahre an etlichen Stöcken gehabt, und habe es noch. Man muss aber an das Beutenbrett und über das Glas ein Schubdeckelein mit Leisten machen, dass man es auf- und zuschieben kann. Wenn man nicht hineinguckt, so schiebt man es vor, damit es wieder finster wird, sonst fliegen die Bienen dem Licht nach und treffen eher das Glas als das Flader und werden an der Arbeit gehindert. Ich glaube auch, dies sei auch ein solches Werk gewesen, dass Plinius beschreibt, oder sie müssen ihre durchsichtigen Stöcke mit etwas zugedeckt haben, damit das Licht gedämpft wird, sonst wäre es nicht angegangen; die Bienen hätten das Fladerloch nicht gefunden; ganz zu schweigen davon, dass die Hitze steinerne, gläserne und Stöcke aus Horn heftig müsste erwärmt haben.

Wie man Bienenstöcken, die zu hoch und groß, oder zu weit sind, helfen soll, damit junge Bienen mit Lust und Nutz darin bauen mögen.

Bienenstöcke verblenden

Erstlich, wenn die Bienenstöcke weit und dazu sehr lang und hoch sind, so werden die Bienen darin leicht zaghaft, und bauen wenig, wirken (etwas herstellen, schaffen) in etlichen Jahren kaum den Stock bis ans Flader voll, solchen muss man so helfen: Man schneidet eine Scheibe von einem Brettstücklein, Stutzboden oder Schindel, so groß wie der Stock weit ist, gibt dieses kurz unter dem Flader hinein, so gut man kann, und nimmt danach kurzgeströheten (?) Leim, verklebt die Scheibe samt dem unteren Beutenbrett aufs beste, damit nicht eine Biene in die untere Beute unter der Scheibe im Stock kommen kann, so denken die Bienen, wenn sie den Stock soweit voll gebaut haben, sie hätten ihn ganz erfüllt, da geht es dann ans Arbeiten und Eintragen, und sie lassen auch nicht nach bis sie den Stock gefüllt haben. Im nächsten oder im dritten Jahr nimmt man die Scheibe wieder heraus, und lässt ihnen das Gewürche ganz stehen, so füllen sie dann den Stock (was sich sonst über viele Jahre gezogen hätte) über den Sommer gewöhnlich ganz. Das nenne ich einen Stock verblenden, und mache es auch mit meinen Stöcken so, in die ich Bienen fassen will.

Bienenstöcke zu füttern

Zum anderen, wenn die Stöcke eine rechtmäßige Höhe haben, aber sehr weit sind, und man nicht sehr große Schwärme darein setzt, so werden die Bienen nicht nur zaghaft, sondern, wenn Raubbienen sie anfallen, so ist es ganz um sie geschehen, denn sie vermögen sich ihrer in einem so weiten Stock an allen Enden nicht zu wehren. Solchem Unrat beiderseits verhindere man auf diese Weise: ich nehme eine große dicke dürre Brettschwarte, schneide ein Stück davon ab, so lang wie der Bienenstock innen ausgearbeitet ist, danach schneide ich diese Stücke wiederum zweimal in zwei, so dass ich drei besondere Stücke habe, die alle drei so lang sind wie der Stock innen ausgearbeitet ist. Diese füge ich zusammen so genau ich kann, eines nach dem anderen in den Stock, schlage ein jedes mit einem Nagel an, aber den Nagel schlage ich nicht ganz hinein, so dass ich ihn im nächsten Jahr wieder herausnehmen kann. Dann treibe ich die drei Stücke fein ordentlich mit kleinen Keilen zusammen, und wenn ich dann dieses alles mit Fleiß verrichtet habe, so verschmiere ich alle Klinsen (Spalten) mit gutem Lehm, worunter Siede (abgekochtes gehäckseltes Viehfutter) gemengt wurde, so dass keine Biene hinter die Bretter kommen kann. In dieser Art wird dem Stock wenn nicht der Dritte, so doch der vierte Teil von der Weite genommen, und das nennt man die Stöcke füttern. In drei Teile aber schneide ich das Futterbrett deswegen, damit ich es nachher, wenn Bienen und Gewürche darinnen sind, desto leichter ohne allen Schaden herausnehmen kann.

Weil man auch an der Seite, an der man das Futter in den Stock macht, abschneiden muss, so sollen die Löcher für diese Hölzer durch den Stock durch und durch gehen, so dass man nachher, wenn man das Futter wieder herausnimmt, Kreuz- und Querhölzer ergänzen kann. Wenn denn nun die Bienen den ledigen Teil voll gebaut haben, so nimmt man ihnen so viel, dass man die Bretter herausnehmen kann, darauf bauen sie den anderen Teil auch voll (welches in ein oder zwei Jahren geschieht) und so ist es manchmal nicht mehr schädlich, sondern gut, dass der Stock groß gewesen ist, doch muss man beim Schneiden mit solchen großen Stöcken sehr vorsichtig umgehen, und das Rohs nicht auf den Tod abschneiden, wie unten beschrieben wird. Den angedorrten Lehm im Stock von der Blendung und Fütterung des Stockes schabe ich mit einer Bienenkratze auf's Saubererste ab und kehre den Stock aus, so ist ihnen denn die Metten gesungen (so sind sie bestens versorgt).

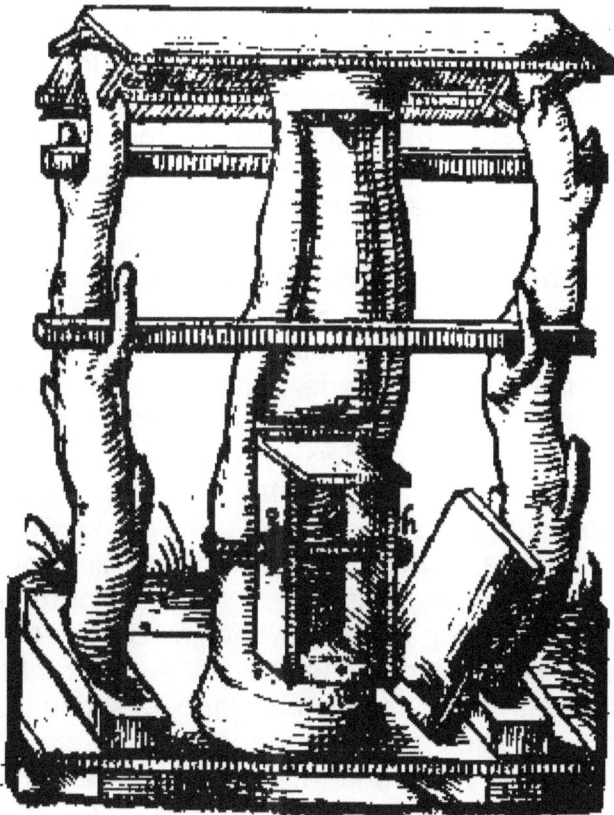

Ich füttere und blende meine gar großen Stöcke auf beiden Seiten, aber so, dass das Kreuz und Querholz bleibt einmal wie das andere, denn erstens schneide ich von der Schwarte, die sich dazu eignet, ein Stück, das gerade über

das Kreuz geht und darauf steht, danach schneide ich ein
Stück, das vom Kreuz bis aufs Querholz reicht, doch so, dass
es oben eine Kerbe bekommt, in der das Querholz vom Kreuz
Raum hat, damit das obere Stück Schwarte mit diesen
zusammengefügt werden kann; danach mache ich einen
Boden unter das Flader, so hoch ich will, denn ich kann den
Boden alsdann senken wenn und wie ich will.

Von Kasten an Bienenstöcken

Nachdem auch unser Autor von den Kasten berichtet,
die man von hinten an die Stöcke hängt, so muss ich auch
kurz davon Meldung tun. Man nimmt ein Maß von der
unteren Beute (oben macht man nicht leicht Kästen an, man
lässt die oberen Beuten bleiben, damit sie im Winter umso
besser ihr Behältnis haben mögen) und mache den Kasten so
lang wie das Beutenbrett am Stock, und so weit wie der
Stock offen ist, dass Dach oben muss abschüssig sein um
des Regens willen. Man macht den Kasten hinten zu, wie
eine andere Beute, so dass man das Brett wegtun kann wenn
man will. Wenn man das Beutenbrett weggetan hat, so setzt
man den Kasten an dessen Stelle. In der Mitte des Kastens
pflegt man auch ein Querholz zu machen, wenn man an
diesem Hörner oder auf jeder Seite ein Stückchen zweier
Glieder lang vorstehen lässt, so kann man ihn damit fein
gewiss um den Stock binden und darauf verkleben. Wenn
man dann nach Johannis Baptistae befindet, dass der Stock
voll ist, so hängt man einen Kasten, ohne Schaden und
Zerrüttung des Gebäudes, am Stock hinten an, und so bauen
sie in den Kasten, was sie in den Stock nicht bringen können.
Doch halte ich es für besser, wenn im Stock Raum ist, so
bedarf man keiner solchen Mühe nicht. Auf jeden Fall aber ist
es besser, dass man Kasten anbringe, als den Bienen das
Gewürche zur Unzeit zu zerstümmeln, oder die Bienen des
Müßigganges gewöhnen und faul werden lassen.

Ehe aber die Schwarmzeit vorüber ist, ist es nicht
ratsam, dass man den Stock durch Ansetzen des Kastens
erweitere, denn je enger und kleiner die Stöcke sind, desto
größere Lust und Begierde haben die Bienen, solche
vollzubauen.

Wenn man den Kasten an dem Teil, mit dem man ihn an den Stock setzt, mit einem Stückbrett zumacht, so hat man eine Zeidelmeste (Nebenkasten am Stock für schwache Schwärme), um darin etliche geringe Schwärme zu fassen, lasse sie über den Winter darin, reiße danach im Frühling das angenagelte Brett wieder herunter und füge den Kasten oben an einen Bienenstock. In einem kleinen Stock aber sitzen sie gewisser. Es ist aus den Künsten eine, die viel Mühe kostet, und wenig Nutzen bringt.

Alte Stöcke zu reinigen

Wie man alte ledige Beuten oder Bienenstöcke ohne Schaden wiederum gebrauchen kann.

Der Autor klagt daselbst, dass es ihm damals übel ergangen sei, als er junge Schwärme in alte infizierte oder vergiftete Stöcke gesetzt hat.

Weil man aber die alten Stöcke nicht flugs wegwerfen kann (gute Beuten sind teuer, es kostet jetzt einer 9, 8, 10, auch wohl 15 Groschen und mehr) so kann man allem Schaden und Gefahr so zuvorkommen: man nehme die Stöcke, aus denen die Bienen an einer gefährlichen Seuche gestorben waren (wenn sie aus Hunger sterben, oder Weisellos werden, so bedarf man solcher Lustration oder Reinigung nicht), trage sie an einen geräumigen sicheren Ort, dem das Feuer keinen Schaden tun kann, und lege einen brennenden Strohwisch in den Stock. So fängt das alte Gemisch aus Wachs und Harz im Stock an zu brennen und es wird zugleich neben der zähflüssigen Materie die Hinterlassenschaft von der Krankheit der Bienen auch verzehrt und der Stock davon gereinigt. Man muss aber die Beutenbretter bei der Hand haben, auf dass, wenn das Feuer den Stock zu sehr angreifen will, man die Brunst alsbald damit dämpfen kann. Man pflegt auch die Enden oder Ränder an den Seiten des Stockes mit Lehm zu verkleben, so kann sie das Feuer nicht beschädigen. Doch muss so eine Reinigung etliche Wochen vor der Schwarmzeit, ehe man die Bienen darein fasst, in die Hand genommen werden, sonst, wenn die Stöcke nach dem Rauch und Brand riechen, so bleiben die Bienen nicht darin, wenn sie aber etliche Wochen an der Luft liegen, so wittert sich der Rauch und Gestank aus. Wenn man auch nach solchem Ausbrennen die Stöcke mit einem Dechsel oder Stützschaben inwendig erneuert und aushaut, so ist es umso besser.

Das sechste Kapitel

**Von Bienen und Bienenstöcken in Heiden und Wäldern
Beuten in Heiden und Wäldern zu machen**

Es schrieb Nicol Jacob, dass seine kaiserliche Majestät, wie auch andere Herrschaften, in Schlesien und anderswo viele große Heiden und Wälder haben. Darin halten die Zeidler ihre Bienen und auch ledige Beuten durch die ganze Heide, jeder hat seine abgezeichneten Teile in den Bäumen mit seinem Waldzeichen, und sie mögen Beute machen nach ihrer Notdurft, davon geben sie der Herrschaft ihre Anzahl Honig als Zins. Und es herrscht dort das Recht, dass keiner dem anderen einen Schwarm Bienen von seiner Heide wegnehmen soll, sondern derselbe Zeidler, welcher dieselbe Heide innehat, muss die Bienen ziehen lassen, in welchen Baum es ihnen gefällt.

Aber M. Höffler spricht so davon: Solche Art Bienen zu halten ist in diesen Landen nicht gebräuchlich, meines Wissens nach. Der weiland Durchläuchtige hochgeborene Fürst und Herr Augustus Christmilder Gedächtnis Kurfürst zu Sachsen und Burggraf zu Magdeburg ließ bei Annaburg eine solche Bienenzucht durch einen Wender (von Heuwendern, Landarbeiter?) einrichten, welches Werk damals sehr gut vonstatten ginge, wie es aber jetzt darum steht ist mir unbekannt. Ich bin aber gänzlich der Meinung, man könnte genauso im Meißnerlande, wie in anderen, solch ein Bienenwerk anlegen, denn unser Vaterland steht in anderen Stücken anderen Nationen um nichts nach.

Besonders würde meines Erachtens nach die Leine, Bocke, Bohne und andere Hölzer um die Altenburgische Pflege (schutzgewährender Ort) gelegen nicht unbequem dazu sein, und großen Nutzen geben, weil die zahmen Bienen, so diese Hölzer nahestehen, merklich Honig eintragen.

Wenn man nur am Anfang einmal einen verständigen Mann dazu hätte, die Leinhaintzen (Laien?) und andere würden es bald zur Hand nehmen, wenn es Nutzen trüge.

Die Bien habn zwar klein Cörperlin /
Es steckt aber gros Thugend drin.
Fürwar solch Thierlein zeigen frey /
Daß ein Allmächtiger GOTT sey.

Wann die Beute zu machen sei

Die Zeit aber wenn die Beute in den Bäume zu machen sei, geschieht im Hornung (Februar), März und April (wie Nicol Jacob andeutet), denn im Mai, Brachmonden (Juni), Heumonat (Juli) und Augustmonat werden sie nicht gemacht. Ursache ist: Die Bäume verdorren. Aber im Herbst und Weinmonat (Oktober) mögen sie auch gemacht werden, dann lässt man sie ein Jahr oder länger offen stehen, sodass sie gut austrocknen. Obwohl etliche Zeidler im Jänner und Februar Beute machen, und die Bretter im Mai vorhauen, dies ist aber nicht gut. Darum, wenn die Bienen hineingezogen sind, so sollen die Beuten im Herbst einen Messerrücken breit behauen werden, so dass die Bienen wegen des Blasen und Brausens, und auch wegen der Feuchtigkeit, damit die Beute nicht ausgedörrt ist, in großer Kälte Luft haben, sonst beschlagen die Beuten und das Gewürche und die Bienen sterben. So aber die Beuten den Sommer über zugestanden sind, sollen sie doch im Herbst, wie gemeldet, geöffnet werden, je länger sie offen stehen und ungestopft sind, desto besser ist es, damit sie gut austrocknen. Im Juni arbeiten die Zeidler in den Heiden und Wäldern fleißig und machen die Beuten luftig und rein.

M. Höffler billigt dieses als des Autors Meinung, weil der Autor solches als in seiner Landart gebräuchlich deutlich genug beschreibt, sodass es keiner Erklärung bedarf. Er bemerkt dazu, dass das Holz nicht dick sein muss, wenn man Beuten in Bäumen machen will, damit die Bienen ihren Flug ungehindert haben können. Unsere Stöcke, die wir im Garten gebrauchen, sind am besten, wenn sie gut ausgetrocknet sind, sonst schießen die Bienen mit dem ganzen Gebäue (Gebautem) herunter in den Stock, dadurch wird nichts anderes als der Bienen Verderben geschaffen.

Womit man die Beuten in der Schwarmzeit zurichten soll

Der Autor behandelt ferner, wie man die Bienenstöcke gut vor Schaden verkleben soll.

Etliche, sagt Nicol Jacob, verschmieren ihre Stöcke mit Rindermist, ich verstopfte sie mit reinen Tüchern und lasse am Beutenbrett eines Messerrückens Dicke offen, dass die Bienen Luft haben und nicht ersticken, und auch nicht herauskriechen, und damit desgleichen auch die Fremden nicht hineinkommen.

In diesem, spricht M. Höffler, halte ich es mit dem Autor, dass man die Spalten mit Leinentüchern verstopfe, und nachher darauf mit Lehm, unter den Siede oder kurz gehacktes Stroh gemischt wurde. Mit Werk (Tuch, Flechtwerk) oder Hanf geht es nicht an, die Bienen verwirren sich darin und fangen an zu summen, und treiben die anderen durch diesen Aufruhr von ihrer Arbeit. Am bequemsten ist es aber, wenn man hierzu den Lehm nimmt, der zuvor an Bienenstöcken gewesen war, denn solcher ist süß und reißt nicht auf wie neuer Lehm. Man muss aber solchen Lehm klopfen und einweichen. Aus welcher Ursache man dann Zubuße (Zugabe) nimmt, Lehm von einer alten Wand, Kühekot unter solchen alten und die biederen Lehm gemengt, ist auch nicht böse. Doch ist hieran nicht viel gelegen, wenn die Bienen nur vor der Luft gut verwahrt sind. *Ich verklebe alle meine Stöcke ohne Unterschied mit Lehm, sei er alt oder neu, ohne dass ich kleine Gerstenspreu oder Ähren von Flachse, wie die Töpfer zum Ofensetzen gebrauchen, einmische, und den Lehm nicht zu dünn machen lasse. Doch je nach Jahreszeit gebrauche ich zum Zukleben und zum Schmieren desto mehr Wasser, dann haftet er nicht nur gut, sondern geht mir auch so wenig auf, wie dem Töpfer sein Lehm am gesetzten Ofen (wenn er nicht zu geschwind eingefeuert worden ist, da gegen solche Unbesonnenheit der Töpfer als denn nicht kann, weil man den Lehm sich anzulegen und durchzuziehen keine Zeit gelassen hat).*

Das siebente Kapitel

Von der Bienen Feinde

Hier muss ich der Ordnung halber einem künftigen Bienenvater nicht vorenthalten, dass die kleinen, nicht sehr kostbaren, doch sehr nützlichen Vögelein ihre sonderlichen ihnen nachstellenden Feinde haben. Damit nicht mancher denken möchte, wie es bisher geschehen ist, wenn sie nur Bienen hätten, so hätten sie einen, der sie als faule und dis sich ehrlichen Hausvätern in ihrer schweren und doch nichts einbringenden Haushaltung warten um unerschwindlichen Lohn an die Hand zu gehen verschworen ernähren und alles voll aufgeben sollen. Aber kleine Tierlein haben große und viele Feinde.

Wir wollen unseren Autor hören, der sie alle ordentlich aufzählt.

1. Spinnen und Kancker (Spinnentiere) stellen ihre Netze und Gewebe gerne um und an die Bienenstöcke, und sobald ein Bienlein darin hängenbleibt, fallen sie dieses an, saugen ihren Honig und was sie im Leibe hat aus. Ich habe auch große Spinnen oft an Beutenbrettern gefunden, wo der Lehm abgefallen oder aufgebläht gewesen ist. Solchem Ungeziefer ist leicht zu wehren, wenn man sie an etlichen Morgen, und vornehmlich in kaltem Regenwetter tötet und die Spinnweben täglich abkehrt.

2. Kröten, Frösche, Eidechsen und Schlangen fressen die Bienen, wenn die Stöcke niederfallen, wenn sie entweder krank oder schwer beladen sind. Kröchen sie jemandem in die Stöcke und richteten Schaden darin an, so möchte er solches seiner Nachlässigkeit zuschreiben, und es geschehe ihm nicht unrecht, weil er seine Bienenstöcke so übel verwahrt.

3. Schwalben-was diese und vor allem die weißen Läubenschwalben an Schaden unter den Bienen anrichten glaubt niemand, der es nicht erfahren hat. Drei oder vier gute Bienenschwärme hecken (behausen, enthalten) nicht so viele Bienen als diese wegfressen. Wenn Schwalben in der Nähe, wo die Bienen stehen, nisten, da schwärmt leicht kein Bienenstock nicht, wie erinnert worden ist, deswegen soll man weder junge noch alte Schwalben, um des Schadens willen, den sie den Bienen zufügen, leben lassen. Vornehmlich lasse man keine Jungen aufkommen, denn diese werden meistens mit lauter Bienen aufgezogen.

Der Storch richtet auch Schaden an, fängt die Bienen in der Wiese auf den Blumen, aber sein Bienentilgen ist nichts gegen der Schwalben Bienenräuberei.

(Hier kann ich's mit M. Höffler durchaus nicht halten, denn anno 1646 habe ich in der Niederlausitz einen in einer Wiese um sich schnappenden Storch schießen und danach aufschneiden gesehen, und eine gute Geuspel (Hand voll) Bienen bei ihm gefunden. Ein anderer Schütze hat sieben Schock (ein Schock= 60 Stück) in seinem Kropf gefunden. Wenn ein solcher Geselle alle Tage käme, so könnte er in einer Woche etliche Schwärme verdauen. Und solche Langbeine gehen gar viel miteinander in die Wiesen, können also mehr als die Schwalben vertilgen. Doch wenn die Schwalben in den Gärten um die Stöcke, der Storch aber in der Wiesen so tilgt, so kann den armen Tierlein nicht nur das Schwärmen, sondern auch das bauen und eintragen mächtig erschwert werden, darum halte ich, um der Bienen willen, dafür, man solle den Storch auch meiden, weil sonst nicht viel Ungeziefer übrig ist.)

Sobald die Bienen im Frühling um Gregorii beginnen zu fliegen, so ist die Schwalbe da, wartet mit Fleiß auf sie, und nimmt immerdar eine Biene nach der anderen aus der Luft hinweg. Wenn jedermann über das Jahr so viele Schwalben wie ich tötete, sie sollten wohl selten werden. Der Poet Virgilius gibt den Schwalben dieses Zeugnis auch, Georgica, 4. Buch:

Übersetzung: Halte ebenso die glänzende schuppenrückige Eidechse von ihren reichen Behausungen fern, sowie die Vögel, die mit dem Bienenspecht kommen, und die Schwalbe, ihre Brust mit blutgetränkten Händen gezeichnet: denn sie verbreiten weitreichenden Schaden, und tragen die Bienen an ihren Flügeln fort, Leckerbissen für ihre ungestümen Nestlinge.

Etliche wollen die Haus- oder Rauchschwalben in ihren Häusern nicht stören lassen, denn sie sorgen sich, dass sie die Kühe stechen möchten, ich habe mich aber niemals darum gekümmert. Dass die Bienen stechen, das weiß ich wohl, aber von Schwalbenstichen weiß ich nichts, ich pflege kleine Lehmrüttlein (?) um die Nester zu stecken, so fallen die Alten herunter, wenn ich die habe, so tun die Jungen meinen Bienen nichts.

4. Mäuse tun bei nachlässigen Bienenvätern großen Schaden, wenn sie in die Stöcke geraten, sie bauen zur Winterszeit Nester in das Gewürche und verderben leicht einen Stock ganz und gar. Diejenigen, die ihre Stöcke gut verwahren, müssen sich um Mäuse nicht sorgen. Darum soll man um der Mäuse willen die Bienenstöcke nicht mit Stroh verbinden. Der Autor hat sie mit Fallen gefangen. Ich mache ein rundes Loch anderthalb Ellen tief neben das Bienenhaus, auch wohl nach Gelegenheit zwei oder drei, mit einem Holzstück, bedecke sie ein wenig mit Papier oder großen Blättern, darein fallen Mäuse, Kröten, Maulwürfe usw. diesen kann ich mit einem Zaunstecken danach wohl verbieten, dass sie mir den Bienen keinen Schaden zufügen.

5. Hornissen sind auch arge Bienenräuber, wenn man ihnen nicht beizeiten wehret, richten sie großes Unheil an. In schwache Stöcke ziehen sie so getrost ein, als ob sie dessen berechtigt wären, man wirkt ihnen aber so entgegen:

1. Sobald ich eine Hornisse bei meinen Stöcken bemerke, legte ich mir eine große abgestreifte Birkenrute zur Hand, wenn dann eine geflogen kommt, so nimmt sie eine Biene vom Stocke weg, wie ein Habicht eine Taube vom Hause, fliegt nicht weit und setzt sich mit ihrem Raube auf einen Strauch oder Ast am Baume und fängt an das arme Bienlein zu fressen. Solches nehme ich in acht und schmeiße sie mit der Rute zu Boden, man mag eine leicht ein wenig treffen, so hat sie genug davon. Ich habe einmal in wenigen

Tagen einen ganzen Käsenapf voll gesammelt, die ich alle auf diese Weise vor meinen Bienenstöcken getötet habe.

2. Wenn man weiß, wo sie Nester in der Nähe haben, so muss man alt und jung töten. Haben sie ihren Aufenthalt in einem hohlen Baume, der nicht nahe bei einem Gebäude steht, so ziehe ich ein Stück Tuch durch zerlassenes Pech, Wickel dieses danach in ein anderes Tuch und verstopfte sie früh am Morgen, zünde dieses Tuch danach an, das lockere Tuch brennt bald, dass Gepechte hält an. Vor dem Loch aus dem sie aus- und einfliegen warte ich mit brennenden Strohwischen auf sie, so müssen sie bleiben, auch wenn sie noch so böse sind. Man muss aber Wasser bei der Hand haben, damit, wenn der Baum anbrennen will, man das Feuer tilgen kann.

3. Wenn aber Hornisse ihr Nest in einem Gebäude haben oder in der Nähe davon, und ich mit Feuer nicht an sie darf, so überziehe ich etliche Spindeln mit Vogellehm, stecke solche an eine Stange vor's Loch, an dem sie ein- und ausfliegen, darauf setzen sie sich haufenweise, besonders, wenn ich die überzogene Spindel mit Honig ein wenig überstreiche, daran bleiben sie zum Teil kleben, zum Teil fallen sie herunter, und lassen sich willig mit den Schuhen zertreten. Der Autor lehrt, man soll sie mit heißem Wasser verbrennen, das Wasser muss sehr heiß sein, sonst geht es nicht an.

6. Ameisen sind dem Honig auch sehr angetan und den Bienen schädlich, denen kann man mit heißem Wasser gut raten, wer nicht viele Stöcke hat, der umschütte diese am Boden mit Asche oder Kalk. Damit die Ameisen dem Honig nicht leicht schaden, so hüte man sich nur, dass man dem Honig mit Brot oder Mehl nicht zu nahe komme. Woher solches komme, dass, wenn Brot oder Mehl dem Honig zu nahe kommt, die Ameisen das riechen und fressen, das kann ich nicht sagen. Ich habe lange Zeit darüber nachgedacht, es bleibt mir allerdings ein Geheimnis, besonders wenn man die Töpfe gleich mit einem Bande an die Balken hängt, so kommen doch die Ameisen dazu. Bei solchem Unheil habe ich gesehen, dass sie Töpfe auf Asche oder Kalk gesetzt, oder mit Wagenschmiere einen Ring herum gemacht, oder mit Kreide, dass dieses doch nicht allezeit hat helfen wollen, sondern der Hausvater seine Honigtöpfe trotzdem vom Honig leer gefunden hat.

7. Meisen - diese werden hier zu Ungebühr beschuldigt, sie lesen im Winter nur die Toten von dem Schnee auf, die ihnen wohl zu gönnen sind.

8. Der Specht ist ein Bösewicht, tut nicht allein großen Schaden an den Bienen, sondern haut mit seinem langen harten Schnabel oft große Löcher in die Stöcke, dass er ganz danach hineinkriecht. Vor solche Löcher muss man Spünde (Verschlusszapfen) machen, und ehe es warm wird, ordentlich verkleben, und die unnützen Vögel schießen oder fangen. Sie werden aber auf zweierlei Weise gefangen:

1. Um die Stelle wo er in dem Stock arbeitet, stecke ich etliche geschwancke (biegsam, schlank) Lehmrütlein, fast eine halbe Elle lang, so dass sie fast oben mit den Wipfeln zusammenkommen. Wenn dann der Specht darunter ist, so scheuche ich ihn gehling (ich erschrecke ihn zu Tode), im Schrecken vergisst er den Lehm und verfängt sich.

2. Mache ich nur glatte Haarstricke aus drei oder vier Haaren, eine kurze Spanne lang, bohre mit einem kleinen Böhrlein Löcher in die Beutenbretter oder auch in den Bienenstock, nachdem der Specht ihn aufgeschlagen hat, stecke danach die Haarstricke mit den Knoten in die Löcher, schlage dann ein Pflöcklein vor, so dass sich die Haarstricke nicht ausziehen können, ziehe dann die Haarstricke auf, und wenn der Specht am Stock hin und her kriecht, bleibt er hängen.

9. Wespen sind so schädlich wie die Hornissen, sie tilgen auch einen Stock viel eher als die Hornissen, deswegen soll man sie alle mit Wasser, Feuer oder wie man kann, tilgen. Wenn sie ihre Nester in der Erde von Gebäuden abgelegt haben, so mache man früh morgens aus dürrem Holz und Gestrauch ein Feuer darüber, so verbrennen sie alle miteinander.

10. Der Baummarder tut den Waldbienen großen Schaden, dies verhindert man, wenn man die Beuten mit stacheligen Dornen um und um verbindet. Ich will auch denen von Adel, darunter ich viele großgünstige Förderer und Freunde habe, zum besten hier eine Kunst offenbaren, wie sie solche mit gar geringer Mühe fangen sollen. Ich weiß zwar Fallen und Schlagbäume auf viele Weisen zu machen und zu stellen, aber diese Art ist die gewisseste. *Diese neue Marderfalle will ich zum Ende anheften.*

Hier sollte nun von denjenigen Spezialstücken, die ein Bienenvater für die Nutzung der Bienen braucht, erzählt werden, wir wollen dies aber an seinen besonderen Ort versparet (aufgehoben) haben.

Das andere Buch

Von der Bienen Ursprung

Natur, Eigenschaften und Wartung.

Das erste Kapitel

Vom Ursprung der Bienen.
Hierzulande pflegen etliche vom Namen der Bienen, wie sie auf Griechisch, Lateinisch, Französisch heißen, und ebenso, was sie für ein Regiment und Polizei (Ordnung) führen, zu schreiben. Solche Dinge aber gehören nicht zur Haushaltung, nutzen dem Hausvater nichts, wenn er sie weiß, und schaden dem auch nicht, der sie nicht weiß. Mein Vorhaben ist es, dass ich einem Hausvater volle Anleitung gebe, wie er rechtmäßiger Weise viel Bienen und Honig überkommen (erhalten) könne. Deswegen will ich solche Fündelein (gefundene Unwichtigkeiten) den Sprachlehrern und Moralphilosophen überlassen, und von dem Ursprung berichten. Dieses Stücklein von der Ankunft der Bienen berührt der Autor kurz in diesem Kapitel, und erinnert sich nur was etwa der Poet Virgilius in wunderbarer Poetenweise im 4. Buch der Georgica zu diesem Zweck geschrieben hat, dass die Bienen in faulem Aas wachsen, was gegen die Natur der Bienen ist, denn ihr Gestank ist ihr Tod, wie der Autor unten selbst bekennt. Was (Palladium) Petrum de Crescentiis anbelangt, so haben diese die Fabel aus dem Virgilio entlehnt, und so ist viel Fabelwerk im Crescentio zu finden. *Ich für meine Person halte es nicht gänzlich für ein Fabelwerk, und meine, dass Virgilius nicht ein solches stinkendes Aas, dass man wegen des Gestank nicht ertragen kann, meinte, sondern eher ein Aas nach der Gelehrten Redensart, alle faulen stinkenden Materien, von denen gesagt wird: es stinkt wie ein Aas, und derer die Bienen zu ihrem Nutzen nicht entbehren können, wie man denn sieht, wenn man darauf achtet, dass, wenn die Bienen Brut setzen wollen, sie sich fleißig und häufig auf den Mistsudeln finden, in den Steingossen, und wo die Kammerlauge hingegossen zu werden pflegt, welche Orte dann keinen angenehmen Geruch geben.*

Aas des Löwen

Was das Exempel der Heiligen Schrift anbelangt, als im Buch der Richter Kapitel 14 gelesen wird, dass Samson Honig in dem Aas des Löwen gefunden hatte, welchen er vor etlichen Tagen gerissen hatte, dazu sollte man wissen, dass dieses gar nichts von der Bienen Geburt und Ankunft lehret, sondern uns ein großes Geheimnis von des Herren Christi Tod, fröhlicher Auferstehung, und dem unaussprechlichen Nutzen seines teuren und bewährten Verdienstes, welcher gläubigen Christen freilich süßer als Honig und Honigseim ist, wie auch David davon redet, andeutet. So wird auch im Text durchaus nicht gemeldet, dass die Bienen im Aas des Löwen gewachsen sein sollen.

Ich bin auch gänzlich überzeugt davon, dass der heidnische Poet Virgilius aus dieser Geschichte sein Gedicht von der Bienen Ankunft nach neun Tagen aus einem toten Ochsen genommen hat: denn viele Geschichten aus der Heiligen Schrift sind den Heiden, und vornehmlich den Poeten, als Mär bekannt gewesen, wie oft und viel aus ihren Schriften zu vernehmen ist. Ovid hat solche Stücklein auch in seinen 'Metamorphosen' - von der Schöpfung aller Kreaturen, von der Sintflut usw. Es gehört aber nicht an diese Ort und Stelle. Wie aber die Bienen von Bienen gezeugt werden, folgt hier.

Der Autor Nicol Jacob schreibt, die Bienen sollen ihre Brut oder Jungen aus den Pfützen und Wasserflüssen sammeln und in die Stöcke setzen. In diesem Punkt können ich und M. Höffler des Autors Meinung gar nicht teilen, denn die Bienen holen sich nicht ihre Brut an solchen Orten und aus solcher Materie, sondern schmeißen, setzen oder zeugen sie aus ihrer Substanz und Wesen, gleich wie andere Kreaturen Gottes. Und dieses habe ich aus Erfahrung gelernt. Ich habe schwache junge Stöcke um Weihnachten in ein sommerlich warmes Stübchen (darin die Wärme von der Wohnstube durch ein Loch gemütlich hinaufschlich) gesetzt, damit ich sie speisen und erhalten konnte, und sie mir draußen in der Kälte vor Frost und Hunger nicht sterben würden. Da nun diese Stöcke etliche Tage darin gestanden haben brachte sie die Wärme, und dass sie gut mit Honig versorgt waren, dazu, dass sie die Brut setzten, und Bienen ausheckten (ausbrüteten), wie ich sie vielen ehrlichen Leuten zur selben ganz ungewöhnlichen Zeit gezeigt habe. Will es jemand genauso versuchen, er wird es so finden; oder man mache die Stöcke, die man draußen hat, den ganzen Winter über zu, wie es sich gehört, und lasse keine Biene heraus, bis man im Frühling den Honig ausnehmen will, was soll es gelten, man wird Brut und Bienen in den Stöcken finden, obwohl den ganzen Winter keine Biene aus den Stöcken gekommen ist. *Ja es versuche nur einer, und mache seine Bienen um sich zu reinigen den ganzen Winter über nicht auf, er wird freilich finden, dass Brut und Alte verloren sind. Wenn aber solches Wetter im Winter ist, dass die Bienen sich reinigen können, so können sie gewiss auch solche Materien zur Brut, die auf den Pfützen an der Sonne liegen, oder wo die warme Kammerlauge hin gegossen wird, finden, und genau so könnten sie solche Materie als eine Arznei und zur Förderung der Brut im Vorrat, um sie in bedürftigen Fall zu gebrauchen, eintragen, wie mancher Federfechter seine Salben, um die erschöpften Kräfte zu reparieren, oder die übrigen matten aufzuhellen und zu erfrischen, damit er nicht leer abzieht, im Vorrat bei sich angeschafft hat.* Der Autor Nicol Jacob, sagt M. Höffler, hat dieses Stück nicht aus Erfahrung, sondern aus einer alten Tradition (an welchen gewöhnlich nichts Gutes ist) genommen. Übersetzung: Daran erinnert auch Virgilius im 4: Buch der Georgica: sie geben sich weder fleischlichen Gelüsten hin, noch lösen sich ihre Körper in der Liebe.

Affterdrohnen

Dass dem nicht so ist, bezeugt neben den bisher angegebenen Gründen auch dieses: Dass nämlich ein Stock, der etwa um Pfingsten Weisel-los geworden ist, keine rechten Drohnen aus Mangel des Weisels zeugen kann; sie sind zwar etwas größer als Bienen, aber den rechten Drohnen bei weitem nicht gleich. Wenn nun solche Drohnen nach des Autors Meinung von außen in die Stöcke gesammelt worden wären, so könnte der Mangel des Weisels diesen anderen Drohnen nichts an ihrer Größe und Form nehmen.

Bienen werden von Bienen concubitu (durch Begattung) gezeugt

Das Gegenspiel aber befindet sich in der Erfahrung, wie ich mich denn in diesem Fall hiermit auf das Zeugnis erfahrener Bienenmänner berufen will, und es ist dieses meine Meinung, dass Bienen mit Bienen, junge Bienen, der Weisel aber mit Bienen, Drohnen und junge Weisel, auf die Art und Weise, die ihnen Gott in ihre Natur gepflanzt hat, zeugen. Es kann auch nicht geleugnet werden, dass sie nicht dem fleischlichen hingeben und sich begatten, wie man solches an anderen Insekten wie Fliegen, Mücken usw. sieht. Bei den Bienen kann man's nicht so beobachten, weil sie in Stöcken ganz wunderlich wie eine sehr große Weintraube aneinander hängen. Aber davon genug, weil diese Sachen nicht zum ökonomischen, sondern zum physischen gehören.

Wie die Bienen gezeugt werden

Nachdem aber die Bienen, aus ihrer Substanz und Wesen, wie jetzt erwiesen ist, Samen zu jungen Bienlein, in Gestalt eines kleinen Mädchens, ins Wefel geschmissen haben, setzen sie demselben zur Nahrung Honig zu, sobald sich aber solche Würmlein anfangen zu bewegen, verkleben die alten Bienen die Löcher im Wefel, worin die jungen Bienlein sind, mit Wachs; wenn dann die Bienlein ihr rechtes Alter, das auf neun Tage gerechnet wird, erreicht haben, beißen sie sich selbst aus ihrem Honignestchen, wie ein junges Küken aus einem Ei, was von dieser jungen Brut im Wefel stirbt, und ebenso was schadhaft und krüppelig wird, beißen die alten alsbald aus dem Gewürche und tragen es aus den Stöcken.

Hier, in Widerlegung des Nicol Jacobs, vermengt M. Höffler zwei unterschiedliche Fragen. Also einmal: ob die Bienen bloß aus Pfützen und dergleichen Materien gezeugt werden, ohne Zutun des Weisels und anderer Bienen. Danach: ob die Bienen mit dem Weisel andere Bienen, ohne solcher und dergleichen Materie zu bedürfen, zeugen. Letzteres bestätigt M. Höffler, Ersteres aber Nicol Jacob, jedoch nicht geradezu und ausschließlich, als wenn die Bienen bloß aus Pfützen und angeregten Materien, ohne Zutun des Weisels und andere Bienen, ihre Jungen setzten, sondern einschließlich, dass er die anderen zugehörigen Stücke verstanden haben will, welcher Meinung ich auch bin und bleibe, bis mir das bewiesene Gegenteil dargetan wird.

Wie mancherlei die Bienen sind

Zu der Erklärung der Beschaffenheit, der Art nach, können die Bienen in zweierlei Arten und Geschlechter abgeteilt werden; in zahme und wilde.

Zahme Bienen

Zahme sind diese, welche man in Gärten um das Gebäude in Stöcken hat.

Wilde Bienen

Wilde Bienen sind diese, die im Walde ihre Wohnung in Bäumen entweder in Löchern oder Beuten haben. Diese sind nicht so groß wie die zahmen. *Hier halte ich es nicht mit M. Höffler, weil in der jetzigen Zeit für gewöhnlich die wilden Bienen von den zahmen, die in der Schwarmzeit ihren Herren wegziehen, ihren Ursprung und Vermehrung haben, und wenn solche dann in der Heide und den Wäldern, wie in einer Schmalzgruben, gut gedeihen, und es ihnen auch nicht an Honig, an Brut, Vermehrung und am Schwärmen mangelt, warum sollten sie von kleinerer Größe seien, und daher einen Mangel verspüren lassen. Welches der Autor selbst auch andeutet, wenn er sagt:* doch einander so nahe verwandt, dass aus wilden leicht zahme und aus zahmen leicht wilde werden. Denn es geschieht oft, dass Bienen einem aus dem Garten in's Holz und in die Wälder ziehen: so trägt es sich auch zu, dass man im Holze Schwärme an Bäumen und Büschen findet, sie nachhause trägt und fasst, und solche verhalten sich nach zahmer Art. Die wilde Art schwärmt leicht, wie ich es weiß, dass vor zehn Jahren eine Magd hier einen Schwarm solcher gemeinen kleinen *(wer will hier Bürge sein, oder wie will es M. Höffler beweisen, dass es wilde oder Waldbienen gewesen sind, weil hier nicht viel Waldbienen anzutreffen sind, und nicht vielmehr einem Nachbarn entflohene Bienen)* Bienen im Pastholze (kleines Wäldchen) an einem Stäudelein gefunden und diese ihren Herren verkauft, die haben sich trefflich vermehrt. Ich halte dafür es sind bis zu 40 Schwärme davon gefallen, ich habe hier selbst noch dieser Stunde - Gott Lob! - etliche Stöcke davon, ohne die, die ich davon verkauft habe. Wenn sonst keine Art (denn ich habe von etlichen Arten Bienen beisammen) schwärmen will, so lässt es doch diese Art daran nicht fehlen. *(Ja daraus folgt nicht, dass es eine wilde Art ist, dies sind selten bei uns, wie ich diesen Ort verstehe, da wir keine Heide in etlichen Meilen Weges haben, sondern weil es eine gefundene und von Gott bescherte Art ist, der alsdann bei den Dankbaren dass seine reichlich zu segnen pflegt.)* Es ist aber eine gewisse Regel: **Bienen, die viel schwärmen, tragen nicht viel Honig ein**, wie es sich an der wilden Art in Gärten zeigt, *(Dies ist nicht nur allein bei den vermeinten wilden so, sondern bei allen, die in kleinen und engen Stöcken, und Kiefern- oder Fichtenwäldern, woher sie leicht enge Stöcke bauen können, nahe sind, während ich in der Niederlausitz, wo solche Wälder sind, erfahren habe, dass ein solcher enger Stock, der nur als ein Dreieck, wie ein Schweinetrog ausgearbeitet ist, im Jahr 5, 6, bis 7 mal ohne Schaden geschwärmt hat.)* doch kann ich mit meinen wohl zufrieden sein. Je älter aber die Stöcke werden, desto mehr tragen sie ein, denn sie gewöhnen sich jedes Jahr besser an den Feld- und Gartenflug. Die Jungen, die von ihnen in den Gärten aufgezogen werden, stellen sich flugs im Garten besser an als die alten, denn sie wissen nicht, dass ihre Ahnherren geborene Waldhaintzen sind, doch lässt Art ganz und gar von Art nicht, wie das alte Sprichwort lautet. *Hier muss ich wiederum H. M. Löffler antworten, dass, weil er seine Bienenkunst auf die hiesige Landesart ausgerichtet haben will, er von den rechten wilden und Waldbienen uns nicht lehren kann, denn erstens haben wir dergleichen wilde Bienen, wie sie in der großen Heide mögen gefunden werden, hier nicht, denn alle unsere wilden Bienen kommen von entflohenen und entzogenen zahmen Bienen her, deshalb, wenn man von der rechten wilden Bienen Art reden und schreiben will, und wie sie könnten zahm und fruchtbar gemacht werden, da würde man gar anders davon reden müssen. Denn die rechten wilden Bienen, gefunden oder ausgehauen, müssen entweder weit geführt, oder in der Nähe gelassen werden. Sollen sie weit geführt werden, und* *nicht an einen besseren und fetteren Ort kommen, so sind der Nutzen und das Gedeihen schlecht, denn sie sehnen sich wie Israel nach Ägypten. Bleiben sie aber in der Nähe, dort wo große Heiden gehegt werden, da ist wenig fruchtbares Land; wo wenig fruchtbares Land ist, so dass die Bienen sich des Klees, der Blumen, der Samen, der Linden und anderen ihnen dienlichen Bäumen nicht erholen können, da haben sie wenig Gedeihen, und ein Bienenvater wenig Nutzung. Denn wenn sie aus den Gärten erst in die Hölzer und Heiden fliegen sollen zur Nahrung und Nutzung, und um sich daselbst zu erholen, welches sie in der Heide noch wohnend nicht bedurften, so bleibt viel ungebaut, viel eingetragen, viel mehr noch bei der großen Arbeit, der Brut und Vermehrung, ungetan, so dass also die recht wilden Bienen, von denen wir hier nichts wissen, nicht fruchtbar sind.*

Dreierlei Bienen in einem Stock

Zur Erklärung der Mengen: so werden in einem jeden richtigen Stock im Sommer dreierlei Bienen gefunden. Zuerst die edlen arbeitsamen Bienen, die jedermann bekannt sind, fürs andere ein Weisel oder König, der ist vom Leibe fast noch einmal so groß wie eine Biene. Dem sind die Bienen alle miteinander nicht nur höchst gehorsam und untertan, sondern auch ihr Gedeihen und Leben hängt an dessen Wohlfahrt und glücklichem Zustande. Zum dritten sind auch Drohnen den ganzen Sommer über in Stöcken, welche von dem Weisel und Bienen zugleich gezeugt werden. Wie ich unten beweisen will, sind diese groß und stark vom Leibe, doch nicht so lang und schlank wieder Weisel *(darunter muss ein junger und nur ein Jahr alter verstanden werden, denn ich habe viele junge Weisel und wohl zwei oder drei Jahre alte gesehen, die den Drohnen weit nicht an der Größe zu vergleichen gewesen wären. Was aber alte Herren anbelangt, davon sollen unten Wunder aus der Erfahrung erzählt werden).* Es schreiben zwar etliche, sie sollen im Stocke zu gar nichts nütze sein, das mag glauben wer es will, ich glaube es nicht.

Übersetzung: Gott und die Natur tun nichts vergebens.

Drohnen bauen auch

Aus fleißiger Aufmerksamkeit habe ich so befunden, dass diese Drohnen auch bauen helfen, welches die großen Kuchen, in denen junge Drohnen gesetzt werden, bezeugen, die sie nach ihrer Leibesgröße sich selbst formen, so dass die Bienen ihr Gewürche nach ihrer Berechnung bereiten.

Drohnen tragen nichts ein

Ihr vornehmliches Amt aber ist es, dass sie die Brut der Bienen in den Stöcken mit steter Wartung versorgen, und junge Bienen ausbrüten, deswegen fliegen sie nie eher als zu Mittag und kaum zwei Stunden aus, um sich zu reinigen und wie die Gluckhühner in der Luft Brut zu holen. Ob sie wohl für sich nichts eintragen? Denn ich habe in meinem Lebtag keine Drohne auf Blumen oder der Erde sitzen sehen. So sind sie doch sehr geschäftig in den Stöcken, und wie es ohne ihren Fleiß und Dienst wäre, würden die Bienen solches ersetzen müssen, und könnten kaum die halbe Zeit auf die Fütterung verwenden und nach Nahrung ziehen.

Drohnen nützlich in den Stöcken

Ja die Drohnen sind nicht allein sehr nütze, sondern auch nötig vom April an bis im August in den Stöcken, und zwar so, dass, welcher Stock während dieser Zeit keine Drohnen hat, nicht nur keinen Schwarm lässt, sondern auch sonst einen Fehler und Mangel haben muss.

Im Winter schädlich

Im Gegensatz dazu, wenn die Drohnen über Winter in den Stöcken bleiben, ist es kein gutes Zeichen, denn für gewöhnlich verzehren sie den ganzen Honig in den Stöcken, so dass sowohl sie als auch die Bienen des Hungers sterben müssen, aber davon mehr im dritten Buch.

Auch wenn Regenwetter kommen will, oder ein Hunger, oder des Gewitters Ungestüm, und sie noch jung sind, so beißen die Bienen diese aus und tragen sie oft aus den Stöcken, und davor liegen sie, gar weiß wie Maden.

Jungfräuliche Bienen

Von diesen beiden Arten entspringt eine andere, welche man Jungfrau-Bienen nennt, darum ist es so bewandt: es pflegt manchmal zu geschehen dass, wenn gute Frühlinge sind, und die Bienen gute Zeit und Gefälle haben, sie bald Schwärme lassen um Ascensionis (Christi Himmelfahrt), Trinitatis (Dreifaltigkeit) oder Corporis Christi (Fronleichnam). Solche Schwärme, wenn sie sich gut nähren und mehren, bringen bald eine gute Summe junger Bienen zu Wege, und unter diesen haben sie auch wohl einen oder zwei, auch wohl drei Weisel ausgebrütet. Dem jungen Weisel oder König gesteht der alte einen ziemlichen Schwarm von Bienen zu, dann muss er mit seinem Anteil ausziehen und wandern, was dann etwa in drei oder vier Wochen nachdem die ersten im Stock gefasst sind, zu geschehen pflegt.

Solche Bienen nennt man Jungfrau-Bienen. Etliche Male lässt ein junger Schwarm wiederum zwei solcher Jungfrau-Schwärme, wie anno 1607 hier in der Nachbarschaft geschehen ist, dadurch aber wurden die Alten sehr geschwächt, sowohl an Honig als auch an Bienen.

Urteil von Jungfrau-Bienen

Etliche Leute halten sehr viel auf solcher Jungfrau-Bienen Wachs und Honig: Ich kann aber nicht sehen, warum solcher neuer Honig und Wachs dem in anderen Stöcken sollte vorgezogen werden? Meiner Meinung nach ist er ebenso gut, wenn ich Honig und Wachs zur Arznei haben muss, so schneide ich aus einem Stocke einen Toffel (Kartoffelgroßes Stück?) oder Kuchen, der dieses Jahr ganz neu gesetzt wurde, das halte ich für so gut wie Wachs und Honig von Jungfrau-Bienen. Und dies sei alles von der Art der Jungfrau-Bienen.

Wie alt die Bienen werden

Davon schreibt Virgilius so:

Übersetzung: Daher, selbst wenn ihr eigenes Leben kurz sei und sich bald dem Ende neigt (es dauert bis zum siebenten Jahr und nicht weiter), ist ihre Rasse doch unsterblich, und das Glück ihres Hauses überdauert viele Jahre, und ihre Ahnen werden durch die Ahnen gezählt.

Der Bienen Alter erstreckt sich nicht über das siebente Jahr, aber die Schwärme in einem Stocke, die da nämlich das Jahr über etliche Male mit Jungen vermehrt wurden, die überdauern eine sehr lange Zeit, bald zwei oder drei Menschenalter. Dies ist wahr für diese Bienen, die in Gärten gut verwahrt stehen, und gute Herren bekommen haben, von denen sie fleißig versorgt werden, diese erreichen wohl ein sehr hohes Alter. Ich habe-Gott Lob!-noch meinen ersten Stock, welcher mir und den meinen so lieb ist, dass wir ihn nicht um viel Geld hergeben würden. Die Bienen haben keine ärgeren Feinde, als grobe ungeschliffene Bienenmänner, die viel können wollen, und nichts davon wissen. Solche bringen mit ihrem Schneiden viele Stöcke ums Leben, da sie entweder zu tief in den Honig greifen, und die Bienen danach sterben müssen, oder den Weisel im Schnitte treffen, so ist es dann auch darum geschehen.

Waldbienen können nicht leicht so lange überdauern, wegen des Gewitters und anderer sorglicher Zufälle.

Lagerstöcke werden auch selten sehr alt, wegen der Motten, die sie leicht überwältigen, und dann auch wegen der Kälte, die durch solch bretterne Stöcke dringt, wie durch ein einfaches Kleid. *So wie die in Strohkörben, die können ein hohes Alter auch nicht erreichen, weil sie schwerlich beim Ausschneiden gereinigt werden können, weil man nicht gut dazukommen kann, und der Honig ist niemals oben im Hute, wie ich es zu Wittenberg bei einem Partner, der eine große Anzahl derselben hatte, gesehen habe, der schnitt nur unten weg, und so weit er dann hineinwühlen konnte. Es ist eine garstige Arbeit, aus solchen Körben Honig zu nehmen, und als er sich danach überzeugen ließ, dass der alte Honig und Rohs nicht überdauern möchte, da ließ er den Korb voll bauen, und stopfte das Flader zu, zündete Schwefel an, und setzte den Korb darüber, da bekamen sie bald ihre Hilfe und Rost. Welches gegen die nutzbaren Tierlein ein großer Undank ist, derentwegen ich nimmermehr Bienen in Strohkörbe fassen lassen wolle, es wäre denn Sache, dass ich in einem solch fruchtbaren Lande zu wohnen käme, da ich ihrer sonst nicht Herr werden könnte.* Zusammengefasst ist von der Bienen Wohlstand und Leben dieses zu merken: das, wie man sich hält, so halten sie sich auch, es ist bald damit versehen. Darum wer nicht gut Bescheid weiß, soll sich solcher Sachen nicht unterfangen, und seinen nächsten, in

Betrachtung des siebenten Gebots, nicht so liederlich in Schaden bringen.

Wann die Bienen anfangen und wann sie aufhören einzutragen

Darauf ist dies eine gewisse Antwort: nämlich, wenn die Frösche anfangen zu singen, so fängt der Bienen Nutzung an, und wenn sie aufhören, ist der Nutz auch aus. (Er fängt an um Gregorii und endet bald nach Bartholomäus, d.h., der Anfang ist um die Frühlings-Tagundnachtgleiche, das Ende um die Herbst-Tagundnachtgleiche, wenn Tag und Nacht im Jahre einander gleich sind.) Außerdem, wenn die Frösche in einem Jahr nicht viel singen, so haben die Bienen kein großes Gedeihen. Die Ursache dafür ist, dass es nicht viele warme, sondern meistens kalte Nächte gibt, darin müssen die Bienen (wie ich es mit Fleiß erforscht und gesehen habe) von ihrer Arbeit ablassen, des Nachts sich hinauf in ihre Zellen begeben, und es fallen auch keine fruchtbaren Taue, was den Bienen sehr nachteilig ist.

Kennzeichen der guten Zeit

Zusammengefasst, wenn die Bienen nicht morgens unten am Gewürche anliegen, so dass man kein Rohs sehen kann, sondern sich ins Gewürche hinauf verlaufen, so hat es kein gutes Aussehen. Denn ehe sie sich richtig an die Arbeit machen, und das Gewürche ganz weich machen, so ist der Tag dahin, und sie müssen wegen der kalten Luft wieder abtreten, so ist leicht zu ersehen, dass sie bei solchem Zustande wenig ausrichten können.

Die Bienen tragen Höslein, solange sie fliegen können, vor der Kälte, wenn sie auch schon nach Ägidii nicht mehr bauen, so brauchen sie doch ihre Höslein, um den Stock zu verharzen.

Herbstarbeit, verlorene Arbeit - Was von dem Eintragen der Bienen im Herbst zu halten ist

Das ist gewöhnlich der unverständigen Bienenleute Trost, dass, wenn ihre Bienen im Sommer einen bösen Zustand gehabt haben, so hoffen sie, die Bienen sollen im Herbst viel eintragen. Darüber ist zu wissen, dass diejenigen Bienen, die entweder in Wäldern wohnen, oder vor Sankt

Jacobi dahin geführt worden waren, und vornehmlich junge Bienen, etwas, doch wenig, sich bis um den Kreuztag zu erholen pflegen. Mit den zahmen Gartenbienen aber, und vor allem mit den alten, ist der Gewinn sehr gering, weil sie nach Petri und Pauli flugs mit Gewalt ablassen zu bauen, und sich meist mit den Drohnen bekriegen, welche sie kaum vor dem Winter *(wenn man ihnen nicht zu Hilfe kommt, wie weiter unten gemeldet werden soll)* im Streit ganz erlegen und umbringen. Drum ist vom Herbst-Eintragen nicht viel zu halten. Nach Crucis trägt kein Schwarm einen Löffel voller Honig mehr in den Stock, das habe ich mit Fleiß erfahren.

Der geringste Frühling ist besser als der beste Herbst

Ich nehme in diesem Fall den allergeringsten Frühling für den besten Herbst. Solches kann man so erfahren: man mache um Sankt Bartholomäus etliche Stöcke auf, zeichne wie weit sie gebaut sind, und was für Honig sie enthalten, verwahre sie darauf, wie es sich gehört, sehe um Sankt Michael wiederum danach, die Besserung wird wenig Wert sein.

Ich weiß mich zwar zu erinnern, dass ich gelesen habe, es sollen die Bienen auch einen süßen Nektar, wie Virgilius es nennt, von reifen Trauben eintragen. Es mag glauben oder lassen wer will. Ich wollte mir Honig von Weintrauben gesammelt in meinen Stöcken nicht wünschen, denn ich müsste die Beisorge tragen, er möchte sauer werden, und mir die Stöcke verderben. *Wespen und Hornissen habe ich wohl in meines seligen Herren Vaters Weingarten und anderen Weinbergen auf den Trauben gesehen, aber niemals eine Biene.*

Wie weit die Bienen ihre Nahrung und Nutzung suchen

Wie weit die Bienen auf die Fütterung ziehen, das weiß kein Mensch gewiss. Weiter Bienenflug bringt den Bienenstöcken nicht Nutzen, je näher ihnen die Nahrung ist, desto besser tragen sie ein. *Ich habe einmal in meiner Kindheit meinen seligen Herrn Vater mit einem wohlerfahrenen Bienenmann, dem er einen Bienenstock für 5 Reichstaler abkaufte, und daraus auch das erste mal neun Kannen Honig nehmen ließ, von der Bienenarbeit reden hören, der sagte, dass die Bienen in Grimme zu ihrem Bau und Gewürche der harzigen Bäume bedürften, wie auch solcher Moraste, wie sie in den Bergen von Bergwassern entspringen, und deswegen etliche dorthin fliegen und ziehen müssten, wenn es auch ein Weg von 6 Meilen ist. Ich habe bisher über diese Rede nachgedacht, und kann ihr in etwas Beifall geben, weil hier, wo es von den harzigen Bäume viel gibt, doch aber nicht in kaltem Lande, sind die Bienen viel nutzbarer, als an den Orten, wo ihnen solche Mittel entlegen und abgeschnitten sind.* Beim Schwärmen habe ich beobachtet, dass die Spur-Bienen in der Leine, ein Holz fast eine Meile des Weges von hier gelegen, ihre Herberge ausgesucht haben. Dass die Bienen auch manchmal sich verfliegen, und über Nacht etwa unter einem Ästlein herbergen, davon wird weiter unten gemeldet werden.

Das andere Kapitel/Zweites Kapitel

Von der Bienen Wartung im Allgemeinen

Wenn nun ein Hauswirt sich rechtmäßiger Weise eine Bienenzucht zulegt, und Gott ihm diese mit Jungen gesegnet und vermehrt hat, dann ist es nötig aufzupassen, damit man nicht durch Verwahrlosung darum kommen möge: Übersetzung: Es ist keine geringere Tugend, das Erworbene (auch) zu erhalten - sagt der Poet.

Was ist daher ein Hausherr besser, wenn er im Sommer noch so viel Bienen bekommt, und sie sterben ihm danach im Winter alle dahin? Viele sind daher dieser Meinung, man könne den Abgang der Bienen nicht steuern oder verhindern: aber dem ist nicht so, man pflege die Bienen nur recht, so leben sie wohl mit mir und dir um die Wette. Deswegen soll nun der günstige Leser hier von der Pflege der Bienen in diesem und in folgenden Kapiteln auch gründlich durch Gottes Gnade unterwiesen werden. An das, was Nicol Jacob übergangen hat, will ich getreulich erinnern. Die Pflege und Wartung der Bienen ist entweder der gesunden, wie sie ein Hausvater gerne erhalten will, oder der kranken Bienen, wie dieselben kuriert und am Leben erhalten werden können. Zuerst wird von der Gesunden Wartung gemeldet, danach von der Kranken Heilung und zur Gesundheit und gutem Stande Verhelfung.

Reinigung der liegenden Stöcke

Ehe ich von der stehenden Stöcken Wartung etwas berichte, muss ich Nicol Jacobs Rat von den liegenden Stöcken für diejenigen, die sich ihrer bedienen, zum besten hierher setzen, und auch M. Höfflers Bedenken dazu. Nicol Jacob schreibt, dass man in der Fastenzeit, so ungefähr im März, wenn es warm wird, sodass die Bienen fliegen können, die liegenden Bienenstöcke schneidet. Zu dieser Fegezeit

(Zeit der Reinigung der Bienenstöcke), soll alles Gewürche unten, so lang der Stock ist, zwei Finger breit weggeschnitten werden, so dass die toten Bienen samt dem Abgang, den die Bienen den Winter über weggebissen haben, ganz rein auf den Boden mit der Kratze (Schaber) herausgefegt werden können, so tief der Bienenstock ist. Wo dies nicht geschieht, finden sich Würmer und Maden in dem Abgang, erreichen das Gewürche, und wenn die Bienen sie nicht herauszubringen vermögen, so vermehren sich die Maden und sind der Bienen Verderben. Das ist bei meinen Nachbarn eine übliche Klage, wörtlich: Die liegenden Bienen wollen mir nicht gedeihen, sondern sterben und verderben. Die Ursache davon ist jetzt gemeldet.

Wenn die Bienen die Beuten mit schwarzem und altem Gewürche voll haben, so schneiden etliche in den liegenden Stöcken das Gewürche samt dem Honig aus dem Haupte, und im folgenden Mai machen sie ganz neue Gewürche; dies ist eigentlich eine gute Meinung, aber in den stehenden Stöcken lass ich es bleiben, wiewohl es etliche auch so machen.

M. Caspar Höfflers Meinung:

Wir machen zu Recht bei der Bienen Wartung den Anfang vom Fegen im Frühling.

Vom alten Rohs

Bienenfegen heißt hierzulande die Bienenstöcke fegen und reinigen, daran denn nicht wenig gelegen ist. Sonst, wie Nicol Jacob hier meldet, begeben sich die Motten oder Maden, die unten in den Stöcken wachsen, hinauf in das Gewürche und verderben dieses. Dass er aber auch zugleich dranhängt, dass solches Unheil sich auch in den Stöcken begebe, die viel Rohs behalten, ist eigentlich sogar von den gar Schwachen zu verstehen. Wenn ein Stock in zwei Jahren ganz erneuert wird, wie gelehrt werden soll, so hat es leicht mit dem Gewürche in diesem Fall keine Not, es wäre denn, dass einer das Rohs in den Stöcken ließe, dass die Bienen nicht brauchen können, mit solchen pflegt es also daher zu gehen.

Wann und wie oft man die Bienenstöcke im Jahr fegen solle

1. Das erste Fegen geschieht in der Zeidelung, und diese muss auf's fleißigste, nicht allein durch Auskehrung der Stöcke, sondern auch durch Abziehung der Wachsbänder und alten Gewürches vollzogen werden.

Was nach dem Zeideln zu beachten ist

2. Wenn nun die Bienen, vom Zeideln an gerechnet, 14 Tage geflogen sind, oder nachdem man den Bienen einen Einschlag zur Stärkung gegeben hat, wie bald gemeldet werden soll, und eingetragen haben, so öffnet man allen Stöcken die untere Beute wiederum, und kehre den Stock auf's allersauberste aus, und dass darum, weil die Bienen am Anfang des Frühlings gar spröde Materien zu ihren Gewebe bringen, so fällt das meiste davon in dem Stock herunter, darin wachsen alsbald Motten, haufenweise, drum ist es vonnöten, dass man solch böse Säfte aus dem Stock räume. Außerdem fördert man die Bienen trefflich, wenn man, wie gemeldet, auch das Gemülbe (den Unrat) aus den Stöcken kehrt, denn wenn sie es oben zum Flader hinaus tragen müssen, versäumen sie viel am Eintragen.

3. Innerhalb von zehn Tagen macht man sie wiederum unten auf und reinigt die Stöcke von neuem, das mag man so lange treiben, bis die Bienen mit ihrem Gebäue die Unterbeuten erreichen, dann lässt man ab, damit man beim Öffnen des Stockes nicht das Gebäue zerreiße. Doch, wenn es zwei- oder dreimal nach der Zeidelung geschieht, ist es genug. Wenn das Räuchern dabei geschieht, ist es den Bienen nicht schädlich, sondern macht sie hurtig.

Von der Fegung der Bienen

4. Wenn man die Stöcke wegen beschriebener Ursache nicht mehr unten öffnen und reinigen kann, macht man das Löchlein, von dem im ersten Buch, Kapitel fünf, berichtet wurde, unten am Beutenbrett auf, so tragen die Bienen mit geringer Mühe den Abgang heraus. Achtung aber muss man darauf geben, dass durch diese Öffnung nicht fremde Bienen in den Stock geraten.

5. Die letzte Fegung wird um Michaelis verrichtet, da macht man die Stöcke wiederum auf, denjenigen, welche sie voll gebaut haben, verschneide man das Rohs eine Spanne lang, fege den Stock unten am Boden auf das reinste; von dieser Zeit an öffnet man alte bestandene Stöcke nicht bis wiederum im Frühling.

Zusammengefasst, so oft man die Stöcke öffnet, soll man diese auch zugleich reinigen und fegen, so oft aber dieses geschieht, gebe man gut Acht, dass keine fremden Bienen in die geöffneten Stöcke einfallen, man rege sich (beeile sich) und verklebe dann die Stöcke wiederum auf's beste.

Wie nötig das Fegen bei liegenden Stöcken sei, beschreibt der Autor nach der Länge (ausführlich?), es ist deswegen unnötig mehr davon zu schreiben, denn was ich von Lagerstöcken halte, habe ich oben angezeigt.

Wie man die Stöcke von alten Gewürche fegen soll

Es wird unten berichtet werden, wie etliche das Gewürche über dem Kreuz im Stock viele Jahre stehen lassen, so dass auch das Rohs schwarz werde, und der Honig meist verderbe, und dadurch vielleicht Verwüstungen und Untergang der Stöcke entsteht. Dies empfiehlt der Autor hier im Mai, wenn die Bienen volle Nutzung haben, auszuschneiden, da es denn nichts als Schaden und Gefahr in den Stöcken verursacht, doch sind etliche Ungelegenheiten dabei.

Schaden von alten Gewürche

1. Wenn man nicht das Gewürche vom oberen Beutenbrette bequem abschneiden kann, so zerreißt man das neue Gewürche hässlich und tut großen Schaden.

2. Werden solche Bienen dasselbe Jahr gewiss am Schwärmen gehindert.

3. Wenn das obere Honignest rein ausgeräumt wird, pflegen es die Bienen ganz ledig, und zwar etliche Jahre lang zu lassen, und den Honig in die untere Beuten, und das ledige Rohs in die obere zu setzen, was ein verkehrtes Werk ist. Ich will aber ein anderes Mittel unten anzeigen, wie in diesem Fall den Bienen zu raten ist, nämlich, wenn man den

Bienen in einem Jahr die Hälfte vom Honig und Wefel, im anderen Jahr den übrigen Teil nimmt, so wird in zwei Jahren Wefel und Honig in einem Stock ganz geändert und erneuert, und man muss keine der berührten Ungelegenheiten befürchten. Wenn aber ein Stock so übel wäre versorgt worden, und man müsste befürchten, die Motten würden in dem schwarzen Wefel und Honig überhand bekommen, dann befolge man des Autos guten Rat: schneide das schwarze Rohs heraus, wo es auch im Stock ist, wenn die Bienen wiederum neues gemacht haben. Beim Zeideln aber muss man es einstellen, damit sie auch Gewürche und Nahrung behalten, sonst kommen sie um's Leben.

Das dritte Kapitel

Von Wartung der alten Bienen den Sommer und Winter über

Wie und wann die Bienen sollen gereinigt und gefegt werden, ist im vorhergehenden Kapitel berichtet worden, welches Stück auch zur Wartung gehörig ist und hier nicht in Vergessenheit gestellt werden muss.

Nun folgen neun Observationen, Anmerkungen oder Erinnerungen wie den Raubbienen zu wehren sei.

1. Ehe man aber die Bienen zu zeideln und fegen pflegt, sobald sie im Frühling beginnen auszufliegen, verschließe ich allen meinen Bienen die Fladerlöcher, den halben Teil, mit einem Hölzlein, den Schwachen lasse ich kaum den dritten Teil an Fladerlöchern offen, welches Tun mir oftmals Nutzen geschafft hat. Denn wenn manchmal andere in der Nachbarschaft geklagt haben, dass Raubbienen ihren Stöcken nicht nur den Honig genommen, sondern auch etliche Stöcke ganz getötet haben, bin ich vor solchem Schaden - Gott Lob! -bis auf die gegenwärtige Stunde sicher gewesen.

Von Kennzeichen der Raubbienen

Die Probe von diesem Stücklein kann ein fleißige Bienenvater so in acht nehmen: er lasse das Erdreich vor seinen Stöcken umgraben, und klein wie ein Beet eggen, und gebe danach, wenn warmer Sonnenschein ist, Achtung darauf, so wird er sehen, das Raubbienen herbeiziehen, zwanzig, auf dem bloßen Acker herumkriechen, welchen beim Einfallen seine Bienen die Flügel zerbissen und gelähmt haben, während sie sich durch den engen Eingang nicht in den Stock haben bringen können. Mit dem Bienenstreit ist es eben wie mit anderen Kriegen. Vor einem kleinen Pförtlein an einer Stadt kann eine anständige Wache dem Feind gut Widerstand leisten, aber wenn man das ganze Stadttor geöffnet hat, vermag die ganze Macht in der Stadt den Feind nicht abzutreiben, oder es geschieht dies wenigstens mit großem Schaden.

Wehre gegen die Raubbienen

Wenn man nun die Bienenstöcke auf diese Weise gegen den Einfall anderer Bienen befestigt, öffnet man die Fluglöcher nicht bevor man spürt, dass sie stark und mächtig genug sind, um den Feinden Widerstand zu leisten, welches vor dem Mai nicht zu geschehen pflegt. Sobald man aber bemerkt, dass die Raubbienen ablassen, und die Bienen wegen der Enge des Fladers am Flug gehindert werden, schneidet man ein Stücklein vom Holz, womit das Flader noch verwahrt, und so langsam erweitert wird, und treibe dies so lange, bis es endlich ganz geöffnet wird. Das ist zwar eine geringe Kunst, dadurch wird aber großer Schaden unter den Bienen verhütet, und daraus kann nun auch ein jeder verstehen, wie notwendig es ist, dass er seine Bienenstöcke an den Beutenbrettern gut gegen den Einfall anderer Bienen verklebe und verwahre, wie ich es zuvor auch getan habe.

Gebrauch des Bienenpulvers

Wenn ich meine Bienen gezeidelt habe, so gebe ich ihnen einen Käsenapf voll Honig, mit Malvasier (griechischer edler Wein) oder Branntwein zugerichtet, darein habe ich das edle Bienenpulver gemischt, dadurch werden die Bienen nicht allein frech und böse gemacht, sondern sie werden auch vor bösen Nebeln, giftigen Tauen, und allen schädlichen Seuchen bewahrt.

Tägliche Aufsicht ist vonnöten

3. Es soll ein Bienenherr täglich ein wachendes Auge auf seiner Bienen Flug haben, fliegen die Bienen stark, so braucht er sich nicht um sie zu sorgen, werden sie aber schwach im Fluge, fallen von außen unten an die Stöcke (in warmem Wetter, wenn die Luft kalt wird, so sind die Bienen von der Kälte erstarrt, das hat nichts auf sich), kriechen langsam hinauf, bringen keine Höslein, so ist es nicht recht um sie beschaffen, als dann muss man den Mangel beizeiten wenden. Kranke und kraftlose Bienen können ihrem Herren so wenig Nutz schaffen wie kranke Diener. Zu Mittag, wenn

ich Mahlzeit gehalten habe, pflege ich meinen Bienen mit Bewunderung zuzusehen, wie sie sich nähren, und so bemerke ich leicht, wenn ihnen der geringste Unfall zusteht.

Wer aber seine Bienen weit vom Wohnhaus stehen hat, der braucht aber nicht alle Tage dahin gehen, wenn es in 8 oder 14 Tagen einmal mit Fleiß geschieht, so ist es genug. Zusammengefasst, wie ein fleißiges Aufsehen eines Hauswirts allen Dingen in der Haushaltung Nutz schafft, genauso ist solcher Fleiß den Bienen sehr nützlich.

Häufige Öffnung der Stöcke schädlich

4. Die Bienen sollen auch den Sommer über nicht liederlich (fröhlich) geöffnet und ihr Gebäue ihnen zerrissen werden, vor allem aber soll keiner ohne hochdringende Not die Oberbeute am Stock aufmachen lassen. Wie oft aber und wie genau man die Bienenstöcke reinigen und fegen soll, ist im nächsten Kapitel deutlich zu lesen und man soll sich auch fleißig hüten, dass man nicht die Stöcke bei großer Hitze, wenn das Gebäue in den Stöcken weich ist, groß bewege oder daran klopfe, es schießt sonst das Wefel ab.

5. Nachdem auch die Bienge (?) der Drohnen oft den Bienen nicht allein den Honig auszehren, sondern sie ganz und gar töten, muss ein Bienenmann in diesem Fall seinen Bienen Hilfe tun. So dass er nach der Schwarmzeit das letzte Gehecke (Brut) Drohnen aus den Stöcken herausschneiden, und in der Tötung der anderen den Bienen treulich beistehen, wie es weiter unten (Buch drei, Kapitel eins) ausführlich soll beschrieben werden.

Gut zu verkleben sind die Stöcke

6. Wenn man die Stöcke im Herbst um Michaelis gefegt hat, sodann verklebt man die Beutenbretter auf's fleißigste, lässt die Stöcke auch, wenn möglich, den ganzen Winter über an ihrer Stelle stehen. Wenn die Sonne im Winter an die Stöcke scheinen kann, so erwärmen sie sich gut, sie erfrieren eher in ihren Gebäuen, wenn sie stets im Schatten, als unter freiem Himmel stehen, obschon die Sonne sie kaum in etlichen Tagen einmal anblickt. Trägt man aber die Bienenstöcke im Winter in ein Gebäude, oder setzt sie in den Schatten, das schadet den Bienen gewaltig: die

Hälfte der Bienen findet man unten in den Stöcken tot liegen, und was von den Bienen herauskommt, ist alles Lebens verlustig (beraubt), ich habe ich hier auch Lehrgeld geben müssen, deswegen sage ich noch einmal: die Bienen gedeihen an ihren Stellen am besten.

Schädliche Verwahrung der Stöcke gegen den Winter

7. Etliche pflegen ihre Bienenstöcke gegen den Winter um und um, unten und oben mit Stroh zu verbinden und meinen, solche Verwahrung solle den Bienen gegen die Kälte sehr nützlich sein. Solch Beginnen aber ist den Bienen gar nicht zuträglich, sondern vielmehr schädlich. Und das darum: denn erstens ersticken Bienen, die ihre Stöcke ganz oder halb voll gebaut haben viel eher über den Winter, als dass sie erfrieren, wie bald berichtet werden soll. Zweitens finden die Mäuse zum Stroh und arbeiten sich leicht in die Stöcke, und verderben die Bienen. Drittens, welches das ärgste ist, wenn die Nässe von Regen oder Schnee die Stöcke anfällt, so vermag unter dem Stroh die Luft die Beuten nicht zu trocknen, davon beschlägt und verstümmelt das Gewürche in den Stöcken und verdirbt oft die Bienen ganz. Deswegen ist mein Rat, es lasse ein jeder seine Bienenstöcke das mit Stroh-verbinden zufrieden.

Bienenstöcke sollen im Winter ein Brodenloch haben

8. Viel besser raten diejenigen ihren alten Stöcken, wenn sie diese im Winter oben an einer Seite eine Messerrücken Dicke und eine kleine Hand lang an dem Beutenbrette lüften, damit der Broden (Dampf oder Dunst) oder Dünste herauskommen. Von diesen Dünsten gefriert in grimmiger Kälte Eis außen am Stocke, dieses stößt man ab und öffnet die Luftgänge täglich von neuem. Weiter als wie hier gemeldet darf es nicht geöffnet werden, sonst kriechen die Bienen heraus und verderben in Schnee und Kälte. Wo man dieses nun nicht beachtet, kommt man leicht ganz um die Bienen, aus der Ursache, die nun folgt.

Woher das Rohs in Stöcken oft schimmlig und beschlagen wird

Wenn die Bienen in großer Kälte gewaltig brausen oder blasen, so dass sie sich damit erwärmen mögen, so geben sie genauso wie Menschen und Vieh einen Atem und Broden von sich. Von diesem wird nicht nur der Stock und das Gewürche nass, sondern es gefrieren auch oft zwischen den Kuchen im Stocke Eiszapfen davon. Wenn dann Tauwetter darauf einfällt, so beginnen die Eiszapfen langsam zu schmelzen, und das Wasser zieht sich in das Gewürche, davon werden die Bienen nass, als hätte man sie aus Wasser gezogen, fällt dann von neuem wieder darauf grimmiger Frost ein, so ist es um solche Bienen geschehen, sie erfrieren in der Nässe. Wenn auch gleich die Kälte und Frost nicht gar grimmig ist, und die Bienen durch ihr Blasen und Brausen sich wiederum erwärmten und trockneten, so wird ihnen doch dass Rohs oder Gewürche von dieser Nässe ganz schimmlig und untüchtig, so dass davon die Bienen, wenn sie nicht ganz eingehen, doch zu voller Nutzung dasselbe Jahr nicht kommen mögen. Unser Autor stimmt diesem zu. Ebenso schadet es den Bienen, wenn man die Stöcke von außen nass werden lässt, von Regen oder Schnee. Nässe und Kälte sind der Bienen Tod, Wärme und Trockenheit ist ihre Wohlfahrt und Leben, wenn deswegen die Bienen von äußerlicher und innerlicher Nässe bewahrt werden, so erfrieren sie nicht, es sei denn, es wären ihrer gar zu wenig in den Stöcken.

Wann die Flader zu verschließen sind

Wenn die Sonne wiederum um Weihnachten beginnt zu steigen, so muss man den Bienen notwendigerweise die Fladerlöcher verschließen, damit sie nicht ausfliegen können, sonst machen sie sich bei warmen Sonnenschein aus den Stöcken, fallen auf den Schnee und erfrieren. In diesem Fall kommen nicht nur die besten Nährbienen um, sondern die Stöcke werden dadurch sehr geschwächt, gehen auch oft ganz zu Boden, wie hier in einer Erbschaft vor wenigen Jahren etliche Stöcke deswegen eingegangen sind, wie wohl in diesem Fall die Bienen nicht gut versorgt wurden.

Und wie?

Drum ist es absolut notwendig, dass man den Bienen im Winter, wenn der Schnee liegt, die Fluglöcher verschließt, doch so, dass die Luft den Bienen nicht genommen werde. Am besten aber geschieht es mit einem eng gestrickten

Netzlein oder Gitterlein aus Draht; etliche verstopfen das Flader mit einem kleinem Rohr mit ausgekehrten Hölzern. Etliche bohren viele kleine Löcher durch ein Buchenbrettlein, nageln es vor das Flader und verkleben es rings um den Rand. Daran ist wenig gelegen, es geschehe auf welche Art und Weise auch immer, wenn nur die Bienen Luft behalten. Wenn ihnen diese genommen wird, so ersticken sie alle, wie mir gute Beispiele bekannt sind. Wenn es auch sehr schneit, und es den Schnee an die Flader dreht und weht, so soll man den Schnee von derselben mit einem Flederwisch (Federbesen) abkehren, denn sonst nimmt er den Bienen auch die Luft, wo er liegen bleibt, besonders wenn das obere Beutenbrett nicht wie oben beschrieben zum Broden geöffnet worden ist. Sobald aber der Schnee abgeht, so soll man die Flader den Bienen öffnen, und durch den Ausflug sich reinigen lassen.

Man verschließe sie auch wohl den ganzen Winter über nicht, wenn nicht großer Schnee gefallen ist, aber bei großem Schnee ist es sehr notwendig, wie berichtet worden ist. Ich weiß wohl, dass etliche in diesem Fall nicht meiner Meinung sind und sagen, es handel sich nur um ein paar Hände voller Bienen. Ich habe aber jetzt beschrieben, dass nicht nur ein paar Hände voller Bienen, sondern etliche Stöcke in einer Erbschaft deswegen zu Boden gegangen sind. Außerdem machen sich die allerfleißigsten und nährhaftesten Bienen am ehesten aus den Stöcken, um Nahrung zu holen, wenn nun diese auf dem Schnee liegen bleiben und umkommen, so ist leicht zu ermessen, was solch ein Abgang den Stöcken für Schaden bringen muss *(denn sie haben nicht nur geholfen im Winter den Honig zu verzehren, sondern sie können keinen eintragen, und so wird die Nahrung schwach). Es ist also ein dreifacher Schaden, der mit leichter Mühe und Spesen verhindert werden kann.*

Bienen wert geachtet

Ich erinnere hier den freundlichen Leser abermal daran, was die lieben Alten gesagt haben: ein Bienenherr entrathe (entbehre) keine Biene *(besonders nach Weihnachten und um Lichtmess)* um drei Pfennig aus seinen Stöcken. Wenn meine Bienen zuweilen sich durch den Lehm beißen, und auf den Schnee fallen, so lasse ich sie meine Töchter in Kästlein, die man zuschieben kann, auflesen, in die Stuben tragen, und wenn sie dann von der Wärme wiederum lebendig geworden sind, so trage ich sie gegen Abend zu einem offenen Stocke, ziehe das Kästlein wieder ein wenig auf, so laufen sie haufenweise zum Flader und wieder in den Stock zu den anderen. Die im Stocke nehmen sie in der Kälte gerne auf, selbst wenn sie nicht aus ihren Stöcken geflogen sind.

Vom Stroh streuen

Da auch nach dem Durchbeißen viele Bienen sich von außen um das Flader legen, und gerne wieder in dem Stock wären, so lasse ich zuerst etliche Bündel Stroh vor den Stocken streuen, den ich öffnen muss, und dann mache ich erst das Flader auf, denn vom Stroh stehen die Bienen wieder auf und ziehen wieder in ihren Stock, aber aus dem Schnee können sie das nicht tun, deswegen, was auf den Schnee fällt, muss man alsbald auflesen, in der Stuben wiederum lebendig machen, und gezeigtermaßen in die Stöcke bringen. Dieses muss aber noch an dem Tage geschehen, da die Bienen auf den Schnee gefallen sind. Bleiben sie aber über Nacht im Schnee liegen, so wird keine wiederum lebendig.

Was mir missfällt

Vor allem im Schnee bei warmen Sonnenschein soll keiner einem verwahrten Bienenstock das Flader öffnen, es sei denn dies erfordert die höchste Not, denn es verderben gar zu viel Bienen im Schnee. *Hier scheint M. Höffler seine vorige Meinung zu korrigieren, denn ich habe dieses in der Praxis allerdings nicht befunden. Als dass er lasse etliche Bund Stroh streuen vor den Stock, den er wegen der Haufen am Flader liegenden Bienen zu ihrem Wiedereingang eröffnen will, denn wenn die eingesperrten Bienen herauskommen nach der Öffnung des Fladers, fliegen sie herum, erstarren bald von der Kälte, fallen sie in's Stroh, verwirren sie sich, und ehe sie, wie ich's mit Schaden erfahren habe, sich herausarbeiten, sind sie erfroren. Ist aber, wenn der Stock geöffnet wird, warmer Sonnenschein, so fliegen sie weiter, als das Stroh gestreut werden kann, und erstarren von der kalten Luft, weil sie nicht allezeit dann in der Sonne warmen Strahlen schweben können, und es wird so mehr verloren als erworben. Ich habe den Schnee wegräumen lassen, so rein wie es möglich war, und Stroh streuen lassen, aber nicht mit Nutzen, sondern mit Verderbnis der armen Bienen. Es ist besser, man lasse die einmal in Gefahr schwebenden Bienen fallen, erwärme sie in der Stuben, sie mögen danach wieder hineingebracht und von den Bewohnern angenommen werden können oder nicht, als dass man die verwahrten und gewissen Bienen um der Ungewissen willen in Gefahr setze. Dass er die auf dem Schnee liegenden Bienen hat auflesen, in Schubkästelein fassen und in der warmen Stuben wieder lebendig werden und in den Stock laufen lassen, wo sie gerne aufgenommen worden sein sollen, ist sehr zweifelhaft, und wider meiner Erfahrung, denn ich habe auch solche Bienen aufgelesen, in der warmen Stuben mutig gemacht, aber wenn ich sie, so warm wie ich konnte, hinaus zu den Stöcken, die doch nicht über 30 Schritte vor der Stuben stehen, getragen habe, so hat ihnen diese fremde Wärme wenig gegen die Kälte dienen können, denn wenn sie sich in's Flader gesetzt haben, so hat sie die kalte Luft und der kalte Stock dermaßen erschreckt, dass sie kaum kriechen haben können, so dass ich daran gezweifelt habe, dass sie bis an das Gewürche zu kommen vermochten. Genauso wie ein Mensch, wenn er aus der Kälte in eine warme Stuben kommt und sich erwärmt, wenn er hinauskommt, kommt ihm die Kälte umso heftiger und dauerhafter vor. Genauso ist es auch mit den gleichsam erstorbenen Bienen, es sei denn, dass das Lager wäre nahe bei dem Flader, und so der Stock innen von den Einwohnern erwärmt worden, welches ihnen dann zustatten kommen kann. Danach so ist es auch ungewiss, dass die fremden Bienen angenommen werden, so dass sie nicht herunter unter die anderen abgegangenen Bienen, als matte, kranke, erfrorene und einmal gleichsam erstorbene Bienen sollen gebissen und gestürzt werden, wenn sie nicht von sich selbst aus durch Unvermögen herunterfallen. Ich habe oft zu solcher Zeit diejenigen, die sich im verschlossenen Flader aufgehalten haben, und zum Ausgang bemüht haben, tot* sitzend gefunden, haben die nun nicht wieder in ihre warme Wohnung kommen können, die nur ein wenig zu weit daraus spaziert sind, wie viel weniger dann die, die im Schnee erstarrt sind und durch fremde Wärme lebendig gemacht wurden, und wieder in's Kalte gebracht worden sind. Dazu würden einheimische Bienen zur Winterszeit nicht leicht fremde Zehrgäste annehmen, weil sie in Sommers- und Arbeitstagen solche auch nicht einlassen. Es ist also eine verlorene Arbeit, man verschließe sie gut, so ist kein Verlust zu hoffen, ich habe es erfahren, und es versuche jemand, er wird mir zustimmen, es sei denn, es wäre ganz warmes Tauwetter und Sonnenschein, so ist doch der gewisse Untergang, wie beschrieben, zu befürchten.

Das vierte Kapitel

Von der jährlichen Wartung der jungen Bienen

Junge Bienenschwärme bedürfen eines fleißiges Aufsehens und guter Wartung, denn man pflegt leicht darum zukommen, wenn man sie nicht in acht nimmt.

Junger Bienen Wartung soll fleißig sein

1. Wie man aber mit jungen Schwärmen handeln soll, nämlich, dass, wenn möglich, man sie an der Stelle denselben Sommer überstehen lässt, oder den ersten Abend oder spätestens am Morgen an bestimmte Stelle forttrage, davon wird unten im dritten Buch Kapitel eins berichtet werden, dort möge sich der günstige Leser den Bericht holen.

2. Wenn junge Bienen zur Stelle und in die Stöcke gebracht wurden, so verschließe ich ihnen die Flader auch halb, oft auch, wenn die Schwärme klein sind, lasse ich ihnen das Fladerloch kaum ein Drittel offen, damit andere Bienen nicht einfallen können, und die Jungen sich mit Gewalt erwehren können, nachdem sie sich aber vermehrt haben, und am Fluge stark geworden sind, mach ich ihnen weite Luft zum Aus- und Einzuge, wie neulich von den alten Bienen berichtet wurde.

3. Es pflegt sich auch oft zu begeben, dass, nachdem man etliche junge Schwärme eingesetzt hat, und diese kaum etliche Tage geflogen haben, dass darauf kühles und nasses Wetter einfällt, dass diese Bienen gar nicht fliegen und sich ernähren können. Dann muss man ihnen mit einem Nössel (kleinere Maßeinheit für Flüssigkeiten) Honig mit dem Bienenpulver vermengt zu Hilfe kommen, oder sie sterben vor Hunger, oder wenn sie mit dem Leben davonkommen, ermatten sie doch so, dass sie danach ihrem Herrn wenig Nutzen schaffen können. Auf welche Weise aber, und mit welchem Bescheid man den Bienen Honig in die Stöcke geben soll, wird bald im fünften Kapitel folgen.

4. Zur Wartung der jungen Bienen gehören auch vier Stücke, derer im nächsten Kapitel Nummer 3, 4, 5, 6, 7, 8, 9 ist gedacht worden, dahin um der Kürze willen will ich den günstigen Leser verweisen.

Vorrat der jungen Bienen muss beobachtet werden

5. Um Michaelis erkundigt man sich, ob die jungen Stöcke viel oder wenig gebaut haben, ob sie Honig haben oder nicht, und dann ist die rechte Zeit, dass man ihnen Hilfe und Rettung tue. Wenn junge Bienen nur Gebäude haben, so sind sie nicht zu verwerfen, Honig kann man ihnen geben, wo aber das Gebäude kaum eine handbreit oder ein wenig länger ist, bei solchen Stöcken ist es sehr gefährlich, doch habe ich diese in meiner Stuben den Winter über auch fort gebracht, und sie sind nun, Gott sei Dank, treffliche Stöcke geworden, draußen aber unter dem Himmel bringt man sie nicht fort, sie erfrieren gewiss, wie auch der Autor bezeugt.

6. Ich habe gesehen, dass einer den unteren Teil des Stockes mit Heu und Grummet (zweites Heu) ausfüllte, und meinte, dadurch seine Bienen vor der Kälte zu sichern, aber das Heu verschimmelte im Stock und die Bienen starben vom beschlagenen und bösen Geruch.

Wie jungen schwachen Stöcken zu helfen sei

7. Wenn nun einer befindet, dass in etlichen Stöcken junge Bienen wenig Vorrat und Gebäude haben, so steche er einem die Kuchen, bei kühlem Wetter, oder Gewürche ganz aus, und setze die eines anderen geringen Stockes so gut er kann zu, tue dann die Bienen aus dem ledigen Stock in diesen, darinnen er ihnen Honig gesetzt hat, treibe darauf die Bienen mit einem Rauch durch einen eingeklebten Füllhals (denn es dürfen die Bienen nicht aus dem Stock fliegen) durcheinander, verschließe den Stock, dass in acht Tagen keine Biene aus-und einfliegen kann, so werden sie sich unterdessen wohl miteinander vergleichen, und einen Weisel annehmen, der ihnen am liebsten ist. Nach Verfliessen der acht Tage gebe man ihnen Honig, soviel sie annehmen wollen, nehme sie in acht, und so bleiben sie gut. Den Stock aber, aus dem man die Bienen genommen hat, muss man beiseite tun, damit die Bienen, wenn sie wiederum

frei geworden sind, diese nicht finden können, sie begeben sich sonst wiederum da hinein und kommen alle um.

Vom Speisen der jungen Bienen

8. Da man in diesen unfruchtbaren Zeiten nicht viele junge Schwärme bekommt, die man den Winter über nicht füttern oder speisen muss, so ist wahrlich dieses Werk das wichtigste in der Bienenwartung, wie man solche Bienen recht speisen und fortbringen solle. Es gehört auch ein trefflicher Fleiß und oft große Mühe dazu, besonders, wenn böse Frühlinge mit großen Frosten, kalten Winden und vergifteten Nebeln einfallen. Deswegen konnte ich es nicht umgehen, den Bericht in ein gesondertes Kapitel zu verfassen.

Das fünfte Kapitel

Wie man junge Bienen speisen und füttern soll
Wann Bienen gespeist werden sollen

1. Bienen, die man füttern muss, soll man beizeiten im Jahre, nämlich um Michaelis, ehe es grimmig kalt wird, Honig in die Stöcke geben, damit sie es hinauf in ihr Gebäue tragen können, welches sie in der Kälte nicht zu tun vermögen, sie sterben eher aus Hunger, als dass sie sich aus ihrem Gemach in die Kälte wagen. Welche von den Bienen auch herunter in den Stock fallen, wenn sie den Honig aus dem Geschirr hinauf tragen, sind wegen der Kälte alle des Todes. *(Darum ist mein vorhergehendes Bedenken wegen der wieder lebendig gemacht den Bienen hiermit bekräftigt, wie es anders auch nicht sein kann, denn selbst wenn die Sonne im Winter so warm scheint wie sie immer kann, so wird die Luft doch viel weniger einen kalten, und nicht voll gebauten Bienenstock nicht genug erwärmen können.)*

Was für Wetter es sein soll

2. Man muss auch das Gewitter in acht nehmen, wenn man den Bienen Kost geben will, an sehr warmen Tagen Honig in die Stöcke setzen ist sehr gefährlich, denn wenn es die anderen bemerken, fallen sie stracks ein, nehmen den schwachen Stöcken nicht allein, was man ihnen gegeben hat, sondern auch was sie sonst an Vorrat haben. Es ist der hier die beste Art und Weise, dass man den Bienen bei trübem und Regenwetter Honig zu Essen gebe, so kann man diese Gefahr umgehen. Oder, was ebenso gut ist, man verrichtet das Werk spät am Abend, wenn die Bienen nicht mehr fliegen, die Nacht über tragen die Bienlein den Honig rein hinauf (es sei denn, dass sie matt wären oder nicht genug Raum hätten in ihrem Gebäue), füllen alle Löcher im Rohs voll, nur eine jegliche Biene behält ihr Zellchen als ihr Schlafkämmerlein oder Stübelein, damit es nicht, was sonst geschieht, erfrieren müsse.

Gegen den Einfall fremder Bienen (davon gehen täglich die meisten Stöcke ein) ist es auch eine gewisse Kunst, dass man die Stöcke, in die man Honig gesetzt hat, verschließe, doch so, wie oft beschrieben, dass die Bienen dennoch Luft in den Stöcken behalten.

Einmal ist nicht genug bei solchem Wetter

3. Es ist aber nicht genug, dass man den Bienen nur einen Napf voll zu solcher Zeit in den Stock gebe, sondern man tut dieses, so oft und viel, bis sie nicht mehr hinauf tragen können. Ich habe manchen jungen Schwärmen zu dieser Zeit wohl ein paar Kannen Honig gegeben. Je frischer die Bienen Honig tragen, desto weniger sind sie in Gefahr, junge Bienen, welche genug Rohs haben, und getrost annehmen, die bleiben gut am Leben, wenn sie nicht verwahrlost werden.

Beste Art zu speisen

4. Die beste Art aber, Bienen zu speisen, ist diese, wenn man bei der letzten Fegung der Bienen (davon wurde oben in Kapitel eins berichtet) den guten alten Stöcken Honigwaben aus den unteren Beuten schneidet, und diese in einem hölzernen Gefäße den jungen Bienen in den Stock setzt, darauf gehen sie mit Freuden. Wenn man im Frühling um Sankt Petri alte Stöcke zeidelt, und abermals, wie berichtet, den bedürftigen Bienen ganze Honigkuchen in die Stöcke gibt, dass bekommt ihnen sehr gut. Es sollen aber im Frühling die Löchlein mit einem scharfen Messer an den Honigwaben geöffnet werden, weil die matten Bienen nicht allezeit solche durchbeißen und öffnen können.

Wie Honigwaben gegeben werden sollen

5. Man muss aber diesen Honig den Bienen fest an ihr Gebäue setzen, davon soll jetzt Meldung geschehen, wenn man aber solche guten Mittel in diesem Fall nicht haben kann, muss man die Bienen folgendermaßen speisen und erhalten.

Mit zerlassenem Honig

6. Man speist die jungen Bienen mit zerlassenem Honig, und gibt ihnen diesen entweder durch ein hölzernes Kästelein oder Tröglein, oder aber in einem Napf. Vom Kästelein halte ich in diesem Fall am meisten, da es nicht viel Mühe macht, und man ohne alle Beschwerung so oft man will den Stock speisen und beschauen kann, welches mit

hölzernen Näpfchen oder Schüsseln nicht geschehen kann oder mag, weil man die Stöcke allzeit öffnen und von neuem verkleben muss, welches nicht ohne Schaden abgeht.

Vom Gefäße, dass zur Speisung dienlich ist

7. Ehe ich aber dem günstigen Leser berichte, wie er die jungen Bienen soll speisen, muss ich ihn zuerst daran erinnern, dass er zu diesem Werke ja nichts anderes als hölzerne Gefäße brauche. In gläsernen, tönernen und zinnernen Gefäßen wird nicht nur der Honig bald kalt und hart, sondern es erstarren auch die Bienen leicht auf diesen, und kommen um.

Wie man die Bienen durch ein Kästelein mit Honig speist

8.Um Michaelis öffne ich meinen jungen Bienen ganz säuberlich (nachdem ich das Gebäue mit einem Drahte vom Beutenbrett gelöst habe) die Oberbeuten, und betrachte wohl, ob sie ein Auskommen den Winter über haben können oder nicht.

An dem Stock, den ich speisen muss, schneide ich einen viereckigen Spund aus dem Beutenbrette, genau an der Stelle, wo das Gewürche endet. Streicht das Kästelein am Gewürche an, so stoße ich das Rohs ein wenig mit dem Bienenmesser, soweit es hindert, ab, füge dann in diesen Spund ein Kästelein aus Lindenholz gemacht, so gut ich immer kann und mag, so, dass ich dieses ohne große Bewegung in den Stock schieben und wiederum herausziehen kann.

Solche Kästelein mache man nach der Weite der Stöcke lang, und kurz, wenn eines 2 Zoll hoch und weit ist, so ist es groß genug. Außen vor dem Stock lässt man es ein paar Zoll vorstehen, so dass man es angreifen und fortsetzen oder ziehen kann. Wenn es auch vom Stock abgesetzt ist, oder einen ordentlichen Rand hat, so kann kein Bienlein herauskriechen, und ebenso keine Luft oder Kälte durch die verdeckte Klinsen (Spalte) hineinfallen. In diese Kästelein gieße ich zerlassenen warmen Honig, bis es fast voll ist, belege dann diesen Honig mit Strohhalmen, schiebe es den Bienen in den Stock, und treibe dieses Werk so lange, bis die Bienen keinen Honig mehr hinauf ins Gebäue tragen. Das Kästelein lasse ich den ganzen Winter über genauso im Stock stecken, so kann ich zu jeder Zeit, wenn gelindes Wetter einfällt, den Bienen weiter mit Honig zu Hilfe kommen. Im Frühling, wenn ich mit dem füttern nachlasse, ziehe ich das Tröglein wiederum aus dem Stock, mache den Spund vor das Loch, verklebe es so gut ich kann, es schadet den Beutenbrettern überhaupt nicht, weil ich fast an allen meinen Stöcken einem solche zeigen kann.

Wie man den Bienen im Schüsseln und Näpflein Honig zu Essen geben kann

9. Weil ich vor etlichen Jahren angefangen habe, meine Stöcke zu blenden, oder den halben Teil zu verkleben, habe ich diese Art die Bienen zu speisen unterlassen, und um die Wahrheit zu sagen, halte ich von dieser Art nicht viel, weil es in vielerlei Hinsicht den Bienen schädlich ist. Ehe ich aber die Stöcke blenden, und die Bienen mit einem Tröglein füttern lernte, machte ich es auf folgende Weise.

Ich nahm einen Wipfel von einer jungen Tanne, Fichte oder Kiefer, eine gute Elle lang, bis an den letzten Jahreswuchs, daraus war ein artiger Querrel (Quirl?) zu machen. Den oberen Teil, als den Stiel am Querrel schnitt ich heraus, die Zinken daran ließ ich auch kaum einen guten Finger lang, zog die Zinken mit Paste oder einer Schnur zusammen, so dass es eine Gestalt bekam wie ein Beißkorb, darein setzte ich einen hölzernen Napf voll zerlassenen Honig, mit Strohhalmen oder mit ledigem Rohs belegt, so musste ich mich nicht sorgen, dass es mir umfiel, und ich den Honig verschüttete. Erreichte das Geschirr mit dem Honig das Rohs noch nicht, so setzte ich eingefügte Stöckchen, oder auch Stücke von Ziegelsteinen unter, bis dass es genug war, machte dann das untere Beutenbrett wieder zu, verstopfte es mit Häderlein (Stück Tuch, Fetzen) so gut ich konnte und mochte. Wer ungeblendete Stöcke hat, der kann das noch so machen, wenn es ihm beliebt.

An Orten und in Gegenden aber, wo man keine Wipfel von Tannen haben kann, bindet man schlanke Stöckchen von Weiden zusammen, verzäunet oben am Ende auch ein Näpflein, wie beschrieben, so geht es auch damit an. Oder aber, man spaltet einen starken Stock in vier oder sechs Teile, schneidet den Kern von jedem Teil heraus und verzäunt auch ein Gefäß darin. Etliche bohren ein Loch in einen Teller oder ein viereckiges Brettlein, stecken einen ordentlichen Stecken, eine Elle lang, hinein, setzen danach das Geschirr mit dem Honig drauf, und schieben es damit hinauf zum Gewürche in den Stock. Aber es fällt einem der Honig zu leicht vom Brettlein herunter in den Stock. Deswegen sind die vorigen Mittel gewisser und bequemer.

Doch wenn man auf das Brettlein oder den Teller vier Pflöckchen um das Geschirr einbohrt, so steht es auch gewiss und kann nicht herunter fallen.

Wie man geringe Stöcke oder Schwärme in Stuben und anderen Gemächern erhält

10. Oftmals, wenn die Schwärme wenig gebaut haben, und die Kälte groß ist, so können die Bienen den Honig nicht zu sich nehmen; solche trägt man in ein sommerlich warmes Gemach im Hause, indem es nicht zu kalt, und auch nicht zu warm ist. Man speiset sie täglich, wie beschrieben, durch das Tröglein, denn diese ist die beste Weise, die Bienen zu nähren, weil so keine Biene mir aus den Stöcken kommen kann, wie es geschehen kann, wenn ich die untere Beute aufmachen muss. Ich habe sehr geringe Schwärme durch Gottes Gnade in einem Stüblein erhalten, in die die Wärme durch ein Loch aus der Wohnstube zog, welche danach ausbündige (musterhafte) Stöcke geworden sind. Ich habe über etliche Jahre wohl fünf dahin getragen und erhalten, es gehört Mühe und Fleiß dazu. Sobald ich sie aber genug mit Honig versehen habe, und das Wetter gelinde geworden ist, habe ich sie wiederum hinaus an die frische Luft gebracht, und wenn es wieder kalt geworden ist, hinein in des Stüblein getragen. Wenn mir bisweilen etliche Bienen aus diesen Stöcken gekommen sind, habe ich sie im Fenster mit Werk aus Flachs oder Hanf gefangen, und sie dadurch in den Stock gebracht.

Wer nicht solche Bequemlichkeit und Wechsel der Stuben haben kann, der setze solche schwachen Bienen in eine wohl verwahrte Kammer über der Wohnstube und pflege sie recht. Da es ihnen aber zu kalt wäre, so trage man sie am Abend spät in die Wohnstube, gebe ihnen Kost, und sobald man in der früh beginnt einzuheizen, trage man sie wiederum, so lieb sie einem seien, hinaus an die lauwarme Stelle.

Wird dieses nicht beachtet, und die Bienen bleiben in der heißen Stuben stehen, so ist es sehr bald um sie geschehen. Denn erstens, sobald die Bienen die starke Wärme fühlen, beißen sie durch den Lehm, fliegen haufenweise heraus in die Stuben, aber keine findet wieder in den Stock, darum sind sie alle des Todes. Zweitens, wenn die Bienen kaum notdürftig gegen den Ausflug verwahrt sind, so ersticken sie leicht in der Hitze. Drittens, wenn sie einen oder zwei Tage der heißen Stuben gestanden sind, so fangen sie an zu pferchen (düngen), daraus entsteht ein solcher Gestank in der Wärme, dass davon nicht nur die Bienen, sondern auch wohl Menschen sterben müssen. Deswegen muss man in diesem Fall gar fleißig handeln und vorsichtig sein.

Matte Bienen und wie sie zu erquicken seien und womit

11. Außerdem pflegt es sich auch zu begeben, dass einer gute Bienen bis in die   Fasten (Fastenzeit?) erhalten kann, und wenn nun die Zeit kommt, dass sie fliegen sollen, so können sie vor Hunger kaum fortkriechen, wollen auch keinen Honig zu sich nehmen, obwohl man ihnen den in die Stöcke setzt. Wie ist denn diesen zu raten? Antwort: durch zwei Mittel pflegt man sie wiederum zu erquicken.

1. Nimmt man Rohr aus einem Teiche oder Hollunder, schneidet Pfeifen davon, von einem Knoten zum anderen, spaltet diese danach in der Mitte, tut den Kern heraus, füllt sie mit warmen Honig und Fenchelwasser oder Pulver von roten Rosen gemischt (denn mit dem Geruch muss man die Bienen dazu bringen, dass sie den Honig angreifen), danach lehnt man den Stock nieder, und steckt überall zwischen zwei Kuchen ein solches Röhrlein mit Honig. Gehen sie an die Speise, so folgt man mit Gewalt nach, bis sie ihre Kost wiederum aus dem Tröglein willig zu sich nehmen. Übersetzung: Bringe mit Röhrchen aus Schilf den Honig hinein, sagt Virgilius. Dann sind sie nicht in Gefahr, wenn sie zum Fluge kommen, man gebe ihnen nur getrost Honig, es sei denn es wäre ihnen der Weisel umgekommen, doch dass geschieht nicht leicht wegen des Hungers, die Bienen sterben eher alle vor Hunger, bevor sie ihren König Mangel lassen leiden.

2. Nimmt man jetzt den beschriebenen Honig mit Fenchelwasser, und besprenget ihnen das Gewürche mit

etlichen Fladern, legt ihnen auch in der Kälte einen warmen Stein (auf einen Schiefer, oder in eine Pfanne) unten in den Stock, damit sie sich erwärmen. Greifen sie so zum Honig, so braucht man dann das erste Mittel, mit den Pfeifen, und dann gibt man ihnen Honig in die Kästelein, wie beschrieben. Helfen diese Mittel nicht bei einem Schwarm, so ist es wohl um ihn geschehen.

12. Dies war also der kurze Bericht, wie man die Bienen warten und durch speisen am Leben erhalten solle, dabei will ich zum Schluss den günstigen Leser noch zweier nötiger Punkte erinnern.

Wie Bienen zu versuchen seien, ob sie auskommen möchten

I. So traue er keinem jungen und auch keinem alten Stock, dass er über den Winter sein Auskommen habe, er habe ihn denn genug versucht. **Das „Denken und das hätte gedacht, er sollte wohl auskommen"** hat viel unzählige Bienen um's Leben gebracht. Deswegen, wenn der günstige Leser nicht genug versichert, dass seine Bienen ein Auskommen haben, so versuche er sie auf diese Weise. Er nehme eine Ahle (Pfriem) oder dünnen Pfriemen (an einem Hefte befestigte Eisenspitze zum Bohren), steche damit durch den Lehm an der Beuten, fühle mit einem dünnen Draht, ob Honig vorhanden ist oder nicht. Findet er nichts das erste Mal, so bohre er fort, und erkundige sich zum zweiten und dritten Mal, und dann so lange, bis er Honig findet. Ist der Vorrat nicht groß, so gebe er ihnen im Herbst beizeiten Honig, und spare es ja nicht bis in den Frühling, denn es ist viel besser, dass man Schaden bewahrt als beklagt. Ich habe es allezeit lieber, dass die Bienen ihren eigenen Honig bis auf den letzten Tropfen behalten, und zuerst denjenigen, den ich ihnen gebe, auszehren, als dass sie zuerst sich von dem ihrigen und zuletzt von dem meinen ernähren müssen. Dieser Punkt ist gut zu merken, in zwei oder drei Tagen kann man leicht einen stattlichen Stock verwahrlosen. Mit den Versuchen aber der Bienen mit dem Draht muss man vorsichtig handeln, damit man nicht den Weisel ersteche. *Ich bohre mit einem Nagel durch die Beute, und nehme ein schlankes Rutlein und suche den Honig, so*

muss ich mich nicht sorgen, dass der Weisel verletzt werde,
und wo das Gebäue ist, so bohre ich entweder gleich, oder
schebe (?) zu.

Viel Kost macht nicht faule sondern heutige Bienen

II. So hüte sich ein fleißiger Bienenherr vor der
gottlosen Regel die etliche vorgeben: **wenn man im**
Frühling den Bienen viel Kost gebe, so mache man
faule Bienen. Antwort: dem ist nicht so, je mehr Vorrat die
Bienen haben, desto besser tragen sie ein und nähren sich.

Im Frühling bedürfen die Bienen mehr Kost als im Winter

Ich habe etliche Male erfahren, dass Bienen in der
Baumblüte wegen Hungers aus den Stöcken gezogen und
davongeflogen sind. Bienen müssen im Frühling zur Aufzucht
der Jungen und ihrer Kost in acht Tagen mehr Honig haben
als im Winter in fast acht Wochen. Vor dem Mai und in vielen
Jahren kaum am Ende desselben kommen sie kaum zu voller
Nutzung. Es ist nichts Neues, dass man den Stöcken um und
nach Pfingsten zu Essen geben musste, und auch etliche
Stöcke zu Boden gegangen sind, wie ich anderswo Beispiele
gesehen habe. Zusammengefasst, viel Honig macht die
Bienen nicht faul sondern hurtig. Man gebe ihnen, bis sie
einen Vorrat haben, und draußen desselben zur Genüge
finden können.

Das sechste Kapitel

Vom Honig, der den Bienen zu essen gegeben wird
Wenn der Honig im Herbst oder zur Fasten in der Fegezeit geschnitten wird, soll man ihnen mit Fleiß verwahren, und in kein Gefäß tun, in dem zuvor Mehl oder Salz, Butter, Käse, Hering, gesalzenes Fleisch oder Fische gewesen sind. Ursache: der Honig zieht den Geschmack aus, und wenn er danach den Bienen gegeben wird, sterben sie davon. Sondern man soll ihn in ein neues Fässlein tun, welches nicht aus Eichen-Holze, sondern aus Kiefer oder Fichten gemacht sei, und darin verwahren, bis man ihn braucht. Im Herbst soll den Bienen, wenn sie Mangel leiden, Honig in Stücken gegeben werden, das ledige Gewürche, ungefähr drei Blätter, wird zuvor weggeschnitten, und der Honig an die Stelle gesetzt, die die Bienen im Winter erreichen können. In der Fasten oder im Frühling halte ich von dem bereiteten Honig am meisten, der mit einem vierten Teil Wasser darunter gut durcheinander vermischt und gerührt wurde, denn so tragen es die Bienen eher fort und genießen ihn, bevor ihn die fremden Bienen riechen, denn sie würden sonst einfallen, sofern sie es bemerken würden.

Kein alter Tonnen-Honig
Es soll auch kein alter Honig den Bienen gegeben werden, der ein Jahr oder länger in Tonnen ungeseimt gestanden ist. Ursache: der Honig, der in Tonnen samt dem Gewürche, ja auch mit den Bienen durcheinander eingelegt ist, wenn die Hitze kommt, um Johannis ungefähr, so wird er brausend und gärend, dass ihn fast ein böser und saurer Geschmack überkommt, wenn die Bienen ihn essen, sterben sie davon. Sie lassen ihn bisweilen auch gar stehen, besonders mecklenburgischen oder pommerschen Honig.

In den Oberwäldern sind auch Beuten in den Eichen, darin machen die Bienen schwarzen Honig, der ist nicht so guten Geschmacks wie in Kiefern, Linde, Erlen, Weiden oder Espen-Beuten. Dieser Honig aus den Eichenbeuten soll den Bienen nicht gegeben werden, denn er ist ihnen ganz schädlich. Wenn der Honig im Herbst geschnitten und mit leidlicher Hitze nicht allzu warm geseimt („geläutert") wird, oder man ihn aus den Stücken fließen lässt und dann in einem reinen Gefäße behält, doch dass er im Winter nicht zu kalt stehe, wenn er gleich vier Jahre länger oder kürzer behalten wird, kann er den Bienen jederzeit gegeben werden und ist ihnen auch ganz unschädlich. Aber der Honig, der in Stücken über den Winter gehalten wird und gefriert, ist gar nicht nützlich, wenn er aber vor Frost bewahrt werden kann, ist es viel besser.

Wie Honig zu behalten sei

Etliche setzen die Gefäße mit dem Honig auf Aschen, etliche auf Kalk, auch hängt man sie an Nägeln auf. Wo aber die Ameisen einmal in Gang kommen, sind sie nicht gut zu vertreiben, es sei denn es werde der Honig ganz hinweg getan. Wenn man den Bienen geseimten Honig zu Essen gibt, so sollen immer kleine Rütlein oder Strohhalme darauf gelegt werden, sonst ertrinken sie darin. Desgleichen auch, wenn der Honig in gläsernen Gefäßen gegeben wird, können sie nicht durch die Schwerheit des Honig und die Glattigkeit des Gefäßes herauskommen. Darum soll man Stücke vom Gewürche oder Rütlein hineinlegen, darauf können die Bienen aus- und einsteigen.

Es soll auch unter den Honig, welchen man den Bienen geben will, kein Brod (Feuchtigkeit) kommen, sondern es soll mit reinen Löffeln oder Kellen aus dem Gefäß genommen werden, denn wenn Brod darunter kommt, finden sich bald Ameisen ein, und danach ist dieser Honig für die Bienen nicht gut.

Womit Bienen zu speisen sind wenn man keinen Honig haben kann

Die Alten beschreiben uns, was man den Bienen zu essen geben soll, *wenn man nicht zu Honig kommen kann, wie es oft geschieht, und was den Bienen unschädlich sei; man soll Feigen kochen, Rosinen und dergleichen, und den Bienen den Sud davon geben, damit sollen viele Bienen ernährt worden sein.*

Es hat mir vor einiger Zeit eine glaubhafte Person gesagt, wie sie in Mangel des Honig große gut gespaltene gebackene Birnen gekocht und den Sud den Bienen danach gegeben hätte, also die Bienen damit ernährt hätte. Solches ist glaubhaft. Ursache: ich habe in meinem Garten viele Bienen auf den reifen, aufgerissenen Zwetschgen gesehen, da sonst großer Hunger vorhanden gewesen ist, sonst pflegen sie nicht auf gewachsene Früchte zu fliegen, denn ihre Nutzung sind Blumen. Wer nicht an Honig kommen kann, der versuche es und koche Pflaumen, Feigen, gebackene Birnen, ja auch schönen weißen Zucker, und dergleichen süße Gewächse oder Früchte, ein jedes alleine ganz rein verschäumt und danach durch ein reines Tüchlein gesiebt, so soll man den Bienen den Sud zu essen geben. *Als vor zwei Jahren anno 1656 der Honig nicht zu bekommen war, hat eine Frau hier, eines alten guten Bienenvaters Tochter, ihre Bienen mit Flachsbirnensuppe, welches die beste Bankbirne ist, genährt und richtig erhalten, und andere sind ihr glücklich nachgefolgt.*

Ich muss hier (spricht M. Höffler) des Autors (Nicol Jacobs) Ordnung gegen meinen Willen folgen will, doch will ich dasjenige, was nicht eigentlich an diesen Ort gehört, nur kurz berühren.

1. Gefäße zum Honig behalten

Der Autor mahnt, man solle den Honig in reine Gefäße, in denen nichts von fetten oder gesalzenen Speisen gewesen sei, fassen oder tun. Er erachtet meine Fässlein für bequem dazu. Aber von Waldenburgischen Krügen, Büchsen, glasierten Töpfen halte ich weit mehr als von Fässlein, weil mir in diesem Geschirr der Honig nicht raucht oder darin beschlägt, wie es in Fässlein zu geschehen pflegt, er verbleibt auch länger gut in diesen Gefäßen, als in Fässlein, auch wenn sie von Zypressenholz gemacht werden.

2. Herbstzeideln unnütz

Im Herbst soll den Bienen Honig in Stücken gegeben werden. Davon wird im nächsten Kapitel Bericht geschehen. In Stöcken, in denen wenig gebaut ist, ist es nicht gut, dass man des Autors Rat befolge, und drei Blätter von ledigem Gebäue ausschneide und Honigblätter an die Stelle setze. Man gebe den Bienen Honigstücke hinein, und lasse sie daraus den Honig in ihr Gebäue tragen, das ist die beste Weise. Jungen Bienen schneide ich beim Zeideln kein Rohs aus, wie sollte ich ihnen dann ihr Gebäue im Herbst zerstümmeln. *Ich halte gar nichts von dem Herbstzeideln, denn zu der Zeit ist der Honig noch nicht perfektioniert, welches im Winter sozusagen durch das Bebrüten geschieht, und er hat auch keinen rechten Honiggeschmack, sondern schmeckt viel mehr nach den Blumen, ist dazu dünn und flüssig wie Wasser, und kaum zwei Löffel voll sind so gut wie einer im Frühling.*

3. In der Fasten halte ich von geseimtem Honig am meisten.

Wenn ich Honigwaben habe, so gebe ich meinen Bienen keinen ausgeseimten Honig. Aus den Kuchen nehmen die Bienen den Honig lieber als aus einem Gefäße, so verderben auch keine Bienen an den Honigstücken, wie in einem Geschirr.

4. Wie der Speise-Honig bereitet wird

Man mische einen vierten Teil (ein Viertel) Wasser darunter, sonst bleiben die Bienen im Honig kleben, wie die Vögel auf dem Lehm, fallen herunter in den Stock und kommen um. Diesem Unheil aber wird entgegen gesteuert, wenn man den Honig, welchen man den Bienen zu essen geben will, auf dem Ofen oder der Bratröhre durch die Wärme zertreibt, dass er flüssig werde wie ein Öl. Und dies muss notwendig geschehen, wenn man schon sonst den Bienen allen Honig in die Stöcke setzt, denn wäre er nicht erst zerlassen, so könnten sie davon nichts genießen und würden gleichwohl vor Hunger sterben, wenn man aber den Honig erwärmen und zerlassen will, so nehme man so viel davon, wie auf einmal zur Speisung der Bienen vonnöten ist. *Ich habe, solange ich Bienen gehabt habe, und sie speisen musste, den Honig niemals erwärmt, sondern nur mit Wasser mit dem Quirl gut verrührt, dass er flüssig geworden ist und eingegossen werden konnte, welches die Bienen als eine kalte Küche niemals verachtet haben, und er ist ihnen auch - Gott Lob! - allzeit wohl bekommen, denn der warme Honig wird auch am nächsten Tag noch gerochen, obschon er ins Gebäude eingetragen ist, denn der Stock behält den Geruch den Nachbarn zum Raube, oder er wird eher steif, obschon er zu solcher Zeit, da die Bienen darauf gehen können, am besten am Abend, gegeben werden muss.*

1. Es tut dem Honig nicht gut, wenn er öfter von der Hitze zertrieben wird, er verliert den Geruch und den Geschmack.

2. Ich habe auch gesehen (denn ich war nicht weit davon), dass einer vier Kaneln Honig in die Röhre setzte, und als er sie wiederum herausnehmen wollte, fiel der Topf um und der Honig floss durch die Röhre in den Kachelofen und verdarb gänzlich.

3. Im Frühling, den vierten, auch wohl den dritten Teil rein gesottenes (gekochtes) Brunnenwasser, und zwar heiß, unter den Honig getan, und gut vermischt, den Bienen fein warm, doch mit Strohhalmen gut belegt, in die Stöcke gegeben, ist nicht unbequem; vor dem Winter aber ist es nicht ratsam, dass man den Bienen diesen Honig gebe, denn er gefriert in der großen Kälte so, dass die Bienen diesen gar nicht genießen können, und des Hungers dabei sterben müssen. Wenn man aber die Bienen in einer lauwarmen Stube speist, so ist es nicht ein unbequemes Mittel, man braucht auch nicht so viel Honig wie sonst, wenn man kein Wasser darunter mischt. Für matte Bienen soll man den Honig mit gebranntem Wasser aus Fenchel, darunter den dritte Teil Rosenwasser gemischt, vermengen und zu essen geben.

Wie alter oder unreiner Honig zu reinigen sei

4. Es soll kein alter Honig den Bienen gegeben werden. Wenn Honig recht in acht genommen wird, bleibt er etliche Jahre lang gut, wenn er aber sauer wird, so taugt er den Bienen nicht, genauso wie der Tonnen-Honig und derjenige, den man aus Eichenbeuten genommen hat. Zu diesen rechne ich auch denjenigen, den man oft von unbekannten Leuten kaufen muss, die um des Gewinnes willen Mehl oder gekochte Erbsen darunter gemengt haben. Weil man aber bisweilen mangels guten Honigs diesen gebrauchen oder die Bienen sterben lassen muss, so will ich

hier kurz erwähnen, wie solchem Honig alles Unreine und Saure zu nehmen sei.

5. Ich nehme Tonnen- oder dergleichen unreinen Honig, tue ihn in einen reinen Kessel oder Fischtiegel, gieße den dritten Teil, oder auch halb soviel Wasser darauf, lasse es bei einem gelinden Feuer gut den dritten Teil einsieden, im Sothe (beim köcheln?) aber schäumt man diesen Honig fort und fort, und treibt dieses so lange, bis er ganz zu schäumen aufhört. Solchen Honig kann man den Bienen ohne alle Gefahr zu Essen geben, besonders wenn vorher ein wenig Pulver von Fenchel oder getrockneten Rosen darunter gemischt wird, so greifen es die Bienen wegen des lieblichen Geruchs gerne an, doch bekommt den Bienen guter reiner Honig am besten. Deswegen soll ein Bienenherr allzeit nach seiner Stöcke Anzahl gut Honig im Vorrat behalten, oft muss man Alt und Jung Speisen, da gehört großer Vorrat dazu.

6. Kargheit und Geiz schadet den Bienen auch, ich habe gesehen, dass etliche Haselzapfen, und alles was unreines im Stock war zusammentaten und die Bienen damit speisen und ernähren wollten. Solchen Leuten sollte man etliche Wochen Brot aus Staub und Äffterig (Kornhüllen) gebacken zu Essen geben, und versuchen, ob sie davon so gut wie von schönem weißen Brot gedeihen könnten. Ja es wäre ein fein Ding wenn die Bienen Koth fressen würden und Honig pferchten (ausschieden). Rosskäfer suchen zwar ihre Nahrung im Pferdemist, aber Honig pferchen sie nicht. Wer den Bienlein, wie anderem Vieh, nicht ihr gebührendes Futter geben will, der gehe hier müßig. Gehen sie ihm zu Boden, so klage er nur nicht, er habe kein Glück dazu, denn durch solche Filzigkeit (Gemeinheit) hat er sich selbst alles Glück und Segen abgeschnitten.

7. Wenn Honig im Herbst geschnitten wird, ist dabei dieses vornehmlich in acht zu nehmen, dass man den Bienen keinen gefrorenen Honig zu Essen geben solle.

Wie Honig zu verwahren sei

8. Etliche setzen die Gefäße mit Honig auf Aschen. Hier lehrt der Autor beiläufig, wie man den Honig vor den Ameisen verwahren solle. Die beste Weise Ameisen zu

vertreiben ist, man reinige den Honig von allen Ameisen, und trage ihn an eine andere Stelle, und setze ihn in Asche oder Kalk wie der Autor lehrt. Etliche beschreiben die Töpfe mit Kreide, etliche beschmieren sie ringsum mit Vogellehm.

9. Es soll zum Honig kein Brod kommen. Wenn man den Honig mit Brod aus den Töpfen nimmt, oder nur Brod in den Honig rührt, so wird er voller Ameisen. Etliche meinen, die Ameisen sollen vom Brod im Honig wachsen. Ich weiß hier von keinem gewissen Bericht. Aber das ist wahr, dass, sobald Brod in den Honig kommt, sind Ameisen außen haufenweise darin zu finden.

10. Die Alten beschreiben uns, was man den Bienen zu Essen gebe. Der Autor zeigt zwei Mittel an, mit denen man die Bienen ohne Honig erhalten könne. Das letzte, mit süßer gut eingesotener Backbirnensuppe habe ich im Frühling (im Winter geht es nicht damit an) versucht, aber gleichwohl Honig darunter gemischt, die Suppe darf aber nicht gesalzen sein. Genauso kann man auch Birckwasser (Birkenwasser) nehmen, und mischt Honig darunter. Die Bienen haben aber ein Gedeihen davon, dass es besser sein könnte. *Es erinnert mich gerade daran, als wenn einer kein Brot im Hause hätte, und wollte seine Kinderlein alleine mit Obst oder Rüben erhalten. Ich habe oben daran erinnert, dass vor zwei Jahren nur mit solcher Suppe die Bienen erhalten worden sind.*

Im Notfall, wenn man keinen Honig um's Geld bekommen kann, so kann man den Bienen solchen Sirup geben, damit sie am Leben bleiben. Weil ich aber in Sektion 5 in diesem Kapitel beschrieben habe, wie man mit Tonnen-Honig, wenn man diesen läutern und säubern will, umgehen soll, welcher allezeit zu bekommen ist, halte ich von solch Sudel- und Prudelwerk nichts, und dies sei genug von der Pflege und Wartung der Bienen.

Der andere Teil

Von der Cura kranker Bienen und von anderen schädlichen Zufällen.

Das sechste Kapitel

Von der edlen Panacäa oder Bienenpulver

Weil es allzeit besser ist, Schaden zu bewahren als denselben zu beklagen, soviel ich in diesem Bericht von der Cura der Bienen ein Kunststück männiglich (jedem) lehren, wodurch er nicht nur die vornehmsten Brästen (Gebrechen) der Bienen heilen, sondern ihnen auch zuvorkommen könne. Ehe ich aber dem günstigen Leser solch herrlich Mittel zeige, will ich ihn ganz kurz erinnern, woher die häufigsten Mängel, Fälle oder Gebrechen den Bienen zustoßen.

Mit zwei Worten könnte ich ausreden vom Honiggeiz, denn wer seinen Bienen genug Honig in den Stöcken lässt, der braucht sich um keine Motten, Raubbienen oder Hunger sorgen. Wenn aber den Bienen zu viel genommen wird, und sie Hunger leiden müssen, so nehmen dabei allerhand Gebrechen überhand. Durch nachfolgende Pulver aber werden die Bienen gegen allerlei Unheil, wie vor der Pest, roten Ruhr, Motten, Raubbienen gesichert, denn sie werden dadurch von allem Bösen purgiert (gereinigt), in der Natur gestärkt, und vor allen bösen Unfällen bewahrt werden.

Das große Bienenpulver

1. Nimm Beerwurzel (Mangold oder Beta), soviel dir beliebt, und wie viel oder wenig Pulver du machen willst, trockne dieses fein langsam an der Sonne oder Luft, schneide sie klein, tue sie in einen Mörser, stoße sie gut, solange bis sie gestoßener Wurzel gleich sehen, dann siebe sie durch ein Würzsieblein (kleines feines Gewürzsieb), verwahre diese allein gut, dass der Geruch nicht vergeht.

Dieses Pulver gibt nicht allein anderen Bienen, sondern auch Menschen und Vieh, wenn sie davon nicht genießen, die Kraft und Stärke, und stärkt die Bienen gewaltig.

2. Nimm einen dritten Teil Fenchel und pulvere ihn wie beschrieben, dieses Pulver macht dasjenige den Bienen genießbar, was ihnen sonst von Natur aus zuwider ist.

3. Schalen von Granaten oder Kern, auch ein dritter Teil, gepulvert, dieses Pulver widersteht allen Giften.

4. Kampher für 6 Pfennig, dieser lässt sich weder durch Honig noch anders zerreiben, wenn man ihn nicht zuerst mit ein wenig Mandelöl, oder in Ermangelung dessen mit ein paar Mandelkernen in einem Mörser zerstoßen hat, der hat die Kraft gewaltig alles Böse aus den Körpern zu treiben und den Geist zu stärken.

Dieses Pulver alles durcheinander gemischt, in ein halbes Näpflein voller Honig, fünf oder sechs gute Messerspitzen getan, ein paar Löffel Malvasier (griechischer edler Wein) darunter getrieben. Ebenso eine erbsengroße Menge gepulvertes Bibergeil (Sekret aus den Drüsensäcken der Biber) darunter gemischt hat eine unglaubliche Kraft, die Bienen gegen alle Krankheit zu bewahren, zu stärken, und zu gutem Wohlstand zu bringen. Es darf solchen Bienen, wenn sie den Einschlag bekommen, wohl keine Raubbiene zu nahe kommen, wie bald berichtet werden wird. Wenn man Malvasier nicht haben kann, nehme man halb soviel Aqua Vitae oder guten Branntwein, das ist ein Löffel voll für einen Stock.

Das kleine Bienenpulver

Wie beschrieben nimmt man gepulverte Beerwurzel, und mengt davon sechs Messerspitzen voll unter den Honig, gießt Branntwein oder Aqua Vitae darauf, gibt dies den Bienen, am besten wenn sie gezeidelt worden sind, in den Stock; es bekommt ihnen sehr gut, und sie tragen trefflich davon ein. Ich habe von meinem ersten Stock in vielen Jahren nicht ein Zährlein (Tröpfchen) Honig bekommen können, sondern musste ihn alle Jahre speisen, sobald ich aber das beschriebene Mittel gebrauchte, habe ich um Johannis Baptistae über neun Kannen aus den unteren

Beuten genommen. Das erste Mittel aber ist besser, besonders bei kranken Bienen, kostet auch nicht überlei (übermäßig) viel, deswegen rate ich einem jeden zum ersten Pulver.

Wie man die Bienen kuriert

Damit aber arme Leute mit vier oder fünf Pfennigen einem Bienenstock Rettung tun können, habe ich diese Manier (Art und Weise), welche ich ausführlich gebraucht habe, hierher setzen wollen. Man muss aber gleichwohl vom Gebrauch dieses Pulvers Ahnung haben und nachfolgende Umstände bei diesem in acht nehmen.

1. Am besten wird das Pulver den Bienen im Frühling gegeben, wenn sie anfangen zu fliegen, denn zu der Zeit sind sie am kränkesten und unvermögendsten, zu der Zeit zehren sie auch am meisten von diesem Honig, welches sonst, wenn sie genug Nahrung außerhalb der Stöcke finden, nicht geschieht.

2. Wenn man den Bienen dieses Pulver gegeben hat, so mache man die Stöcke zu, sonst schwärmen sie haufenweise heraus, fallen vor die Stöcke wie betrunken darnieder, und wenn es kühl ist so erfrieren sie.

3. Gegen Abend ist die allerbequemste Zeit, dass man den Bienen diese Kost gebe, damit andere Bienen nicht darauf einfallen können.

4. So muss man nicht nur einen, sondern allen Stöcken die man im Garten beisammen hat von dem oben beschriebenen Pulver und Honig geben, doch mit diesem Unterschied, dass man den schwachen viel und den starken wenig gibt. Geschieht das nicht, so werden die jungen Bienen, wenn sie nicht von dem beschriebenen Pulver bekommen, ganz schwach und kraftlos.

Das siebente Kapitel

Von der Krankheit des Weisels

Wenn viele Bienen im Stock sind, und doch wenig fliegen, ist zu bemerken, dass sie keinen König haben, oder dass er krank ist, dann arbeiten sie nicht, und es ist nötig sie zu pflegen, denn oft leiden die Bienen großen Hunger, und vor Schwachheit können sie nicht arbeiten, und fangen an zu sterben, dann ist es guter Rat, dass man ihnen mit Honig zu Hilfe kommen. Oft liegen sie unten am Boden und zittern vor Hunger, dann nimmt Honig und Wasser und rühre es durcheinander, und besprenge sie damit, so werden sie wieder lebendig. Auch habe ich wohl die Bienen in ein Sieb getan, mit einem Tuch verbunden und in die Stuben getragen, besonders bei kaltem oder April Wetter, und mit Honig besprengt, und sie dann wieder in die Beuten gehen lassen, denn von der Wärme werden sie wieder lebendig, und laufen willig wieder in ihre Beuten. Auch habe ich einen Bienenstock verbunden mit einem Tuch, und samt den Bienen in die Stuben getragen, in etlichen Tagen sind sie wieder erwärmt und lebendig geworden, ich habe auch warme Steine unten in die Beuten gelegt.

Wenn sie aber genug Honig haben, und keine Brut, aus denen junge Bienen werden, schneide ich den kranken Bienen drei Blätter von dem Gewürche weg, und gehe zu einem starken Stock, schneide auch ihm zwei Blätter voller Brut vom Gewürche, ungefähr eine Spanne lang und breit, hinweg, die Brut soll nicht alt sein, sondern jung und neu, wie kleine Maden, und man kann auch die Bienen die darauf sind mitnehmen.

Weisel im Honig behalten

Etliche nehmen einen Weisel, den die Bienen beim Schwärmen übrig haben, wie zuvor beschrieben worden ist, und im Honig gelegen ist, und zerhacken ihn klein und schmieren ihn auf die Brut. Andere nehmen denselben, schneiden ihm hinten ein wenig weg, so dass in die Bienen aussaugen, und stecken ihm mit einem kleinen Hölzlein an das Gewürche, wo es keinen Schaden anrichtet, davon machen die anderen Bienen einen Weisel. Nimm die oben beschriebenen Blätter, und setzte sie den kranken Bienen anstatt der weggenommen, und vorne ein Stück Honig dazu, nahe der Brut, dahinter das vorher ledige Gewürche, so werden sie wegen des Honigs fliegen, und liegen auf der Brut, und zeugen junge Bienen, so haben die jungen Bienen aus dem starken Stock, durch Gottes Ordnung, die Eigenschaft mitgebracht, dass sie fliegen, und wiederum einen neuen König oder Weisel in ungefähr 14 Tagen machen. Das habe ich aus Erfahrung oft probiert. Aber wenn die Bienen nicht fliegen, und doch volle Nutzung an Blumen und Gewitter haben, so mache die Beute auf und schaue die oben beschriebenen Blätter an, die du ihnen zugesetzt hast. Findest du ein Weiselhaus, so schau es genau an, ist es vorne noch ganz zu, so ist der junge König noch darinnen, ist es aber vorne offen, so haben sie einen jungen König gezeugt, der muss sich herausbeißen, wie ein Hühnchen aus der Schale, liegt auch oft unten am Boden vor Schwachheit. Ist aber das Weiselhaus an der Seite der Länge nach zerbissen, so haben sie einen bösen kranken Weisel, dieser lässt keinen anderen aufkommen, dann schneide ein Blatt Gewürche, samt dem Honig und Bienen heraus, siehe fleißig nach dem Weisel unter den Bienen, nacheinander an allen folgenden Stücken. Es geschieht oft, ehe man die bösen Weisel finden kann, dass das Gewürche ganz herausgeschnitten werden muss. Wenn er aber gefunden wird, so tue ihn aus dem Garten hinweg, setze das Gewürche wieder hinein auf ein Brett, und dazu ein Stück Brut aus einem starken Stock, wie beschrieben mit seinem Gewürche, so machen sie einen anderen König, wenn aber nur wenig Bienen sind, ist alle Arbeit umsonst.

Krankheit und Verderben des Weisels geschehen üblicherweise im Hornung (Februar), März und April, die Ursachen sind mir unbekannt. Wenn diese Stücke, wie beschrieben, nicht helfen wollen, einen neuen Weisel zu erzeugen, wie es bisweilen geschehen könnte, so mag einer fragen bei denen, die viele Bienen haben. Denn es trägt sich oft zu, dass im März ungefähr gar wenig Bienen in einer Beuten sind, und sie doch einen fertigen und gesunden Weisel haben, aber sie können nicht zur Macht kommen, weil sie zu wenig, bisweilen kaum eine Eierschale voll sind. Deswegen verzagen sie, da ist nichts besser, ja sogar hervorragend, dass einer dem andern den Weisel schenkt, den soll man in ein Weiselhaus setzen, wie beschrieben, und ihm auch Honig in das Häuslein zu Essen geben. Denn die kranken und verzagten Bienen nehmen ihn nicht bald an, sondern sie verjagen ihn, bevor sie mit ihm bekannt werden, und bei manchen Bienen ist es gar verloren, wenn sie einmal angefangen haben recht zu kranken. Denn lange kranken ist der gewisse Tod, sagt das alte Sprichwort.

Wenn Bienen in einem Stocke sind, und nicht arbeiten oder eintragen, so haben sie 1. entweder einen kranken, oder 2. keinen Weisel. Von beiden Punkten handelt unser Autor in diesem Kapitel, und dazu will ich auch ein wenig erinnern.

Vom ersten Punkt – kranker Weisel

Der Weisel ist entweder krank vor Hunger, oder die Bienen haben vergifteten Honig in den Stock eingetragen, davon ist er siech und matt geworden. Einem hungrigen Weisel neben seinen Bienen kann man leicht Hilfe und Rettung tun, wenn man es nur rechtzeitig bemerkt. Man gebe ihnen Honig in den Stock, so ist ihnen geholfen, wie oben berichtet worden ist.

Einem Stock aber, der einen kranken Weisel hat, gib von dem Bienenpulver im Honig, wie auch beschrieben wurde, räuchere Bienen und Weisel, wie oben beschrieben, wenn man ihnen die Arznei in den Stock setzt, und auch wenn man das Geschirr wiederum herausnimmt, und fliegen dann die Bienen in fünf oder sechs Tagen bei gutem Wetter nicht richtig, so sollte man sich Sorgen machen, dass sie gar keinen Weisel haben.

Vom andern Punkt – weiselloser Stock

Wenn ein Bienenstock weisellos ist, so hat er einen großen Mangel. Ich halte wenig von solchen Stöcken, glückt es einmal, dass ein Stock wiederum einen neuen Weisel bekommt, so glückt es dagegen etliche Male nicht, der Autor erzählt etliche Arten oder Weisen, wie man einem solchen Stock helfen könnte.

1. Durch Zusetzung kleiner junger Brut, darunter könnte ein junger Weisel sein. Solches kann leicht geschehen, wenn man Bienen hat, die ihre Weiselhäuslein außen auf die Tafeln in Form einer kleinen Haselnuss setzen. Wenn aber die Bienen ihre Weiselhäuslein mitten in den Wefeltafeln haben, da geht diese Kunst nicht gut an. Denn ich kann nicht wissen, in welche Tafel einige gar junger Weisel gesetzt wurden, welches ich an der vorigen Art erkennen kann. Wenn man aber keinen Weisel mit der Brut in den Stock setzt, so darf man nicht glauben, dass einer aus der Bienenbrut entstehe, wie der Autor meint.

2. Wenn man ihnen einen Weisel, der im Honig gelegen hat, gar klein zuhackt, und mit Honig vermengt auf die Brut im Stock streicht. Hat man keinen Weisel aus einem Bienenstock, so nehme man einen Weisel aus einem Hornissennest, es soll auch damit angehen, obwohl ich es nicht versucht habe.

3. Wenn man einen solchen eingelegten Weisel hinten öffnet, mit einem Hölzlein oder Nadel in das Gewürche stecke, und diesen die Bienen aussaugen lasse. Das ist die Kunst neue Weisel zu bekommen, und nicht schwer. Aber wenn man die Stöcke auf die Probe setzt, so trifft es nicht immer ein, wer es nicht glauben will, der versuche es, was soll es gelten, er wird mir glauben.

4. Das beste und gewisseste Mittel ist, wenn man einem solchen Stock einen lebendigen Weisel mit seinen Bienen zusetzt, welches geschehen kann durch einen abgematteten Schwarm im Frühling, oder durch einen kleines Nachschwärmlein in der Schwarmzeit, doch soll man den Weisel in einem Häuslein verwahret in den Stock tun, wie der Autor lehrt, damit ihn die Bienen am Anfang nicht töten.

Das achte Kapitel

Von der Krankheit der Bienen
Faule Brut

Die Bienen haben eine Krankheit, die heißt faule Brut, und stinkt sehr böse, und ist ihre rechte Pest, und verhält sich, wie ich unterrichtet worden bin, so: wenn ein toter Hund liegt, fliegen die Bienen im Frühling darauf und holen Nutzung, davon zeugen sie junge Bienen, davon bekommen sie dieses Gift. Auch werden oft die Hunde, wenn sie nicht mehr jagen wollen, an die Bäume gehängt, was für die Bienen sehr schädlich ist. Zusammengefasst, soll ein jeder toter Hund wegen der Bienen begraben werden, sonst können sie auch wohl in einem ganzen Dorf oder Heide dadurch vergiftet werden, wie es hier vor einer Zeit geschehen ist durch etliche Heidereiter (kleiner Förster) geschehen ist, welche den Befehl hatten, dass sie alle Hunde, die auf den Heiden ankäme, tot schießen müssten. Solches geschah und sie blieben unbegraben, welches darum angestellt wurde, damit sich das Wild mehren sollte, da kam eine solche Pestilenz unter die Bienen von den toten Hunden, dass ihrer sehr wenig lebendig blieben, und das auch niemand das Recht der Heiden und Wälder, von den Alten angesetzt, kaufe, ja nicht einmal um den Zins von der Obrigkeit annehmen wollte.

Wie kranken Bienen zu helfen ist

Etliche meinen, dieser Krankheit abzuhelfen, indem sie die Bienenstöcke wegtragen, und andere an ihre Stelle setzen, und machen wie oben berichtet ein Nest von reinem Gewürche und Honig, so fliegen die Bienen aus den vorigen kranken Stöcken in die neuen, erwischen zuletzt auch den Weisel, und tragen ihn auch herbei. Ich habe es auch versucht, aber es hilft nichts. Aber wenn sie in den Bäumen sind, sollen die Beuten erneuert werden, das mag in den Gärten auch so geschehen nach dem Ausstechen.

Etliche junge Bienen haben viel Gewürche und wenig Bienen, denen mache ich ein Brett in die Beute, eine Spanne unter dem Gewürche, darauf setze ich lediges Gewürche und Honigstücke, in derselben Ordnung, wie sie gewürchet haben, d.h. ein Nest gemacht haben. Zu Martini ungefähr gebe ich den starken Bienen ein Stück Honig, und wenn sie darauf gelaufen sind, nehme ich den Honig und trage ihn zu den jungen Bienen, setze ihn auf das Brett, räucher sie durcheinander, stopfe den Bienenstock fest zu, damit sie nicht heraus laufen. So halte ich sie acht Tage gefangen, länger oder kürzer, sodass sie voneinander erkannt werden, dann bleiben sie gerne beieinander, versuche es wem es gefällt. Wenn aber die jungen Bienen in den stehenden oder liegenden Stöcken wenig Gewürche haben, vier oder fünf Blätter ungefähr, so ist nichts besser um Martini, oder auch vorher, als ausgestochen und aus zwei Stöcken die Bienen in einen zusammen zu setzen, sie erfrieren doch sonst, wenn ihrer so wenig in einem Stock sind. Etliche schneiden in der Fasten aus einem starken Stocke Gewürche voller junger Bienen und geben es einem schwachen Stock, davon halte ich auch viel.

Auch sind die starken Bienen auf die kranken wegen des Honig erzürnt, insbesondere, wenn sie keine Blumen oder Nutzung haben, so dass man ihnen das Rauben nicht erwehren kann, und so sterben die schwachen vor Hunger. Ich habe gesehen, dass die Bienen alle zuvor gestorben sind, bevor dann ihr König stirbt, welcher als letztes überbleibt. Wenn es sich also zu trägt, dass sie aufeinander fallen mit Rauben, so führe ich die kranken und schwachen aus einem Garten in den anderen, ungefähr ein halbes Viertel Weges, wo keine Bienen sind, und habe sie so erhalten. Aus guten Bienen werden bisweilen Raubbienen, aber dies ist zu vermeiden, wenn man es beizeiten erkennt. Es gibt aber Zauberer die mit ihrer Teufelskunst Raubbienen machen, wie ich erfahren habe, wenn sie die jungen Bienen einsetzen, was sie ihnen unter den Honig mengen, wenn sie denselben zu Essen geben, und halten noch darauf es sei recht; ich lasse es einen jeden verantworten. Diese Raubbienen fliegen früh und spät zu den schwachen Bienen, deswegen machen etliche den schwachen Stock gar zu, denn an die starken Bienen machen sie sich nicht am Anfang, und wenn die Raubbienen kommen, so legen sie sich an das Flugloch, in dass sie zuvor hineingeflogen sind. Dann besprengen sie dieselben mit Wasser, streuen auch Mehl auf sie, und gehen zu den Gärten, von denen sie glauben dass sie dort herkommen. Dort sieht man sie weiß Heim kommen und erkennt wessen sie sind. Etliche wollen sagen, dass dieselben Bienen ihr Gewürche gar verderben, wegen des Mehls mit dem sie bestreut worden sind.

Was man gegen Raubbienen tun kann

Ich will dich aber ein anderes lehren: mache den schwachen und deine anderen Bienenstöcke zu, denn alle Bienen fliegen nach Honig, wenn sonst keine Nutzung ist, lege ihn nieder oder tue ihn an einen anderen Ort, und setze eine ledige gut verstopfte Beuten an deren Stelle, und mache ein Rohr hinein durch das Flugloch, sodass es an der anderen Wand nicht antrifft, einen Finger breit, und gebe ein zusammengedrehtes Leder oder Papier in das Rohr am anderen Ende innen in den Stock hinein, damit die Bienen durch das Rohr nur hinein, aber wegen der Enge nicht leicht wieder zurückkommen mögen, und beschmiere zuvor die Beute innen mit Honig, du kannst auch ledige Gewürche hineinlegen, so wirst du eine große Anzahl der Raubbienen fangen, die sterben bald im Gefängnis vor Hunger. So also kommen dem Zauberer die Bienen weg, er weiß nicht wie, ich hab es auch versucht.

Die Farbe der Raubbienen

Es haben auch die Raubbienen eine andere Farbe, sie sind schwärzer als die anderen. Sie haben auch im Frühling, wenn man fegt, viel Honig eingetragen, obwohl wenig Nutzung an Blüten und Blumen vorhanden ist, weil sie es den andern genommen haben. Wenn du sie nun also gefangen hältst, kannst du am Abend am Beutenbrett ein Loch machen, dass etliche heraus laufen und wegfliegen zur Benachrichtigung, ob du sehen möchtest wo sie hin fliegen, stehet in deinem Gefallen.

Bibergeil gegen Raubbienen

Es hat sich vor einiger Zeit zugetragen, dass bei einem Bauern solche Bienen gefunden worden sind, der hat sie weg tun müssen auf Befehl der Herrschaft, und musste sie aus dem Dorfe führen, und sie sind verbrannt worden. Solches Einsehen wäre noch bei etlichen wohl vonnöten. Gegen solch faule Brut gibt es keinen besseren Widerstand, man nehme Bibergeil, reibe die Fluglöcher damit ein, sobald dieses die Raubbienen riechen oder schmecken weichen sie davon und lassen sie zufrieden. Dieses magst du bei deinen schwachen Bienen auch tun, so fallen die starken nicht auf sie, und lassen sie so in Ruhe ihrer Arbeit nachgehen.

Woher die faule Brut kommt

Die faule Brut kann sich einer leicht selbst auf zwei Arten in seinen Stöcken erzeugen. Erstens, wenn man die Stöcke zu stark räuchert, zu der Zeit, wenn die jungen Bienen sich beginnen auszubeißen, da erstickt die Brut sehr leicht an dem übermäßigen Rauch. Die alten scheuen den Geruch vom Rauch so sehr, dass sie die toten Jungen im Gewürche stecken lassen und nicht aus dem Stock tragen, wenn nun die jungen fetten toten Bienen anfangen zu faulen, geben sie einen großen Gestank von sich, und stecken damit den ganzen Stock an, welches den Bienen, wie der Autor bezeugt, die Pestilenz ist. Zweitens verursacht mancher seinen Bienen solches Übel, wenn er vor und nach Jacobi aus der oberen Beuten zu viel Honig schneidet und das Gebäue zu sehr zerstört, wenn das geschieht, so begeben sich die Bienen von der Brut hinauf in den Stock, helfen den Schaden ergänzen, so sehr es ihnen möglich ist, unterdessen sterben unten die Jungen aus Mangel an Wartung, wenn sie dann anfangen zu verwesen und übel zu riechen, so greift sie keine alte Biene mehr an. So greift danach solches Unheil um sich, bis es die Bienen im Stocke alle tötet, wenn man sie nicht beizeiten in einen anderen Stock setzt.

Vorsichtigkeit beim Räuchern

Deswegen soll man zu diesen Zeiten vorsichtig mit dem Räuchern und Honigschneiden umgehen. Die Bienen weichen doch wohl, auch wenn man nicht gleich täglich den Rauchkrug an den Stock hält. Bisweilen den Rauch vor den

Stock getan, und dann wieder inwendig daran gehalten, ist die beste Weise Bienen zu räuchern. Wer zu der Zeit Honig schneidet, der nehme einen oder ein paar Kuchen an einer Seite hinweg, und lasse die anderen in Frieden, so muss er sich vor diesem Unheil nicht sorgen. Dieses Gebrechen ist unter den Bienen nicht anders als unter den Menschen die Pestilenz ist. Wie solche Seuchen unter den Bienen entsteht erzählt der Autor ausführlich. Demnach bekommen die Bienen diese Seuche aus infizierter oder vergifteter Luft, wie die Menschen die Pest bekommen.

Ich bin hier nicht des Autors Meinung, dass die Bienen sich auf solch stinkendes Aas setzen, und diese Seuche davon bekommen sollen. Sondern ich halte es mit dem Herrn M. Johann. Colero, der da schreibt Kapitel 3: die Bienen setzen sich auf kein totes Aas, keinen faulen Apfel, oder Fleisch, Ursache ist diese: denn der Gestank und die faule Luft ist der Bienen Tod.

Vor solcher Infektion und anderen schädlichen Zufällen sind die Bienen sicher, denen man im Frühling bald nach der Zeidelung das Bienenpulver wie oben beschrieben gegeben hat. Wie aber den Bienen in diesem Zustand zu Raten sei, lehrt unser Autor im 15. Kapitel seines Buches, weswegen ich dieses Wort für Wort hierher setzen will.

Das 15. Kapitel

I - Die Krankheit der faulen Brut zu heilen

Erstens, so schneide ihnen den Honig samt dem Gewürche ganz heraus, lass die Bienen drei ganze Tage versperrt und Hunger leiden. Dann nimm eine neue Beute, lege sie an dieselbe Stätte, an der die kranke gelegen ist, mache ihnen ein kleines Nest von Gewürche darin, genauso wie der aus dem vorigen kranken Stocke geschnitten ist. Nimm danach den kranken Stock, lege ihm diesem neuen Stock gegenüber, und treibe die Bienen mit Räuchern aus dem bösen Stock in den neuen, gib ihnen viel neuen Honig zu Essen, so wird es besser mit ihnen, doch ist es zuträglicher und am sichersten, damit zu handeln, wenn die Kirschblüte ausbricht. Das habe ich so am nützlichsten befunden.

Ich rate wen das Unglück trifft, der gebe den Bienen einen Napf voller Honig mit Bienenpulver zugerichtet, dass reinigt und stärkt sie. Das Gift, dass sie von außen haben, kann man mit Rauch von ihnen treiben. In solchen Fällen aber braucht man zum Rauche das Harz Gelban, dürre Rosenblätter und dürren Kuhkot.

II - Wie man den schwachen Bienen Zusatz tun, und die Schwachen ausstechen sollte

Diese Stücke gehören gar nicht in dieses Kapitel, es soll unten schon was davon berichtet werden, dahin sei der günstige Leser verwiesen. Was aber der Autor „den Bienen ein Nest machen" nennt, kann hier in acht genommen werden, da des Autors Worte hell und verständig sind.

III - Von Raubbienen

Ich muss abermals böser Ordnung gegen meinen Willen folgen, und hier von Raubbienen berichten, welches zum Gegenteil oder zu den widerwärtigen Dingen der Bienen, und nicht in das Kapitel gehört. Wem solche Bienen in seine Stöcke geraten, der hat gar sehr böse Gäste an ihnen, sie fangen an einem Orte, und zwar an den schlechtesten Stöcken an zu rauben, und wenn sie diese erlegt haben, so nehmen sie sich den nächsten vor, der in der Ordnung folgt, usw., bis sie getilgt werden, oder kein Stock zu berauben mehr vorhanden ist. Vier oder fünf Stöcke kann ein einziger Raubstock nacheinander überwältigen und töten. Wenn sie in einen Stock geraten, so suchen sie mit höchstem Fleiß nach dem Weisel, wenn sie den getötet haben, so wehren sich danach die Bienen nicht mehr gegen die Räuber, und geben den Honig, der im Stocke ist, preis.

Wie Raubbienen gemacht werden können

Deswegen hat sich ein Bienenvater so gut er kann vorzusehen, dass er solche nicht durch Unvorsichtigkeit, wenn er seinen Bienen warmen Honig bei warmem Wetter, und zwar vor Mittag in die Stöcke gibt, zu sich locke, oder aus seinen eigenen Bienen (welches wohl eher zu meiner Zeit geschehen ist) Raubbienen mache, was leicht geschieht, und dass ein Nachbar dem anderen in den Stock fällt, besonders wenn draußen keinen Nahrung zu finden ist. Starke frische Bienen nehmen den schwachen den Honig, wenn sie solchen antreffen, sei es in deinem oder meinem Garten.

Auch wenn in der Zeidelung das Rohs vor die Bienenstöcke gesetzt wird, damit man sie den übrigen Honig aussaugen lässt, dadurch lockt man die Raubbienen meisterlich zu sich, und lehret sie die Nahrung in anderen Stöcken zu suchen. Deswegen habe ich vor diesem Tun gewarnt. Eben um dieser Ursache willen habe ich auch gelehrt, man solle in der Zeidelung nicht eher einen anderen Stock öffnen, bis man den ersten wieder aufs beste verklebt hat.

Gar leicht ziehen auch solche bösen Gäste bei faulen Bienenleuten ein, welche die Beutenbretter nicht gut verwahren, die Bienen seien auch so gut sie wollen, so können sie doch sich der Räuber hinten und vorn nicht erwehren.

I - Wie man erkennen kann, ob die Raubbienen um die Stöcke sind oder nicht

Raubbienen vor den Stöcken erkennen ist keine Kunst, meine Töchter sehen es flugs und sagen es mir, denn erstens fliegen die Raubbienen nicht stracks gerade zum Flader, wie die Bienen, die im Stock wohnen, sondern schwärmen um den Stock mit großem Gesumme umher und versuchen vornehmlich, ob sie von hinten in den Stock kommen können. Zweitens, versuchen sie derweil einen Schuss zum Fladerloch, so prallen sie doch wiederum zurück. Drittens, sobald sich eine an einen frischen Stock setzt, jagen sie die einheimischen Bienen wieder hinaus. Viertens, kommt eine solche Raubbiene einer einheimischen zu nahe, so hängen sich etliche der einheimischen an sie, und fallen miteinander vom Flader herunter vor den Stock. Das sind gewisse Indizien oder Anzeichen, an denen man Raubbienen erkennt.

II - Wie man der Raubbienen soll ledig werden und seine Bienen vor ihrer Gewalt errettet

Dazu zeigt der Autor hier etliche Mittel, wie man diejenigen Stöcke, in denen die Bienen eingefallen sind, an einen anderen Ort oder Stelle fortführen soll. Ein halb Viertel Weges aber, wie er lehrt, die Bienen im Sommer fortzuführen, tut es nicht, die Bienen finden die alte Stelle zu leicht wieder und kommen alle dort um. Eine Meile oder eine gute halbe Meile Weges erachte ich zu diesem Werke am bequemsten zu sein, dieses ist des Autors bestes Mittel, die Bienen zu retten. Was er ferner vom Mehl streuen, Bienen fangen, und andere vom Brennen und Sengen der Raubbienen zu ärgern lehrt, da halte ich nichts von. Denn gewöhnlich bringen solche Bienenfänger und Senger ihre eigenen Bienen mit um, wie mir viele Beispiele bekannt sind. Auch wenn man glaubt man habe seine Stöcke gut verwahrt, so beißen sich doch die Bienen aus den Stöcken. Ehe man sich umsieht, und legen sich darauf vor das verschlossene

Flader, und wer dann sengt, der verbrennt seine eigenen Bienen. Das gleiche geschieht auch denjenigen armen Bienlein, welches sich den vorigen Tag auf der Fütterung verflogen haben, und über Nacht an fremden Orten geherbergt haben. Wenn diese folgenden Tages schwer beladen zu ihren Stöcken kommen, werden sie mit einem brennenden Strohwisch empfangen, d.h. Liebe und Treue mit bösem Dank belohnt. Ich halte von diesen und allen anderen bösen Stücken (wie dann etliche Honig mit Hüttenrauch und anderem vermischt in und vor die Stöcke setzen, und die Bienen dadurch sterben) gar nichts, und lasse meine Bienen die Raubbienen töten und jagen wie es ihnen gefällt. Dazu tue ich ihnen dann nach Vermögen auf diese Weise Vorschub.

1. Hüte ich mich mit Fleiß vor allem, was fremde Bienen in meinen Garten zu fliegen veranlasst, verwahre meine Stöcke um die Beutenbretter aus fleißigste, gebe den schwachen in warmem Wetter keine Kost, und was es noch an Umständen gibt, daran will ich mich vielfältig hin und wieder erinnern.

2. So verschließe ich meine Stöcke, sobald sie im Frühling anfangen zu fliegen, allen den halben Teil der Fladerlöcher, den schwachen noch mehr, gebe ihnen auch nicht mehr Raum, als die Notdurft es erfordert, damit sie an ihrem Ein- und Auszuge nicht gehindert werden. Wenn nun meine Bienen das Flader genug verteidigen, und von hinten keine Raubbienen in den Stock kommen können, so müssen die Freibeuter meine Bienen wohl zufrieden lassen, von diesem Tun habe ich oft großen Nutzen gehabt.

3. So habe ich beschrieben, dass ich starke und nicht schwache Schwärme an die Orte in das Bienenhaus stelle oder setze.

4. So reibe ich meinen Bienenstöcken die Fladerlöcher mit Bibergeil ein, auch wenn sich der Geruch wieder verliert, so erneuere ich diesen, fremde Bienen fliehen vor diesem Geruch, die aber im Stocke wohnen, gewöhnen sich leicht an diesen. Wenn ich für einen Groschen Bibergeil kaufe, kann ich viele Stöcke etliche Male damit um die Flader einreiben.

Wird mir das Bibergeil trocken, so feuchte ich es ein wenig mit Tau oder nüchternem Speichel an, so kann ich's nach Gefallen gebrauchen, solche Arbeit muss man früh, bevor die Bienen fliegen, verrichten, wie ein jeder nachvollziehen kann.

5. Wer seine Bienen so verwahrt, und ihnen von meiner Panacäa gibt, oder ein wenig vom kleinen Bienenpulver mit Malvasier, Aqua Vitae oder Branntwein, den werden die Raubbienen wohl zufriedenlassen müssen.

III - Die Probe mache so:

1. Lasse ich im Frühling (im Juni oder Juli, wenn Nahrung auf den Blumen zu finden ist, rauben die Raubbienen nicht leicht) vor meinen Stöcken das Erdreich umgraben und mit einem Rechen gar klein eggen, auf diesem Acker kriechen die Bienen hin und wieder herum, können nicht aufkommen oder fliegen, denn meine Bienen haben ihnen die Flügel zerbissen, und sind auch sonst verwundert, müssen deswegen also verderben.

2. Aus den Stöcken habe ich bisweilen die Raubbienen geuspelweis herausgenommen, welche meine Bienen alle erbissen und getötet haben.

3. Es verschließe einer seinen Stöcken die Flader, und lasse nur einem das Flader etliche Tage ganz offen, welches der stärkste ist, so wird er sehen, wie die Raubbienen mit Gewalt diesem Stocke zusetzen werden.

IV

Der Autor meldet hier, wie etliche gottvergessene Leute Raubbienen durch Zauberei schaffen, und dies solle ihnen noch dazu ein köstlich Ding sein, dies ist nicht unglaubwürdig, denn der Teufel will immer heilig und fromm dabei sein, wenn er es noch so übel ausgerichtet hat. Weil mir ein solcher Teufelsbanner bekannt ist, der einem die Bienen flugs aus seinem Stock in seinen Garten zaubert, wenn man ihn zu Mittag dazu ließe. Aber solche Teufelskünste soll ein Christ bei Verlust seiner Seelen Seligkeit fliehen und meiden. Wer Teufelskünste braucht, gehört zum Teufel in den Abgrund der Hölle.

Das 16. Kapitel

Von einer Krankheit der Bienen, die Motten genannt wird

Dieses Übel und böse Krankheit ist den Bienen sehr schädlich und gemein, und es wundert mich deswegen nicht wenig, dass unser Autor dieses Schadens nicht gedenkt. Ich nehme an, sein Concipient (Schriftensteller) wusste nicht, was faule Brut, Motten usw. sind, weil er die Raubbienen auch faule Brut nennt, welche aber wahrlich nicht faul, sondern sich ausreichend hurtig im Bauen und Honigrauben zeigen. Ich will von dieser bösen und gemeinen Seuche so gut es geht berichten.

I – Vom Ursprung der Motten in Bienenstöcken

Im Frühling tragen zum Teil die jungen unvorsichtigen Bienen Samen zu diesem Unheil aus den Raupennestern, die auf den Bäumen sind, wenn sich Honigtau da reingelegt hat, in die Stöcke. Zum Teil aber wachsen sie unten in den Stöcken in dem Abfall, der den Bienen entfällt, da haben sie normalerweise ihre Nester, die von Spinnweben in der Länge zusammengewickelt sind. Drittens schmeißen die Zwiefalter oder Molkendiebe (beides bezeichnet Schmetterlinge im allgemeinen, Anm.) solch Ungeziefer an die Beutenbretter, wenn man sie in der Zeidelung mit Honig besudelt hat, und diese wissen sich danach wohl in die Stöcke zu arbeiten. Viertens wachsen sie hauptsächlich leicht in altem schwarzen verdorbenen Rohs, wenn die Beuten nicht davon gereinigt werden. Ebenso haben sie für gewöhnlich hinten an den Stöcken um die Zwerchhölzer ihren Aufenthalt. Reinigt man nun die Stöcke nicht gut beim Fegen davon, so nehmen sie die Stöcke ganz ein, zehren nicht nur den Honig aus den Stöcken, sondern tilgen die Bienen gar und verwandeln das Gewürche in eitle Spinnweben. Ich habe es etliche Male mit Verwunderung gesehen, es ist fast ein Gräuel anzuschauen, in einer jeden Tüte am Rohs steckt eine große Made oder ein geflügelter dicker Molkendieb, und es ist nicht eine einzige Biene im Stock zu spüren und zu finden.

II - Wie die Bienen vor den Motten zu sichern sind

Wer seine Bienen 1. rechtschaffen wie oben beschrieben fegt. 2. Beim Schneiden genügsam ist, damit sie nicht matt werden. 3. Und ihnen das Bienenpulver gibt, der braucht sich darüber nicht zu sorgen. Die Bienen, die frische und hurtig sind, tilgen und tragen sie bald aus den Stöcken.

Mir ist Gott sei Dank niemals ein Bienenschwarm weder an der faulen Brut, noch an Motten (die ich oft in meinen Stöcken fand) eingegangen.

III - Wie die Motten aus den Bienenstöcken zu vertreiben sind

Wenn die Bienen frisch und stark sind, so kann man sie leicht mit Rauch tilgen. Also ich räuchere den bresthaftigen (kranken) Stock einen und alle Tage, bis er wiederum genesen ist. Beim räuchern fallen die Motten herunter in den Stock, diese werfe ich in den Rauchtopf auf die Kohlen, verbrenne sie zu Pulver, durch dieses Mittel habe ich auch meinen Bienen geholfen. Ist aber das Übel zu sehr eingewurzelt, bevor ich es bemerkt habe, dass die Motten unter den Bienen sehr viele Eier gelegt haben, so schneide ich das Gewürche heraus, soweit es die Motten eingenommen haben, und halte von Tag zu Tag mit dem räuchern an.

Wollen die Motten noch nicht nachlassen, so schneide ich aus einem guten Stock reine Honigkuchen, mache den Bienen eines davon in einem guten Stock, setzte diesen anstelle des bösen Stockes, schneide aus dem bresthaften das Gewürche und die Motten rein aus, wenn danach die Bienen wohl hungrig werden, fasse ich sie in den neuen Stock, werfe den alten ins Wasser oder Feuer, das ist das letzte Mittel.

Es ist aber nicht ratsam, dass man es soweit kommen lasse, dem Unheil ist leicht am Anfang zuvorzukommen, wenn die Bienen im Fluge schwach werden, so macht man auf, und sieht was ihnen fehlt. Aber davon ist im Kapitel von der Wartung der Bienen berichtet worden.

Das 17. Kapitel

Von einer Krankheit der Bienen, die rote Ruhr genannt wird

Erstens sollst du das an diesem erkennen: im Frühling, wenn die Kirschblüte ausbrechen will, so schmeißen sie vorne an das Gewürche und Fluglöcher eine Materie wie geronnenes Blut. Diesem sollst du so zu Hilfe kommen: nehme eine Muskatsnuss, reibe davon den halben Teil und Bibergeil, soviel wie eine Erbse groß ist, zwei Löffel voll guten reinen ausgekochten Honigseims, halb soviel klares Brunnenwasser, mische es gut durcheinander, von diesem gib den kranken Bienen jeden zweiten Tag einen Löffel voll davon zu essen, so wird sie die Krankheit verlassen, und sie werden wieder rein und gut, und von dieser Krankheit erledigt. Wenn aber mehrere Stöcke mit dieser Krankheit belastet sind, dann musst du mehr von der Arznei machen, denn die vorher beschriebene Arznei ist nur auf einen Stock ausgerichtet.

Bienen aus bösen Stöcken in gute bringen

Will nun einer aus bösen Stöcken die Bienen in gute setzen, der nehme den bösen Stock von der Stelle, und setze anstatt dessen einen guten hin, mache ein Brett hinein, und schneide das Gewürche ab, mitsamt dem Honig aus dem bösen, setze es in den neuen, wie es zu zuvor in dem bösen gestanden hatte, so fliegen die Bienen darauf. Zuletzt findest du auch den Weisel, den setze in ein Häuslein, so dass die Bienen wegen der Zerstörung nicht wegziehen. Wenn aber die Bienen arbeiten, in drei oder vier Tagen, dann lass ihnen den König los. Das soll geschehen, wenn die Birnbäume und andere fruchtbare Bäume blühen, der alte Bienenstock soll weiter weggetragen werden aus dem Garten.

Das Gewürche zu verkehren

Wenn einer den alten Bienen das Gewürche gerne verkehren möchte wenn sie schaffen (eintragen), der tue das so: wenn sie im Frühling geschnitten wurden, so schneide noch einmal das Gewürche eine Handbreit kürzer, und setze das wieder hinein auf ein Brett, so gut du kannst, und in welcher Form du es haben willst, so binden es die Bienen wieder an, und werken wie man es hineingesetzt hat, dann nimm das Brett in drei Tagen wieder heraus. Wenn es viele Bienen sind, lasse ich ihnen viel Gewürche, wo aber wenig Bienen sind, lasse ich ihnen wenig, und da muss man immer Honig geben, nicht sparen, mit Fleiß nachgeben, das fördert die jungen Bienen, welche nichts haben, denen gib besonders des Abends, wenn es Regenwetter ist.

Man soll auch gut darauf achten, dass die Beutenbretter und die Beuten mit dem Honig nicht beschmiert werden, und auch sonst in den Gärten kein Honig in die Erde oder ins Gras falle, denn wo dieses geschieht fallen die starken Bienen auf den verschmierten und verschütteten Honig, lernen rauben, und fallen den schwachen mit Gewalt in die Stöcke, und tragen ihnen ihren Honig weg, so will man dann sagen: es sind Raubbienen, wo man ihnen doch die Ursache dazu gegeben hat. Sondern man soll den Honig, welchen man den Bienen geben will, sei es am Stück oder geseimt, mit Fleiß zuvor in ein hölzernes Kästlein oder Tröglein tun, oder auf ein Brett legen, auch die Hände rein waschen, bevor man die Beuten rein zumacht, so dass es die fremden Bienen nicht schmecken. Dann soll man die Beuten gut verschließen, bis auf ein kleines Löchlein, damit sie sich desto besser wehren können, wenn etwa die Raubbienen bei ihnen einfallen wollten.

Wie lange die Bienen dauern

Wie lange die Bienen in einem Stock dauern, ist mir gar wenig bewusst, ich habe mit Fleiß bei den alten Zeidlern danach gefragt, die in den Wäldern und Heiden Bienen haben, die sagen: ihr Alter an etlichen Bäumen sei ihnen ganz unbewusst, weil dieselben noch bei ihrer Väter Zeiten darin gewohnt hätten, und sich mit Nutzung gut gehalten hätten, aber das heißt nicht, dass sie so lange dauern (Nicol Jacob).

Zweierlei (spricht M. Höffler) ist vor allem das Auslaufen oder Ruhr der Bienen, doch nur eines gefährlich.

1. So behalten diese nahrhaftigen, häuslichen und reinen Tierlein ihre Kost, die sie den Winter über sparsam gebrauchen, bei sich wenn sie können, und besudeln ihre Wohnung und ihr Gebäue nicht damit, es sei denn sie wären krank, oder man ließe sie zu langsam aus dem Stock. Sobald sie aber an die Luft kommen, reinigen sie sich von diesem, das hat eine gelbe Farbe und riecht sehr übel, dies passiert allen Bienen im Frühling, vergeht ihnen auch wieder, sobald sie sich gereinigt haben, das ist, wenn man davon redet, nicht die Ruhr, sondern eine notwendige Reinigung der Bienen.

2. Im März bekommen die Bienen leicht die rote Ruhr, dies geschieht erstens darum, wenn sie plötzlich an die Luft kommen, so verfangen (verschlucken) sie sich wie es oft auch den Menschen und anderen Tieren widerfährt, daher kann dann den Bienen auch dies Ungemach zu stoßen. Zweitens sind die Bienen am Anfang des Flugs geizig, suchen Nahrung auf Niess- Springwurzel, wie auch auf Wolfsmilch, Ulmbäumen, Ahorn und anderen giftigen Kräutern, dadurch werden sie im Leibe durchbrüchig (krank). Leicht aber geht kein ganzer Schwarm, wie an den vorigen Seuchen gänzlich zu Boden, matt und krank sind sie, und werden dadurch am Eintragen merklich gehindert. Wie man solche Gebrechen an Bienen kuriert, lehrt der Autor im Text. Ich gebe ihnen mein Pulver mit zerstoßenen Muskatnüssen und Galläpfeln im Honig, so genießen sie bald, werden frisch und stark, kann ich in der Eile das Pulver nicht ganz haben, so nehme ich zu den letzt gemeldeten Stücken nur Granatschalen oder gepulverten Kern.

Das sei nun von den wichtigsten Krankheiten der Bienen und der Heilung derselben berichtet, davon sollte nun der Schriftsteller des Autors zu den Dingen schreiten, welche den Bienen nachteilig und schädlich sind, und wie man die Bienen davor sichern und bewahren sollte. Aber er mengt fremde Dinge mit ein, von denen wir schon berichtet haben. Gleichwohl aber will ich dieser Ordnung auch ein wenig folgen.

I - Wie man einen Schwarm Bienen aus einem bösen Stock in einen guten versetzen soll

Übersetzung: Dieses Werk hier ist (harte) Arbeit, sagt der Poet, bei diesem Werk ist Gefahr und übel mit umzugehen. Das auch die Bienen merklich am Eintragen und Schwärmen gehindert werden, habe ich oben berichtet. In alte böse Stöcke soll man keine jungen Bienen fassen: wenn sie aber drinnen sind und es ertragen können, so trage man sie nicht fort, wie man sie aber fortfasset lehrt der Autor. Es macht ein jeder so gut als er kann und weiß, wenn es nur eintrifft und nicht fehlt.

Wenn aber einer aus Not solche Translokation oder Fortfassung der Bienen vornehmen muss, dem rate ich, dass er den alten Stock von außen mit einem Brettstück oder einer Flugschienen blende, damit der umso besser hinter solchen Dingen verborgen bleibt und dem vorigen Stock so ähnlich wie möglich sehen möge, so ziehen die Bienen umso leichter hinein, weil sie meinen, es sei ihr alter Stock oder Wohnung.

Weil auch in gar kleinen Stöcken die Bienen ihrem Herren nicht viel Nutzen schaffen, fügt man den kleinen an einen größeren (nachdem der kleine voll gebaut ist und man von beiden Beutenbretter und Zwerchhölzer genommen hat) so geschickt man vermag, bindet beide Stöcke auf's festeste mit Stricken zusammen und verklebe sie, setze sie auf die alte Stelle, stelle den guten Stock vorne an, und dem hinteren verschließt man das Flader. Sehr dienlich ist es wenn man oben und auch in der Mitte einen Draht mit einklebt, mit diesem kann man danach das Gewürche in beiden Stöcken ohne Schaden abschneiden und teilen. Ohne den Draht zerreißt man das Gewürche hässlich wenn man die Stöcke voneinander nimmt. Im folgenden Frühling nimmt man den kleinen Stock vom großen, schneidet Rohs und Honig heraus, und nachdem keine Bienen mehr im kleinen Stock zu finden sind, trägt man diesen beiseite, dass ihn die Bienen nicht finden können, und lässt den größeren an der

Stelle, wie sich's gehört, so ist ihm geholfen. Ich aber mache wegen der Gefahr beim Fortsetzen lieber einen Kasten an und lasse die Bienen in ihren Stöcken verbleiben.

Ich erinnere mich auch hier, dass etliche Bienen aus großen Stöcken in kleine gefasst wurden, nur darum, dass sie früher schwärmen. Ich würde dieses nicht tun, es ist immer besser, ein Stock hat Raum in sich, als dass er zu eng ist. Bauen aber die Bienen den Stock nicht jährlich voll, so blende man diesen wie im ersten Buch gezeigt wurde, nehme ihm auch nicht eher etwas vom Honig, als bis der Stock voll gebaut ist, ein solcher Stock ist mir lieber als sonstige zwei oder drei. Man tut viel besser daran, man kaufe einen Schwarm, von dem man Junge zu hoffen bekommt, als dass man einen alten bestandenen Stock mit Gefahr und Schaden in einen anderen Stock fortfasst.

Dazu habe ich zweierlei zu sagen, und einem Bienenvater deswegen Nachricht zu erteilen, wegen der engen Stöcke und wegen der Fortfassung, welches ich in der Erfahrung gesehen habe.

1. Es ist wahr, dass die Bienen in engen Stöcken eher und mehr schwärmen als die in großen und weiten, denn in der Niederlausitz, wo die Bienenstöcke nur im Dreieck wie ein Schweinstrog ausgearbeitet sind, wie oben berichtet wurde, schwärmt mancher Stock 5, 6, 7 mal, und ohne Schaden des alten und auch der jungen Stöcke hat mancher Schwarm 2-3 Weisel, da meines Erachtens nach die harzigen Heiden nicht undienlich dazu sind.

2. Wegen der Fortfassung habe ich vor etlichen Jahren hier in der Nachbarschaft zu Wechselburg eine sonderliche Art gesehen, die mir, nachdem ich über dasselbe nachgedacht habe, nicht missfällt, ob es nach meiner Art angestellt würde, jener Art des Fortschritts habe ich nicht nachgefragt, will aber dem günstigen Leser zum besten mich nicht länger drängen lassen, die Art war diese: der alte unzüchtige Stock war nicht mit der Beuten zu des neuen Stocks Beuten gekehrt, sondern das Flader ging durch des neuen Stocks Beute; wenn nun der alte im Frühling auf's genaueste verschnitten wurde, und mit einem Brett unter das Gewürche auf's genaueste, wie es sein sollte, ein Boden gemacht wird, und bald über dem Boden ein neues Flader gebohrt oder geschnitten wird (wie es geschehen mag) und solches an des neuen Stocks Beute gefügt mit einem Schlauch in das Beutenbrett gefasst wird, oder wie auch immer man einen beständigen Gang aus dem alten Stock den Bienen in den neuen machen könnte, als dann würden Ober- und Untermann, wenn der geblendete und mit Boden versehene alte Stock voll getragen wäre, gezwungen freiwillig die neue Herberge zu beziehen, da könnte man dann im Herbst das alte Nest wegnehmen, wenn das Gebäue in der neuen Herberge nicht groß oder vermögend an Viktualien ist, etwas aus dem alten Stock mitnehmen, welches die Bienen als neuer Hauswirt mit Dank annehmen und auch gut bewahren würden, welches meines Erachtens nach keine große Mühe und Gefahr mit sich führt; ich habe es nicht versucht, Gott hüte mich davor, das gesehene Modell zu Wechselburg hat mich veranlasst über die Sache nachzudenken.

Heuer, im Jahre 1659 kurz vor dem 25. März hat ein guter Bienenvater hier, B. Hänich, seinem Nachbarn einen Schwarm aus einem untüchtigen in einen anderen Stock gebracht, und zwar auf diese Weise: gegen Abend hat er in dem alten Stock die Bienen von den Waben mit räuchern abgetrieben und in den Stock, nachdem das Flader noch verschlossen war, heruntergetrieben, die Waben oder das Gewürche aus dem alten Stock geschnitten und in einen anderen, der bei der Hand gewesen ist, gemacht und mit Rütlein angeheftet (und zwar von beiden Seiten mit einem Bohrer Löcher durch den Stock gebohrt, dadurch die Rütlein, wie dann auch durch die Waben oder Kuchen gesteckt, und sie so, damit sie nicht herunterfallen können, befestigt), danach die heruntergetriebenen Bienen bei dem kühlen Abendwetter aus dem alten Stock in eine Schüssel gekehrt, und in den neuen Stock zu dem gemachten Gebäue geschüttet, so lange bis sie alle drinnen waren, dass ging gut an, und steht auch - Gott Lob! - noch gut, dies könnte von einem anderen auch noch praktiziert werden, denn die Bienen hatten das Gewürche bald angeheftet.

II - Wie man den Bienen das Gewürche verkehren soll

Wenn einer den alten Bienen das Gewürche gern verkehren wollte, das ist den Bienen nicht zuträglich, es hindert die Bienen am Schwärmen und Eintragen. Wenn auch das Gewürche übereinander fällt, so bauen sie in etlichen Jahren nichts über dem Kreuze im Stock. Wie man die Bienen recht zum Bauen anweisen soll, wird im dritten Buch gelehrt.

Besser ist zwar mit jenen Bienen umzugehen beim Zeideln, es sind auch diese im Kaufe etwas teurer, welche der Länge nach oder zum Flader angesetzt haben: aber die anderen sind auch nicht zu verwerfen, wenn man nur vorsichtig und leise in der Zeidelung mit ihnen umgeht.

III

Man soll auch wohl darauf achten, dass die Beutenbretter usw. Dieser Punkt gehört zum Teil zum Zeideln, zum Teil aber zum Unterricht von Raubbienen. Der günstige Leser soll diese Erinnerung des Autors beachten, damit er aus seinen Bienen keine Raubbienen mache, und danach andere Leute ungebührlich beschuldigte.

IV - Wie lange Bienen in einem Stock dauern

Davon ist oben im ersten Buch berichtet worden, und es ist unnötig dies hier zu wiederholen.

Das 18. Kapitel

Vom Stechen der Bienen

Denjenigen Personen, die das Gift oder Schlangenpulver gebrauchen, schadet ein Bienenstich nicht, es tut ihnen zwar der Stich weh, wie anderen, aber er schwillt nicht an, um des Bienenstiches aber heiße ich es keinen gebrauchen. Wen die Bienen gerne stechen, der nehme eine Bienenhaube aus Draht vor das Angesicht, so können sie ihm nicht ins Angesicht fliegen. Wer aber die Bienen erdrückt, oder wen sie gestochen haben, den erkennen die anderen bald, dem sei es geraten, eilends aus dem Garten hinweg zu gehen, er wird sonst nicht viel Ruhe haben vor ihnen. Den schwarzen Farben sind sie sonderlich Feind, so dürfen auch die Frauen nicht immer in die Bienengärten gehen, sie bekommen sonst bald ihren Bescheid von den Bienen, besonders wenn man die Bienenstöcke geöffnet hat.

Einen Menschen stechen die Bienen heftiger und eher als den anderen, und mancher kann jederzeit gar bloß zu ihnen gehen, ohne Bienenhaube oder andere Verwahrung. Etliche reiben zuvor die Hände mit dem Bienenkraut, die anderen lassen sich gut beräuchern über dem Rauchkruge. *Wer sich fürchtet vor den Bienen und es nicht erleiden kann, dass sie ihn stechen der halte sich von ihnen fern, denn ohne das Stechen geht es nicht ab.* Wenn sie aber gestochen haben, so bleiben die Stachel stecken, lass ihn dir herausziehen, in einer Nacht ist es wieder geheilt, wiewohl bei einem eher als bei dem anderen.

Wie Bienenstiche zu heilen sind

Wenn dich die Bienen gestochen haben, lass dir den Stachel bald ausziehen, wie beschrieben, und zerreibe die

Biene darauf, die dich gestochen hat. In Mangel aber derselben, so versuche dich mit dem Kräutlein, dass einfache Natterzüngelein, auf Lateinisch Ophioglossum genannt, zerreibe es zwischen den Fingern, schmiere es auf den Schaden, so bleibt es ganz sitzen und schwillt nicht an, selbst wenn es gleich an einem Auge wäre. Dieses habe ich oft versucht und nie befunden, dass es jemals davon angeschwollen wäre.

Es hat zurzeit ein Weib ihr Kind in einem Bienengarten umherkriechen lassen, das haben die Bienen auf ein Auge gestochen, dass es gar davon erblindet ist, diese Person lebt noch.

Der Bienen König hat einen Stachel, aber er sticht nicht damit; die Drohnen aber haben keinen Stachel.

Ungefähr zu Jacobi liegen die Bienen vor den Stöcken in großen Haufen wegen der Hitze, da habe ich um Mitternacht eine große Anzahl derselben in eine Zeidelmeste mit einem Federwisch gestrichen, bald zugebunden, und sie so in eine Heide, in der ich einen schwachen Stock gehabt hab, getragen, welcher auf der Erde gestanden ist, neben denselben fasste ich die Bienen, da hätte einer Wunder gesehen von ihrem Fliegen und Stechen, letztlich flogen sie in die Beuten zu den schwachen, aber in drei Tagen waren die alten und neuen miteinander davon gezogen, und die Bienen im Garten, von denen sie genommen waren, stachen auch Menschen und Vieh, etliche Tage durfte sich niemand nähern, es war wahrlich ein Wunder, denn zuvor hatten sie diesen Brauch nicht gehabt.

Niemals habe ich ein einziges Kapitel des Autors geteilt, wie ich es jetzt tue, wäre es früher geschehen, so würde ich des Schriftstellers Ordnung übel mitgespielt haben, damit aber die Ordnung ein wenig richtiger sei, und ich auch ausführlicher von Sachen berichten möge, habe ich's mir diesmal gefallen lassen.

Kleine aber zornige Tierlein

Bienen sind zwar kleine aber zornige Tierchen; Übersetzung: in ihren kleinen Körpern steckt ein großes Herz, sagt der Poet: wenn sie einen stechen, so tut es einem im Herzen weh, doch kostet solche Turst (Kühnheit) den Bienen, die gestochen haben ihr Leben, wie Virgilius durch Erfahrung bezeugt:

Übersetzung: Ihr Zorn ist unermesslich, und bei einem Angriff beißen sie mit giftigem Atem, heften sich an die Venen, lassen ihren vergrabenen Stachel und ihr Leben in der Wunde zurück.

Ich halte es in diesem Fall mit dem Poeten, der vorgibt, die Bienen haben vergiftete Stachel, und beim Stechen vergiften sie einen Menschen, deswegen dann bei manchen Menschen ein Arm, Bein oder eine Hand heftig vom Bienenstich anschwillt. Ja, es hat mir ein vornehmer Mann und Theologe (M. J. D. Starck) berichtet wie einstmals zu Mühlhausen eine Biene seiner Stiefmutter einen so gefährlichen Stich gegeben hat, dass sie davon so sehr anschwoll, dass ein jedermann meinte, sie würde sterben. Ich bin überzeugt, die Bienen haben ihr den Puls oder eine andere Herzader getroffen. Zusammengefasst, Ross und Mann mögen Bienenstiche nicht vertragen.

Nutzen der Bienen im Krieg

Bonfinius Decad. 3, viertes Buch, schreibt, dass der Türke vor Stuellweißenburg von Stürmen sei abgetrieben worden, weil die Bürger und Kriegsleute in der Stadt die Türken, als der Sturm am heftigsten war, mit Bienenstöcken beworfen haben. Dergleichen Geschichten sind mehrere bekannt.

Übersetzung: Der Feldherr des Kaisers Heinrich, belagert von dem fremden Heerführer von Lothringen, beschloss mit nichts anderem seine Rettung, als er die Stöcke der Bienen gegen die Feinde warf, wo die Pferde vor der Wut der Bienen umdrehten. D. Wolff - Franzius in historia animal de apibus

Ich bin überzeugt, wenn Bienen in einen Kriegszug zu Pferde geworfen werden, an heißen warmen Sommertagen, so sollten sie einen bösen Scharmützel und Roß und Mann anrichten. *Deswegen sind Bienen auch von bösen Kriegsleuten auf Festungen zu haben.*

Abgesehen von diesen Fällen, vor denen unser lieber Gott unser liebes Vaterland ferner gnädigst behüten wolle, solle man die Bienen nicht so erzürnen, es werden die Schwärme mächtig durch das Stechen geschwächt, weil alle Bienen, die gestochen haben, bald sterben müssen, wie Aristoteles und Virgilius aus Erfahrung bezeugen. Es fügen die Bienen auch Menschen und Vieh großen Schaden zu. Der Autor erinnert sich, dass ein Kind an einem Auge von einem Bienenstich erblindete. Ich kenne einen Mann, dem dies auch widerfahren ist. Aristoteles beschreibt in der Geschichte der Tiere (8. Buch, Kapitel 40), dass Bienen ein Pferd angefallen und getötet haben. *In der Nachbarschaft hier bei Roßburg ackerte ein Bauersmann mit zwei Pferde vor wenigen Bienenstöcken, da fielen die Bienen heraus, legten sich an die Pferde, krochen ihnen in die Nasenlöcher und töteten sie beide, der Ackermann kam schwerlich mit dem Leben davon.* Mir ist bekannt, dass Bienen Personen so gestochen haben, dass sie ohnmächtig geworden sind.

Wasser gegen Bienenstiche

Wer deswegen mit Bienen umgehen muss, besonders, wenn man diese an der heißen Sonne nicht weit von anderen Stöcken gelegen fasst, der nehme sich wohl in acht, und verwahre sich

1. nach des Autors Rats auf das Fleißigster mit einer Bienenhaube, guten Handschuhen, und habe auch einen starken Rauch bei der Hand, damit er sich gegen der Bienen Grausamkeit für den Fall schützen könne.

2. Gehe er so säuberlich und freundlich wie er kann und mag mit ihnen um, wie weiter unten berichtet werden wird.

3. Atme er ja nicht unter ihnen, ebenso, wer stark riechende Kost und Trank genossen hat, wie Branntwein, Knoblauch, Zwiebeln und gesalzene Fische, der mag mit den Bienen wohl müßig umgehen, werden sie aufrührerisch, so stehe er stockstill, und rege sich nicht, dann werden sie bald gestillt.

4. Wenn man auch Stöcke öffnet, von unten hinauf in die Beuten sieht, so verwahre man nur die Augen, sie

schießen einem wie Pfeile in das Gesicht. Der gute Mann, dessen ich neulich gedachte, kam so um sein Auge.

5. Mit bloßem Haupte gehe nur keiner zu den Bienen, sie verwirren sich leicht in langen Haaren, fängt dann eine auf ihre Weise zu schreien an, so gilt es zu laufen, sie bekommt bald Gehilfen. Wer sich auch mit Fäusten der Bienen erwehrt, und nach ihnen schlägt, der möge sich trollen, oder er wird Mannes genug bekommen.

6. Der König und die Drohnen haben keinen Stachel, deswegen muss man sich nicht um Stiche von ihnen sorgen. Der Autor, wie andere auch, meint, der König hätte auch einen Stachel, sticht aber nicht damit. Es ist aber nicht ein Stachel, wenn man es ansieht, sondern eine membrum genitale (Genitalglied) oder der Hausspieß (Penis) des Weisels, **wenn er den nicht hätte, so wäre er ein armer König.**

Mittel gegen den Bienenstich

Gegen Bienenstiche zeigt der Autor zwei Mittel

1. Dass man die Hände gut beräuchern oder mit Bienenkraut gut einreiben soll, der Saft von der Rauten (Pflanze) hat eben diese Wirkung, ebenso der Saft von Kürbislaub. Etliche nehmen Pappeln, sieden sie mit Essig, mischen Baumöl darunter, und salben sich damit, und meinem durch diese Mittel vor den Bienenstichen sicher zu sein; etliche pregeln (braten, sieden, schmoren) Wermut in Öl und salben die Hände und das Gesicht damit.

Ich halte es mit dem Autor, **dass, wer von den Bienen nicht gestochen werden will, der soll mit ihnen vorsichtig umgehen.** Es soll keiner denken, dass er in dem Fall gar sicher sei, mit der Zeit gewöhnt man sich an das Stechen, so dass man es nicht groß beachtet, und die Glieder auch nicht groß anlaufen oder anschwellen.

Etliche müssen doch etwas Besonderes wissen oder können gegen das Stechen der Bienen, denn im Jahre 1645, am Heiligen Abend vor Johannes schwärmten zu Kirchhain in der Niederlausitz einem Bürger ein Stock Bienen, dessen Nachbar, ein Töpfer, kam von der Scheibe gelaufen, fasste die Bienen (ohne Bienenhaube und Handschuhe mit bloßen

Füßen im Hemde, wie die Töpfer zu arbeiten pflegen), schüttete sie in eine Mulde, legte an einem Ende der Mulde, dass ein wenig höher war, ein Brettlein über, wie sie es selbst gebrauchen, darunter begaben sich die Bienen, danach mehrete (rührte) er in den Bienen wie in Erbsen und suchte die Weisel heraus (denn wie sie mir selbst berichteten, waren bisweilen zwei oder drei Weisel bei einem Schwarm) und sah welchen die Bienen am liebsten hatten, diesen gab er ihnen. Diesen Töpfer stach keine Biene, wir aber im anderen Garten daneben mussten den Garten räumen. Hätte er nicht mehr gewusst oder gekonnt, er hätte sie wohl zufrieden lassen müssen.

Gegen die Schmerzen der Stiche

2. Wie man den Schmerz stillen soll, zu diesem ist freilich die beste Arznei, man ziehe den Stachel heraus, zerdrücke die Biene auf den Schaden, und wenn man diese nicht haben kann, so drücke man eine andere darauf. Das Ophioglosson oder kleine Natterzüngelein rühmt der Autor sehr gegen die Schmerzen und das Anlaufen des Bienenstiches. Quendel (wilder Thymian), Eibisch und Pappelsaft, ebenso der Saft aus Lorbeerblättern haben die gleiche Kraft. Beim Zeideln bestreiche man nur den Stich mit Honig, zu anderer Zeit reibe man den Schaden mit frischem Lehm oder Erde ein, ebenso mit frischem Kuhkot oder wasche ihm mit seinem eigenen Urin.

Zusammengefasst, Bienenstiche sind gut zu vertragen, wenn man nur die Stachel herauszieht, so hat es nichts zu bedeuten, über Tag und Nacht heilen viele dieser Wunden. Verlogene teuflische Zungenstiche tun weh und heilen schwer. Aber allein auf die Augen, welche nach dem alten Sprichwort neben Ehre und gutem Namen nicht viel Schmerz leiden, muss man aufpassen. Wenn eine Biene ein Auge richtig trifft, so ist es gefährlich, und da ist es besonders vonnöten, dass man alsbald den giftigen Stachel heraus zieht. Wenn das geschehen ist, räuchert man dieses Auge so lange mit Polei (Flohkraut) und rotem wollenen Tuch, bis der Kranke genesen ist.

Von der Anwendung etlicher äußerlicher Dinge, die den Bienen schädlich sind, ist im ersten Buch berichtet worden.

Das dritte Buch

Von der Nutzung der Bienen

Wenn ein Hauswirt glückliches Gedeihen der Bienen durch Gottes Gnade hat, so kann er seiner Nahrung wohl durch Bienenzucht Frommen und Nutzen schaffen, besonders, weil man mit diesem Tierchen nicht viel Mühe hat, oder große Kosten darauf verwenden muss, wie auf die Viehzucht; hierzu bedarf ein Hausherr weder Knechte noch Mägde. Es kann ein jeder vernünftiger Hauswirt den Bienen selbst vorstehen, und solche Arbeit kann nicht nur allein mit Nutzen, sondern auch mit großer Lust verbunden sein. Der Nutzen aber der von den Bienen genommen wird ist doppelt. Für eins besteht derselbe in der Vermehrung der Bienen, wenn diese am Anfang des Sommers schwärmen und sich vermehren, fürs andere, wenn man zeidelt oder im Frühling Honig aus den Stöcken schneidet. Von beiden berichtet unser Autor in diesem seinem Buche, und dabei will auch ich was ich weiß dem günstigen Leser berichten, samt demjenigen, was hauptsächlich bei diesen Nutzungen zu beachten ist.

Der erste Teil

Von der Vermehrung der Bienen

Das erste Kapitel

Von der Vermehrung und dem Schwärmen der Bienen

In diesem Kapitel handelt der Autor, Nicol Jacob, von sechs Dingen:

1. Wie die Bienen junge Brut setzen und sich vermehren sollen.

2. Von der Nutzung der großen Bienen, Drohnen genannt, davon wird oben berichtet.

3. Von der Schwarmzeit der Bienen.

4. Wann und wie man die Bienen abnehmen soll von Bäumen, Stauden, und was dabei zu beachten ist.

5. Bericht von Weiselhäusern.

6. Wie viele Weisel sich in einem Schwarm befinden, und wie man sich in solchem Fall verhalten soll.

Die Schwarmzeit

Weil von den ersten beiden Punkten an gemeldeten Orten berichtet wurde, nehmen wir uns den dritten, nämlich, der Bienen Schwarmzeit vor.

Der Bienen rechte Schwarmzeit fängt um Christi Corporis an, um Sankt Viti ist sie am besten und endet vor Margarethen. Im allgemeinen ist zu wissen, dass die Schwärme, die von Trinitatis an bis zu Sankt Petri und Pauli und wohl auch etliche Tage danach fallen (doch dass diese letzten groß oder reich an Bienen) gut und wohl zu behüten seien. Ich nehme einen großen starken Schwarm, welcher acht Tage nach Petri und Pauli sich erst eingestellt hat, und lasse einen geringen Schwarm, der um Sankt Johannes Baptistae eingefasst wird.

Was aber von Bienen sehr langsam kommt und schwach ist, das ist nicht viel wert, doch wenn man sie fortbringen kann, werden sie in etlichen Jahren sehr gut. Man hört und erfährt auch, dass etliche Stöcke im Mai manchmal zeitlich schwärmen, und da heißt es nach dem gemeinen Sprichwort: frühe/frohe. Ja ich kann es mit vielen ehrlichen Leuten bezeugen, dass eine Person am grünen

Donnerstage *(diese Zeitbeschreibung, also um Ostern, Pfingsten, Trinitatis usw. gefällt mir gar nicht, weil sie nicht ein Jahr wie das andere sich einzustellen pflegt, es wird, geliebt es Gott, wenn wir 1660 schreiben werden, Ostern weit genug hinauskommen, dass man grüne Zweige in den Kirchen wird haben können)* einen schönen Schwarm junger Bienen im Jahr 1612 bekommen hat. Den alten Stöcken aber tut es nicht gut, denn sie werden dadurch an Bienen sehr geschwächt. Es pflegt sich aber für gewöhnlich so zuzutragen, wenn man die Bienen mit Räuchern aufrührerisch gemacht und ineinander getrieben hat. Wenn nun der alte Weisel mit seinen Bienen und der Junge mit seinem Anhang ineinander getrieben werden, erhebt sich Krieg und Streit, so dass, wenn der junge König sich nicht töten lassen will, so muss er weichen, selbst wenn die rechte Schwarmzeit noch nicht gekommen ist.

Außerdem hört man auch, dass alte Schwärme im April und März aus den Stöcken ziehen und sich an die Bäume wie zur rechten Schwarmzeit anlegen. Ja mir ist ein Beispiel bekannt, wo ein Schwarm um Weihnachten, aber bei warmem Sonnenschein aus seinem Stock gezogen ist und sich angelegt hat. Das geschieht deswegen, weil sie keine Nahrung haben. In diesem Falle nimmt man zerlassenen Honig, darunter ist heißes Wasser gemischt, besprengt dass Gewürche im Stock damit, aus dem sie ausgezogen sind, und fasst sie darein, versorgt sie dann mit Kost, so bleiben sie wie zuvor, wo sie Kost hatten. Setzt man sie aber zu dieser Zeit in einen anderen Stock, indem kein Gewürche oder Rohs ist, so erfrieren sie, selbst wenn sie zehn Dukaten wert waren.

Es ist heuer 1613 ein Geschrei ausgekommen, die Bienen hätten nach Weihnachten um Dresden und Erfurt geschwärmt. Ich bin der Meinung, die alten werden aus den Stöcken gezogen sein. Sonst wäre es gegen den gemeinen Lauf der Natur, ungeachtet dessen, dass wir einen sehr warmen Winter gehabt haben. Wenn aber alte Bienen im Mai in der Baumblüte, oder auch danach von den Motten, fauler Brut, usw. ausgetrieben werden, so darf man sie nicht wieder in den Stock, aus dem sie gezogen sind, fassen, sondern man macht in einen reinen neuen Stock ein Nest und setzt sie darein, wie davon im zweiten Buch berichtet wurde.

Anno 1656, am 31. März ist hier in der Nachbarschaft eine rechter natürlicher junger Schwarm gefallen, dem alten Stock ohne Beschadung, es sind also nicht alles alte Schwärme.

Von etlichen Umständen, welche beim Schwärmen der Bienen zu beachten sind

Woraus Bienen werden

1. Wenn der Weisel an Bienen reich geworden ist. Dieses geschieht so: Die Bienen setzen nicht allein in den alten Wefel oder Rohs Brut, sondern vom Anfang des Frühlings bis zum Ende des Augustmonats bauen sie viel daran, und sobald sie etliche Zellen oder Löcher im Rohs angefertigt haben, schmeißen sie kleine Maden darein, daraus werden nach Beschaffenheit der Materie und des Wefel entweder Bienen oder Drohnen, dadurch wird ein solcher Stock trefflich reich an Bienen.

Wie lange Zeit eine Zucht dauert

2. Dies geschieht, weil innerhalb von neun Tagen eine ganze Zucht ausgebrütet und zum Fluge bereit ist, nach des Autors Meinung. Selbst wenn dies kaum in 14 Tagen geschieht, so trägt es doch in vier Monaten eine große Summe Bienen aus. Wenn der allmächtige und allweise Schöpfer aller Kreaturen nicht diese Anordnung mit diesen seinen edlen Geschöpfen gemacht hätte, würden die Stöcke bald öde und ledig werden. Weil kein nützliches Tierchen unter der Sonne mehr Abbruch (Schaden, Enthaltsamkeit) und Schaden leidet, entweder durch Bienenstich, Störche, Schwalben, Schlangen, Eidechsen, Frösche, durch Platzregen, Kälte und dergleichen als die Bienen.

Wie ein Weisel gezeugt wird

3. So zeuget er und die Bienen einen Sohn. Das ist was wieder am Anfang des Kapitels ausreichend erwiesen worden ist. Mit solchem Köngiszeugen verhält es sich in Kürze so: sobald die Bienen recht zu Kraft kommen, und des Gebäudes mächtig geworden sind, so setzen sie dass Gewürche, ledig von Honig, neben dem mit Honig, voller

Brut, zugleich aber haben sie für gewöhnlich hinten oder an einer Seite gewiss auch eine Tafel oder einen Kuchen voller Drohnen gesetzt, und darunter auch 1, 2, 3 auch wohl 4 junge Weisel gepflanzt. In etlichen Stöcken findet man die Weiselhäuser am Rande des Gewürches, in der Form und Gestalt einer Haselnuss anzusehen. In etlichen Stöcken aber mitten im Wefel, nicht anders als ein Drohnen-Tütlein gestaltet, ohne dass dies Löchlein durch den Kuchen durch geht, und der junge König hinten und vorne aus seinem Häuslein kriechen kann. Welches auch aus sonderlicher Vorsehung Gottes so in der Natur gepflanzt wurde, so dass, wenn der Weisel auf einer Seite verfiel (sterben würde) er genauso auf der anderen herauskommen und am Leben erhalten werden könnte. Welche Bienen nun zugleich mit diesem König gezeugt und jung werden, diese gehören zu ihm und sind sein Schwarm. Doch wenn es nicht die rechte Zeit zum Schwärmen ist, oder er sonst durch unfreundliches Wetter daran gehindert wird, nimmt dieser Weisel noch einen oder auch wohl zwei künftige Gehecke (Brut) an sich, nachdem ihre Weisel umkommen oder getötet werden. Aus solchen Stöcken fallen dann stattliche große Schwärme, wie man auch sonst sagt, dass die erste Gruppe die beste sei. So sind auch die ersten oder Hauptschwärme die besten.

Von Drohnen

4. Die Drohnen, die mit dem Weisel jung waren, ziehen gar wenig mit ihm aus, sie ziehen gewisse Herberge der ungewissen vor.

Spurbienen

5. Von den Spur-Bienen oder Fuhrierern (Führern) der Bienen. Wenn man diese umfliegenden, stänkernden und summenden Bienen aus den Stöcken fliegen sieht, ist es ein gewisses Zeichen, dass die Bienen es vorhaben, in Kürze auszuziehen. Der Autor Nicol Jacob beschreibt diese Kennzeichen:

(1.) Wenn die Bienen heraustreten am Flugloch und einzelne Bienen von beiden Orten zusammenlaufen, soll dies ein gewisses Zeichen sein, dass sie schwärmen wollen.

Weiselschreien

(2.) Wenn man die jungen Weisel in Stöcken schreien hört, das geschieht für gewöhnlich am Abend nach neun oder zehn Uhr und morgens früh vor und kurz nach dem Sonnenaufgang. Schreit der junge Weisel weit oben oder unten im Stock, so kommt er kaum auf den zweiten oder dritten Tag. Lässt er sich aber nahe um das Flader hören, so kann man zusehen, er wird sich nicht lange säumen, das halte ich für das gewisseste Zeichen des Schwärmens. Man sagt, die jungen Weisel sollen sich nicht eher in den Stöcken hören lassen, es sei denn einer ist ausgezogen oder darin erwürgt worden. *Nicol Jacob statuiert das Gegenteil, mit dem ich es auch halte, obwohl ich es nicht allein von Jugend auf von erfahrenen Bienenvätern gehört habe, sondern es auch heuer 1658 in der Tat erfahren habe, dass, obgleich nicht meine, sondern meines nächsten Nachbarn Weisel vor allem bei dem ersten Schwarm zu verschiedenen malen, ehe sie geschwärmt haben, sich hören lassen, als ich sie nach der Ursache fragte, so darauf geantwortet bekam: entweder haben der junge Weisel wegen des kalten unfruchtbaren und unbequemen Wetters, wie es heuer 1658 gewesen ist, nicht ausziehen wollen und deswegen im Scharmützel sein Leben einbüßen müssen, oder, was ich für das gewisseste halte, die Bienenväter, weil sie denken, ihre Bienen werden sobald nicht schwärmen, und sind sich so sicher dabei, dass sie am Anfang nicht so fleißig und genau Acht geben auf des ersten Schwarm Weisels Düdüdüten oder Schreien als auf des anderen, weil man aus der Erfahrung wohl weiß, dass der zweite Schwarm dem ersten bald folgt, so dass sie noch nach dem Empfang der ersten Ausbeute auf die anderen umso emsiger und unverdrossen begieriger sind, Übersetzung: in diesem Punkt stimme ich mit vielen überein.*

Die Weisel in den Stöcken zietschen (zwitschern) zum Teil, zum Teil schreien sie düdüdüdü oder quaken wie ein Laubfrosch, was immer von den alten geschieht und nicht von den jungen, die alten quaken also gegen die jungen in der Schwarmzeit und wollen sie hinauswerfen, doch nicht so helle (schlau?), welche ich für jene, die nicht davon wissen, berichten werde.

Kennzeichen des Schwarmauszugs

Wenn auch die Bienen nachlassen zu arbeiten, nicht stark fliegen, sondern schwach und gar einzeln auf die Fütterung fliegen: ebenso, wenn die ersten Schwärme das Fladerloch verlegen, so dass die Bienen nicht gut aus- und einziehen können, so soll man ebenfalls gut acht auf sie geben. Wenn aber die Bienen emsig arbeiten, haufenweise aus- und einziehen, darf man sich keines Schwärmens leicht versehen (ist kein Schwarm zu erwarten). Wenn die Bienen sich auch haufenweise um den Stock angelegt haben, so darf man am selben Tage bei diesen Bienen keines Schwärmens sich versehen (so ist am selben Tag kein Schwarm zu erwarten). Denn die Schwarmbienen stehen nicht von außen am Stock auf, sondern ziehen von innen aus dem Stock. Wenn solch ein Anlegen der Bienen etliche Tage hintereinander an einem oder mehreren Stöcken geschieht, so ist es ein Anzeichen, dass sie das Schwärmen ganz einstellen werden. Dies ist zu wissen und zu merken.

Wie man mit den Bienen umgehen soll, wenn sie sich wie große Schwärme außen um das Fladerloch an die Stöcke anzulegen pflegen

Ich kann mich an etliche Beispiele erinnern, in denen diese Bienen abgekehrt und gefasst worden sind, aber niemals in den Stöcken, in die sie gefasst wurden, blieben, sondern wiederum in oder an ihren alten Stock gezogen sind. Drum ist alle Mühe mit diesem Bienenfassen verloren, und für gewöhnlich werden die Bienen durch solch ein Einfassen so erzürnt und grimmig gemacht, dass weder Mensch noch Vieh, ja keine Taube auf dem Dach vor ihnen sicher ist, deswegen ist der beste Rat, man lasse sie an den Stöcken liegen solange es ihnen gefällt.

Ich weiß auch wohl, dass etliche diese Bienen, wenn die Schwarmzeit vorüber ist, an den Stöcken mit brennenden Strohwischen verbrannt haben, unter dem Vorwand: eine solche Menge Bienen wäre nunmehr zu nichts mehr nütze in den Stöcken, und sie zehrten zu viel. Wer aber seine Bienen so behandelt, der hat von ihnen nicht viel zu erwarten, sie machen bei solchen Herren bald Schicht oder Feierabend, wie die Erfahrung bezeugt. Man verbrennt so bald die alten

Bienen wie die jungen, die arbeitsamen wie die faulen, so sind auch die bienenreichsten Stöcke die besten, deswegen taugt dieses Sengen und Brennen bei den arbeitsamen Tierlein gar nichts, es ist ein unfreundliches und tyrannisches Verhalten, das für Hornissen und Wespen, und nicht für die edlen Bienen gehört.

Wenn die Schwarmzeit vorüber ist, so mache ich diesen Stöcken in der unteren Beuten Raum, schneide die Kuchen mit jungen Drohnen darin heraus, und so begeben sie sich in den Stöcken an die Arbeit.

Ich aus Erfahrung halte es nicht für eine Faulheit, sondern vielmehr für eine Klugheit, solange die unverdrossenen Tierlein sich nicht eher als in dem schwülen Wetter und heißesten Sommertagen herauslegen aus Sorge, dass entweder ihr angewendeter Fleiß umsonst sein könnte, weil es wegen großer Hitze alles erhitzt und weich in den Stöcken ist, und daher wollen sie deswegen lieber zum Teile ruhen und abwechselnd arbeiten, als gar umsonst und zu ihrem Ruin. Oder wenn sie in den Stöcken bleiben würde, so würden durch ihre Ausdünstungen nicht nur die Stöcke umso wärmer und das Gewürche umso weicher, sondern sie könnten es mit ihrem Anhängen ganz herunter in die Stöcke reißen und Schaden ihnen und dem Herren verursachen, daher sieht man in der Erfahrung, dass die lieben Tierlein sich nicht eher in die Stöcke begeben, als bis es außen kühl und sie in den Stöcken ohne Schaden bleiben können, oder auch wohl gar oder nur zum Teil draußen verbleiben.

Weil um der Materie willen notwendigerweise dieser Paragraph hat eingeschoben werden müssen, wollen wir uns so wieder nach notwendigem Bericht zu dem vorigen Paragraphen wenden, und mit dem angefangene Kapitel fortfahren.

Auszug und Anlegen

6. Es ist eine sehr schöne Lust zu sehen, wie die Bienen zu ihrem König haufenweise aus dem Stocke sich begeben und wie eine kleine Wolke den Garten erfüllen, und sich darauf so schleunig und lieblich in Form einer großen Weintraube anlegen, wie Virgilius schreibt:

Übersetzung: Hier jedoch blicken sie die summenden Bienen an, und sie ziehen in unermesslichen Wolken, bis sie in den Baumkronen zusammenkommen und wie eine Weintraube von den biegsamen Zweigen hängen.

Wann die Bienen abzunehmen sind

7. Wann soll man sie abnehmen. Dieses muss man sobald verrichten, als sich die Bienen recht am Baum zur Ruhe gelegt haben, auch wenn noch etliche um den Schwarm schwirmeln und fliegen, es hindert nichts. Beeilt man sich nicht, so ist es leicht geschehen, dass sie sich in einem Schwung in die Luft schwingen und davonfliegen, und dann bekommt man sie nicht leicht wieder. Etliche Schwärme, wenn sie nicht einen recht flinken und hurtigen Weisel haben, liegen wohl bis an den Abend, etliche auch über Nacht und länger an, wenn sie nicht gefunden werden, ja manchmal setzen sie auch an den Ästen Gebäue an ehe sie sich wieder davon machen. Etliche aber machen's sehr kurz, verharren nicht mehr als eine viertel oder halbe Stunde, drum, je eher man zum Fassen kommen kann desto besser ist es, denn es ist allzeit besser den Schaden bewahrt als beklagt.

Wenn kein Weisel dabei ist

Man sieht es bald, wenn der Weisel nicht dabei ist, legen sie sich nicht zusammen, sondern fliegen bald wieder voneinander. Man sieht es alsbald, ob es richtig ist oder nicht, wird der Haufen mit der Zeit größer, so hat es nicht not, wird der Haufen aber kleiner, so ist es diesmal damit verloren, dann ziehen sie für gewöhnlich wieder in den Stock.

Zugerichtete Bienenstöcke sollen zur Hand sein

Dabei ist dann auch dieses zu beachten, man muss allezeit gemachte und zugerichtete Bienenstöcke bei der Hand habe, damit man nicht lange bauen und erst nach Stöcken schicken muss. Ist aber kein Stock bald zu bekommen, so fange man den Schwarm in ein Sieb oder Sack und verwahre sie, bis du einen Stock bekommen hast, und setze sie darein. Ich halte aber nichts von dieser faulen Regel und von Bienenherren die in ihrem Tun so nachlässig und faul sind. Bisweilen trägt es sich zu, dass die Bienen ausziehen und sich anlegen, wenn schlechtes Wetter und Platzregen schon da sind. Damit nun die Bienen vom Gewitter nicht beschädigt oder in ihren Stock zu ziehen veranlasst werden, so verdeckt man diesen Schwarm mit Reisig, Tüchern oder Stecken so gut man kann, dass sie vor dem Regen sicher sind. Sobald aber das Wetter vorüber ist, fasse man sie in einen Stock, diese Bienen pflegen gerne zu bleiben.

Worein man Bienen fassen kann

8. Etliche unserer Nachbarn nehmen für gewöhnlich ein Sieb. Ein Sieb zum Bienenfassen erachte ich für ein bequemes Mittel, besonders wenn man sie nicht mit einem Ast oder Reisigzweig in den Stock bringen kann.

In ein Sieb mit einem Tuch

Man muss es aber so machen. Zuerst legt man unten in das Sieb kleine Zweige mit dem Laub von einer Linde oder ähnlichen Bäumen, die großes Laub haben, und bedeckt vollständig den ganzen Boden des Siebes. Mit diesem nähere ich mich dem Schwarm, halte das Sieb gerade unter die Bienen, und halte mit der linken Hand das Sieb, lass auch eine andere Person mit daran greifen, damit wir es gewiss halten können. In der rechten Hand habe ich einen Stab, an dem ich ein leichtes Leinentuch gehängt habe, wenn ich dann so in Bereitschaft stehe, so lasse ich einen guten derben Schlag an den Ast tun, an dem der Schwarm hängt, sobald aber die Bienen in dem Sieb sind, so bedecke ich sie flugs mit dem Tuch an dem Stab zu. So habe ich sie gefangen, und kann mit ihnen nach meinem Gefallen umgehen und muss mich nicht sorgen, dass sie mir (weil sie verdeckt und auf weichen Blättern weich gebettet sind) aus dem Sieb wieder aufstehen, und schütte sie dann vorsichtig in den Stock, so dass nicht viele von ihnen daneben fallen.

Dieses Kunststücklein, die Bienen nach dem Abschlagen mit einem Tuche zu bedecken, sollte für jene sehr dienlich sein, die ihre Bienen in Strohkörbe zu fassen pflegen. Denn wenn sie den Korb unter den Schwarm halten und die Bienen darein schlagen und wie beschrieben bedecken, so ist ihnen die Metten gesungen (so haben sie es geschafft). Unser Autor pflegt eine Mulde (längliches ausgehöhltes Gefäß) oder Schwinge (länglich rundes geflochtenes Gefäß) dazu zu gebrauchen, welches zum Einschütten der Bienen bequem sein mag. Ob man sie aber so gut wie in einem Sieb bekräftigen (einfangen?) kann, lass sich einen jeden den es gelüstet versuchen, doch wenn die Schwinge tief ist so kann es wohl sein. *Es dient die Mulde und Schwinge nicht allein dazu, dass man die Bienen bequem in den Stock schütten kann, sondern man kann darin auch besser die Weisel suchen und desto eher finden, wie ich es gesehen habe, indem man den einen Teil der Mulde, der ein wenig erhoben steht, mit einem Brettlein zudeckt, darunter versammeln sich die Bienen, danach sucht man den Weisel, und wer das Geschick dazu hat der rührt die Bienen und mähret drinnen wie in Erbsen. Ich habe in Kirchhain in der Niederlausitz einen Töpfer, der von der Scheibe ohne Haube und Handschuhe gelaufen kam, einen Schwarm fasten gesehen und mich darüber höchst verwundert.*

Gedoppelte Siebe

Etliche gebrauchen auch gedoppelte buglichte (buckelige?) Siebe dazu, wenn die Bienen in eins geschlagen oder gekehrt sind, so schließen sie das untere Sieb mit einem anderen. Das taugt aber ganz nicht, denn man drückt zu viele Bienen tot, und wenn der Weisel getötet wird ist es um den ganzen Schwarm geschehen.

In ein Tuch

Wer sie in ein Tuch abschlagen oder kehren lassen will, der nehme ein flachsenes oder gar dünnes weißes Tuch dazu, sonst wenn das Tuch hart und starr ist, so stellen sich die Bienen anfänglich zur Wehr, und wenn viele den Stachel im Tuch stecken lassen, die sind alle des Todes, und große Schwärme werden merklich dadurch geschwächt, und nachher können diese Bienen bei der Arbeit nicht Nutz schaffen, denn hier gilt auch das gemeine Sprichwort: viele Hände machen nicht nur leichte Arbeit, sondern richten auch sehr viel aus. Deswegen ist dieser Punkt sehr gut zu beachten.

Wie man beim Fassen mit den Bienen umgehe

Wenn man einen Sack oben mit zwei Stöcken wie einen Schul-Carnier (Schulranzen) aus weichem Tuch macht, so geht es sehr gut und geschwind an, denn man kann die beiden Stecken zusammenhalten, und so sind sie vollständig bedeckt.

Leise muss man beim Fassen mit den Bienen umgehen

Der beste Rat und die beste Weise Bienen gut zu fassen ist diese, dass man nämlich auf das allersäuberlichste mit den Bienen umgehe, so kommen sie am wenigsten zu Schaden, bleiben auch gerne in ihren Stöcken. Welche aber beim Einfassen böse gemacht werden, die ziehen leicht wieder aus den Stöcken. Ich habe aber eine Kunst dagegen im folgenden Paragraphen gelehrt. Dies geschieht im allgemeinen, wenn sich ein Schwarm an kleine Stämmlein oder Ästlein legt, so schneidet man zuerst die Wipfel, an denen keine Bienen liegen, bis zu den Bienen vollständig ab, und legt sie fein leise einen nach dem anderen in den Stock bis man sie alle drinnen hat. Endlich lässt man eine Person den Stamm oder Ast festhalten und schneidet am unteren Ort den Ast, an dem die Bienen liegen, auch leise ab, legt sie danach sachte in die Beuten, machte diese zu, richtet sie auf und setzt sie zurecht. Wenn man aber befürchtet, die Bienen mögen beim Abschneiden und Fortheben vom Aste sehr abfallen, so kann ein Tuch untergelegt werden, davon stehen sie ohne Mühe und Zorn wieder auf. Wenn man dieses Mittel anwenden kann, so bedarf es keines Abschlagens, Abkehrens oder dergleichen. Weil das aber nicht immer geht, muss man sich nach dem ersten Mittel richten. Wenn man auch den Schwarm stracks in den Stock schütten oder schlagen kann, so ist es auch nicht unbequem.

Keine Art und Weise beim Fassen ist verboten

Zusammengefasst, es mag einer in diesem Fall einen Vorteil (eine Methode) aussinnen so gut er kann und mag, wenn es nur funktioniert, so ist alles gut. Man kann es so nicht beschreiben, denn die Bienen legen sich zu selten an. Ich habe sie an Zäunen, an Stangen, an Zaunstecken, in Dorngebinden, in Aglaster (Elster) Nestern usw. gesehen, da gehört Vorteil zu. Im verflossenen Sommer legte sich mir einer an einen Steckenzaun, da wollte es sich nicht wohl schicken, dass ich sie abklären oder abschlagen ließe. Deswegen schnitt ich hier den Neter (Teil?) am Zaun, auf dem die Bienen lagen, vollständig mit einem Schnitzer entzwei, nahm den Teil aber, wo viele Bienen dran waren, die legte ich in den Stock. Am Schluss umgrub ich die Zaunstecken, hob sie aus und kehrte die Bienen davon in den Stock, machte zu, setzte sie in die Höhe, da war ihnen die Messe gesungen.

Solche Vorteile werden nach Gelegenheit der Umstände oft nützlich gebraucht. Wenn ein Schwarm an einem Zaun liegt, so kann ich mit dem Sieb schwer zu ihm kommen, und muss deswegen eine große Mulde nehmen, diese mit Laub belegen und sie und in den Zaun schmiegen und drücken, so dass mir die Bienen nicht daran vorbei, sondern beim Abkehren in die Mulde fallen. Wenn ich sie auf einer Seite von dem Zaun in den Stock gebracht habe, muss sich die anderen auf der anderen Seite auch holen. Ebenso, wenn ein Schwarm auf den Rasen oder auf die Erde fällt, so untersticht man sie mit einem Grabscheit (Spaten), und setzt den Rasen mit den Bienen in den Stock. In welchem Stück dann der Usus auch Magister ist, die Not und Erfahrung lehren einen viele Sachen, die man zuvor nicht gewusst hat. Ferner soll ein Bienenherr diese Regeln wohl beachten, als nämlich:

Die erste Regel:

Wohin sich ein Schwarm Bienen anlegt, da soll er auch so nahe es geschehen kann einen Stock gefasst werden. Trägt man aber die Bienen weit von der Stelle (zu dem Bienenhause, usw.) so bleiben sie schwerlich, denn sie fliegen zum Teil wieder an den Ort, an dem sie sich zuerst angelegt haben oder ziehen zum Teil (weil sie den weit gesetzten Stock, wenn es auch nur 15 oder 20 Ellen wären, nicht finden können) wiederum in den alten Stock, und es verdirbt am Schluss der ganze Schwarm.

Die andere Regel:

Wenn man die Bienen in den Stock gebracht hat, so muss man was am Aste, an dem sich die Bienen gelegt hatten, noch anliegt mit Rauch abtreiben, der Autor pflegte einen Rauchkrug daran zu hängen.

Die dritte Regel:

Wenn man die neuen Bienen fortsetzen will, so geschehe es am Abend des Tages an dem die Bienen gefasst worden sind, oder spätestens am nächsten Morgen bevor sie fliegen. Lässt man aber die Stöcke 2, 3, oder 4 Tage oder auch länger stehen und trägt sie fort, so sind sie schon den Flug gewöhnt, mögen den neuen Stock nicht treffen und kommen auch um.

Die vierte Regel:

Wenn man junge Bienen stehenlässt, wo sie sich angehängt haben, so gedeihen sie am allerbesten, tragen auch bei weitem mehr ein als wenn man sie fortgetragen hat. Will man sie aber ja in's Bienenhaus haben, so trage man sie entweder am ersten oder am frühen Morgen dahin, oder warte bis im November, Dezember oder Januar, so schadet es ihnen nicht denn über den Winter vergessen sie den gewohnten Flug und lernen den neuen gar leicht.

Die fünfte Regel:

Wenn man junge Bienen eingesetzt hat, so muss man etliche Tage fleißig auf sie Acht geben, dass sie nicht wieder aus- und davon ziehen, verharren sie aber den zweiten Tag bei schönem Wetter, so ist es nicht weiter notwendig.

Die sechste Regel:

Geringe Schwärme darf man nicht in große Stöcke setzen, denn sie werden zaghaft, und große Schwärme nicht in kleine Stöcke fassen, denn sie haben nicht genug Raum zum bauen. Wie man aber große Stöcke klein machen könne, wurde im ersten Buch berichtet.

Von Weiselhäuslein und Weiselfang

Es haben auch etliche Gefängnisse, die wir Weiselhäusern nennen. Ich lasse in diesem Fall einem jeden sein Gutdünken, wer es so machen will und auch kann, der mag es tun. Ich für meine Person habe keinen Sinn dafür, denn Weiselhäuslein zu machen ist keine große Kunst, doch gehört auch Vorsichtigkeit dazu. Aber die Weisel aus den Schwärmen auszusuchen und darin gefangen zu legen, Übersetzung: das ist die wahre Arbeit, da gehört Mühe und Fleiß dazu.

Denn

1. Einen Weisel aus einem großen Schwarm herauszusuchen nimmt viel Zeit in Anspruch, unterdessen stehen mir die meisten Bienen, auch wohl der Weisel selbst, wieder aus dem Siebe oder Schwinge auf und legen sich an die alte Stelle.

2. Lasse ich sie mir noch einmal abschlagen, so werden sie zornig, stechen mit Gewalt Menschen und Vieh, ja es ist keine Henne am Hof, und keine Taube auf dem Dach sicher vor ihrem Grimm, dadurch werden dann die Schwärme trefflich geschwächt, weil die Bienen, die den Stachel verloren haben, alle des Todes sind.

3. Wenn mehr als ein Weisel in dem Schwarm ist, wie kann ich wissen, welcher der beste und den Bienen am liebsten ist.

4. Weil die Bienen den Weisel losbeißen, wenn sie keine Lust zu bleiben haben, und gleichwohl davonziehen, so ist es nichts nütze, dass man ihn mit solcher Mühe gefangen hat.

5. Da die Bienen auch manchmal sterben, ehe sie bei einem gefangenen Herren bauen wollen, so ist das Werk nicht allein unnötig, sondern auch schädlich.

6. So stirbt der Weisel leicht vor Hunger, und gibt man ihm schon Honig hinein ins Weiselhäuslein, so beschmiert er sich auf's Hässlichste und richtet sich so zu, dass er weder fliegen noch kriechen kann. Schlägt dann ein wenig ein Unrat dazu, so ist es um den Weisel und Schwarm geschehen

Das dritte Buch – Der erste Teil

Deswegen halte ich von der üblichen Weise, Bienen zu fassen, wie zuvor berichtet wurde, am meisten, dass ich nämlich Weisel und Bienen in den Stock miteinander bringe, und gut auf sie Acht geben, damit sie nicht wieder aus und davon ziehen. Doch wenn einer von Natur eine Gabe dazu hätte, dass er die Weisel ohne einen einzigen Bienenstich finden könnte, wie denn mein Nachbar einen solchen Sohn hat, welcher ohne Mühe einen jeden Weisel aus dem Schwarm suchen kann, der könnte es so machen, wie der Autor lehrt:

Es haben auch etliche Gefängnisse, die wir Weiselhäuser nennen, darin sperren sie den Weisel ein. Diese sind aus Holz gemacht und mit Draht vergittert. Da aber die Amtleute (Beamten) und die Bienen bessere Wohnungen kennen, so beißen sie Tag und Nacht so lange, bis sie ihren König losmachen, und wenn sie ihn freigemacht haben, so ziehen sie davon, obgleich sie 4 oder 5 Tage in einem Stock gewesen sind. Wo es ihnen nicht gefällt, da sterben sie ehe sie arbeiten. *(Ich verstehe es, wenn es unreine und ungesunde Stöcke sind, sonst aber auch nicht.)*

Ich aber lasse mir runde Hölzer drehen, innen hohl, und schneide es auf beiden Seiten in der Mitte weg, doch nicht so gar nahe an die Enden, und mache auf beiden Seiten vor die geschnittenen Löcher Draht wie starke Nadeln, das Holz lasse ich einen guten Finger lang und einen Daumen dick, so dass es an dem einen Ende ein Loch behalte, darein setzte ich den Weisel oder König, mache einen Stöpsel aus Holz für das Loch, dort muss er gefangen bleiben, solange ich sehe bis die Bienen getreulich arbeiten, so lasse ich ihn in 4 oder 5 Tagen los, wenn sie vier oder fünf Blätter Gewürche haben. Aber es sagen meinen Nachbarn, es würde ihnen übel anstehen einen so großen und mächtigen Herren gefangen zu halten, und sie lassen die Bienen zugleich mit dem Weisel in die Beuten gehen. Etliche aber beschneiden dem Weisel die Flügel. Ich aber halte nicht viel davon, dass man den König beleidigt, so er doch zuweilen auch ausfliegt wie ich es denn selbst gesehen habe. Bis hier Nicol Jacob.

Ich für meine Person halte nichts davon, dass eine besondere Gabe von der Natur zum Weisel aussuchen aus dem Schwarm erfordert wäre, sondern vielmehr Übung und Kühnheit, wie ich in der Niederlausitz gesehen habe, wie ich vorher beschrieben habe, vom Töpfer. Dazu ist auch keine Gefahr dabei wegen des Weisel Ausbeißens von den Bienen zu befürchten, denn ich selbst habe bloß hölzerne Düllen (Vertiefungen), einen guten Finger lang, entweder aus Hollunder einen Daumen dick, oder sonst aus einem anderen Holz ausgebohrt gesehen, unten ist ein Stecken, der fast bis an des Stockes Haupt reicht, eingebracht worden, oben aber ein Pflöcklein, und an den Seiten sind 5-6 Schlitzlein, so groß dass keine Bienen hineinkriechen können, viel weniger der Weisel heraus, dadurch können sie ihn konsultieren, beschnuppern und auch ohne seine - des Weises- Ungelegenheit speisen können. So gibt es auch keine Gefahr des Ausbeißens, wie mir auf meine Nachfrage die Leute als erfahrene Bienenväter berichtet haben, und wegen der Befürchtung, weil das Holz ziemlich dick über der Höhle liegt und man auch bald sieht, ob die Bienen Luft haben oder nicht, da man dann in dem Fall ihnen ihren gefangenen Kommandanten in ein anderes Quartier geben kann.

Etliche verschneiden (beschneiden) dem Weisel die Flügel

Dies pflegt man zu tun, wenn er wiederum mit seinem Volk aus dem Stock gezogen ist in den man ihm gefasst hat, es schadet ihm nichts, nur dass man ihn nicht erdrücke. Wenn ein Schwarm Bienen zum zweiten Mal aus dem Stock zieht, so tauche ihn mit dem Sieb in kaltes Wasser, lasse ihn abtropfen und schütte ihn in den Stock, ich will gut dafür sein, er wird nicht mehr aus dem Stock ausziehen. Man trage in einem großen Stutzen (Gefäß?) kaltes Brunnenwasser an den Ort, an dem der Schwarm im Sieb gefangen ist, tauche ihn ein oder begieße ihn - Oh wie demütig werden Weisel und Bienen.

Ob der Weisel zuweilen auch ausfliegt

Ich erachte es aber nicht für gut, da er zuweilen aus fliegt.

Dass der Weisel außerhalb des Schwärmens oder in hoher dringender Not aus seinem Stock zuweilen spazieren fliegen soll, das mag glauben wer will, ich glaube es nicht. Denn für eins, wenn der Weisel aus dem Stock zieht, so zieht sein ganzer Anhang mit. Für's andere, erlaubt es die höchste Gefahr nicht, denn der Weisel ist seines Lebens auch in der

Luft im Fluge nicht vor den Schwalben, dem Platzregen usw. sicher. Der Autor hat eine Drohne für den Weisel ansehen müssen, oder seinen Conzipienten (Schriftsteller) dieses in das Buch zu setzen nicht befohlen, er ist sonst nicht so einfältig, ich halte dieses Pünktchen für die allerkindischste Posse im ganzen Buche.

Wenn der Autor Nicol Jacob den Weisel nicht von den Drohnen erkennt oder zu unterscheiden gewusst hätte, so hätte er zur Schwarmzeit denselben aus den Bienen und Drohnen, die mit dem jungen König zu ziehen pflegen, auch nicht auslesen können, und dies wäre alsdann eine kindische Posse. Aber das ist von Nicol Jacob als einen guten Bienenvater (Übersetzung:) seiner Zeit und nach seiner Abstammung, da es nach den homerischen Iliaden leicht ist zu schreiben, anzunehmen und zu vermuten. Derweil haben in der Nachbarschaft die Kinder es erkannt, wenn um die Schwarmzeit die Bienen einen toten jungen Weisel oder eine erbissene Dhrone herausgetragen haben und deswegen den jungen totgebissenen Weisel aufgehoben und den Eltern gebracht haben. Dass aber M. Höffler in dem Gedanken steht, dass der Weisel außer in der Schwarmzeit nicht aus dem Stock kommen sollte, so kann ich ihm gar nicht zustimmen, denn solcher Gestalt wäre der Weisel 1. Nicht ein freier König sondern ein Gefangener und von geringerem Rang als die geringste Biene, der in der freien Luft sich zur ergötzen erlaubt wäre. 2. So würde der Weisel, wenn er als ein Gefangener in der Luft sich nicht erfrischen sollte ganz siech und ungesund werden, während die Drohnen, die stets über der Brut fliegen müssen, sich dennoch der Gesundheit wegen bei bequemen warmem Wetter an die freie Luft begeben. 3. Wenn der Weisel niemals aus dem Stock käme und sich des Ortes gute Gelegenheit nicht erkundigte, wie könnte er dann den Seinigen befehlen, was sie für Arbeit tun sollten, und wenn er sich erst bei den Bienen erkundigen sollte, was zu tun und was für Material vorhanden wäre, so ginge es zu wie bei einem unerfahrenen Hauswirt, der vom Gesinde lernen muss. Übersetzung: Ach gefährlich ist es für den König mit fremden Augen zu sehen und mit fremden Ohren zu hören. 4. Wie sonst Potentaten (Machthaber) und

Könige zu ihrer bequemen Zeit ausziehen, nicht um der Arbeit willen, sondern um der Luft; wer wollte denn diesem mühseligen solches absprechen, so dass er nicht seine Abwechslung und Ehrgötzlichkeiten, wie alle anderen Kreaturen und die seines Geschlechtes haben. Was hierbei M. Höfflers Bedenken ist, dem kann bald abgeholfen werden, wie es zum Teil auch bereits geschehen ist.

Übersetzung: Ich erhebe Einspruch.

Es könnte in diesem Punkte von meinen Herren Nachbarn (die mich allezeit gedrängt haben meine Arbeit zu widerlegen als in diesen Dingen besser erfahrene, da es doch nur aus (Übersetzung:)"Geglaubtem, Blitz und dem Becken ist", oder wo es ihr Ernst ist, da kann ich es, der ich nicht meine Ehre, sondern des Nächsten Nutzen suche, wohl geschehen lassen, dass unerfahrenen Bienenvätern mit ihren von ihnen selbst bestätigten und nach allen Umständen wohl betrachteten Bericht gedienet werde, und so wird demnach meine Arbeit, sofern sie derselben sich nicht anmaßen, etlichermassen auch ihr Vorzug wenn auch nicht Ruhm) zum Gegenspiel meiner Meinung entgegengesetzt werden des Herren Pfarrers zu Flemmingen meines vielgeliebten Herren Gevatters Beispiel: welcher, als er in der Beschauung oder Beschneidung seines ältesten Stockes, im Jahre 1656 sich gewaltsamen und den Bienen ganz unangenehmen Rauches mag gebraucht haben, denn König samt seinen hohen Offizieren und anderen Untergebenen wurden aus dem Stock und lang bewohnten Quartier getrieben, da ist dann der König oder Weisel (welcher, wie der her Pfarrer berichtet, fast wie eine große Wespe oder kleine Hornisse gewesen ist) vor dem Flader herumgekrochen, den der Bienenvater abgenommen, auf die Hand gesetzt und gut betrachtet hat, und wieder in den Stock wenn auch ganz matt hat laufen lassen, worauf aber der Weisel samt seinen Untergebenen in Führung gegangen ist, und wäre der Weisel nicht ausgetrieben und an die frische Luft gebracht worden, so wäre der Stock ihm eingegangen. Und wie wahr, die Ursache der Verderbnis dieses Stockes ist teils der ungewöhnlich heftige Rauch, während vorsichtige Bienenväter sich zu ungewöhnlicher Zeit dessen enthalten (wenn man auch

dergleichen bei der Bienen ungewöhnlichem Widerwillen erst
gebrauchen muss), teils die unbequeme Zeit des Weisels,
welcher, als ein König (Übersetzung:) als Exempel
königlicher Vernunft und Macht nach seinem Gefallen zu
seiner Zeit und ihm behaglichen Wetter an die freie Luft sich
begibt, und nicht zur Unzeit bei unbequemen Wetter,
welches die Bienenväter zu ihrem Vorteil, den Bienen aber
zum Nachteil, zu gebrauchen pflegen) und zwar mit ihrem
Unwillen, nach großer Herren Schlusssatz. Um was sich M.
Höffler ferner besorgt! Der ganze Schwarm würde als dann
dem Weisel folgen. Wie man niemals gehört hat, dass, wenn
ein Fürst oder Potentat ausspaziert oder auf die Jagd
gezogen ist, ihm dann alle Untertanen nachgefolgt wären,
viel weniger ist dieses von den mühseligen und die
vernünftigen Menschen am Gehorsam wie auch in anderen
Stücken weit übertreffenden Bienen anzunehmen. Noch viel
weniger, dass der sehr kluge König sich bei seiner
Belustigung den Schwalben in Gefahr geben, oder eines
Platzregens zu solch früher Tageszeit, welches doch die
arbeitsamen Bienen auch nicht tun, erwarten. Und wenn
doch mit des Weisels Ergötzlichkeit Unvorsichtigkeit
unterlaufen sollte oder könnte, so hätten wir daher die
Weisellosen und ohne unser Zutun und Verwahrlosung
eingehende Stöcke.

Vom Zeichnen der Bienenstöcke

Etliche machen, wenn sie die Bienen in die Gärten
einsetzen, Zeichen. Das ist nicht Unrecht, ich schreibe Jahr
und Tag daran in rot, mache auch sonst ein Zeichen an die
Stöcke und schreibe es in meinen Bienenbuch, so weiß ich
nachher, wie alt ein jeder Schwarm und aus welchem Stocke
er gefallen ist. Außerdem pflegen etliche Leute junge Stöcke,
wenn sie nur eingesetzt sind, auf eine andere Art und Weise
und auch aus einem anderen Grund zu zeichnen. Damit ist es
so bewandt: sobald sie einen Schwarm Bienen in einen Stock
gefasst haben, so machen sie dem neuen Schwarm ein
besonderes Zeichen oder einen Vermerk an den Stock, damit
er (der Schwarm, Anm.) diesen umso eher und besser
kennen und bald eintragen lerne. Weil die Bienen keinen

Nutzen in den Stock schaffen mögen, bevor sie des Fluges zu diesem Stocke richtig gewohnt sind.

Etliche pflegen 2 oder 3 Tage das Tuch über den Stock zu breiten, daran sollen die Bienen den Stock kennenlernen, weil aber das Tuch da nicht lange liegen bleiben kann, halte ich nichts davon. Etliche hängen einen Reiß (Zweig) zum Flader an den Stock, und zwar für gewöhnlich von dem Aste genommen, an dem die Bienen sich angelegt haben, wenn aber dieser Reiß von der Sonne dürr wird, so verliert er seine vorige Gestalt und da hat sich das Gemerke zugleich auch verloren.

Ich aber rate, wer in diesem Fall den neuen Bienen ein solches Merkzeichen machen will, der tue es so, dass dieses den ganzen Sommer über unverrückt bleibt, sonst werden die Bienen irre gemacht und am Eintragen gehindert. Solche Zeichen macht man entweder mit Flugschienen oder mit den Stricken, mit denen man den Stock entweder über oder unter dem Flader einfach, zwei- oder dreifach anbindet. Wenn man ein Strohband um den Stock bindet, das gibt auch ein gutes Zeichen, und auch die so keine Zeichen haben, sind auch gezeichnet. Nachdem aber die Bienen sich für gewöhnlich nach den Decken richten, mit denen ihre Stöcke bedeckt sind, soll man diese nicht ändern, und wenn sie vom Wind runtergeworfen werden, so achte man sehr darauf, dass sie wieder wie zuvor besonders im Sommer, denn im Winter hat es nichts zu bedeuten, richtig aufgelegt werden.

Vor allem aber soll man auch bei dem Punkt beachten, dass man den jungen Stock nicht zu dem alten setze, aus dem sie gezogen sind. Denn die Bienen sind den gleichen Stock und Flug gewohnt, und brechen mit Gewalt wieder in diesen Stock. Lassen nun die Alten diese Jungen wiederum ein, so wird der Schwarm sehr geschwächt. Stellen sie sich aber zur Wehr, so beißen sie einander auf beiden Seiten tot, und werden zugleich auch wirklich an dem Eintragen gehindert.

Die Zeichen der Bienenstöcke mit dem Tuch, Reifen und dergleichen erachte ich für meine Person auf gewisse Art

und Weise ganz und gar für unnötig, denn wenn die klugen
Tierlein vom Fassen das Tuch indem sie gefasst wurden, vom
Anhängen den Ast oder Baum an dem sie gehangen hatten
kennenlernen, was bisweilen kaum eine halbe, ganze oder 2
Stunden währt, wie viel eher werden sie ihre Wohnungen in
denen sie etliche Tage und Nächte gehaust haben kennen
lernen. Doch dass ihnen die Decke nicht oft geändert werde,
dass sie nicht verwirrt werden, denn wie ein Wandersmann
der oft einen Weg im Winter allein gegangen ist, sich im
Sommer, wenn die Wälder, Wege und Stege eine andere
Gestalt gewonnen haben, leicht verirren kann, doch
übertreffen diese arbeitsamen und auf's Eintragen erpichte
Bienlein die Menschen bei weitem, weil sie nicht mit
mancherlei Sorgen und anderen Gedanken wie die Menschen
beladen sind, und also aus Beunruhigung durch viele Sachen
und Gedanken irren oder fehlen können. Es heißt bei ihnen:
das, was der Weisel anbefohlen hat, tue. Wir Menschen
wissen's auch wohl, wir wollen aber immer sorgfältiger und
vorsichtiger sein als unser himmlischer Regent.

Der siebente Teil dieses Kapitels
Wie viel Schwärme in einem Sommer aus einem Stock zu fallen pflegen

Es ist genug, wenn ein Bienenstock in einem Sommer
zwei oder drei Schwärme lässt. Zu viel ist ungesund, sagt
man in gemeinem Sprichwort, so tut es den Bienen nicht gut,
wenn sie zu viel des Schwärmens betreiben, denn die alten
werden dadurch trefflich geschwächt, und es ist an den
letzten jungen Schwärmen nicht viel Gutes, denn sie sind viel
zu gering.

Wenn ein Stock mehr als drei Schwärme lässt, so sterben die Alten

Dass geschieht darum: 1. Weil die jungen Bienen viel
Honig aus dem Stock mit sich nehmen. Es muss ein geringer
Schwarm sein, der nicht eine Kanne Honig beim Auszug bei
sich habe. Wenn nun den Alten nicht viel übrig bleibt, so
sterben sie im Winter vor Hunger. 2. Wenn die Bienen durch
das Schwärmen geschwächt werden, so bleiben die Drohnen
im Stocke, indem sie ausgebrütet wurden, und weil sie der

Bienen mächtig, und von ihnen nicht getötet werden möchten, so zehren sie den Honig rein aus dem Stocke, bis endlich die Bienen mit ihnen vor Hunger sterben müssen. 3. Wenn zu wenige Bienen in den Stöcken bleiben, so können sie sich im kalten Winter nicht erwärmen und erfrieren.

Diesem Unheil kann man aber so entgegen steuern - vom Drohnentöten

1. So tritt man Nachmittag vor den Stock mit einem scharfen Messer und schneidet die Drohnen, die aus- und einfliegen, entzwei, so dass sie zum Teil heraus vor den Stock fallen, zum Teil aber verwundet in den Stock laufen. Wenn dann nun die Bienen sehen an den verwundeten Drohnen, dass man ihnen zu Hilfe kommt, so greifen sie die Drohnen getrost an und überwältigen sie. Man muss aber nicht nur einen, sondern wohl acht oder 14 Tage den Bienen so mit der Zerschneidung der Drohnen helfen.

Mit Fischkörblein

Man pflegt auch ein Fischkörblein zu machen, dass nicht gar zu eng ist, den oberen Hals davon abzuschneiden, unten ein Loch ins Beutenbrett zu machen, durch den man einen Finger in den Stock stecken kann, dieses Körblein bindet und klebt man vor das Loch, so jagen dann die Bienen die Drohnen von Tag zu Tag in das Fischkörblein, dass sie darin bleiben und sterben müssen. Die Bienen aber, weil sie ein gutes Stück kleiner als die Drohnen sind, obschon sie den Drohnen bis in das Körblein gefolgt sind, fliegen durch. Das ist eine schöne Lust zu sehen, und währet so lange, bis endlich das Körblein voller Drohnen oder keine mehr im Stock ist. Man muss aber ein Körblein mit Fleiß auslesen, durch das die Bienen kriechen und fliegen können, und nicht mit den Drohnen darin bleiben und sterben müssen.

Diese Art die Drohnen zu dämpfen in diesen schwachen Stöcken ist sehr gewiss und kostet nicht viel Mühe, nur das den Bienen der Honig entzogen wird, den die Drohnen beim Ausflug bei sich haben, den sie ihnen sonst nehmen, wenn sie diese selbst würgen. Doch wenn man die Drohnen ganz entzwei schneidet am Stocke geht ihnen der Honig den diese haben auch ab. Drum die Drohnen an den

Stöcken verwunden, oder ihnen nur ein Stück vom Leib schneiden, und sie wiederum in den Stock laufen lassen ist die beste Methode.

Für's andere, hilft man den schwachen und abgeschwärmten Bienen so, dass man im Herbst, wenn die Drohnen nunmehr tot sind, ihnen Nahrung in den Stock gibt, dass sie ihr Auskommen haben können, dadurch werden sie dann am Leben erhalten.

Hauptschwarm

Wie man aber diesem Unheil und Schwächung der Stöcke zuvorkommen soll, und das übrige Schwärmen wehren soll, folgt nunmehr in diesem Kapitel. Es ist aber hier zu beachten, dass man den Schwarm, der als erster im Jahr aus dem Stock zieht, den Hauptschwarm zu nennen pflegt, und ihn weit höher als die anderen hält. Für's erste, weil sie früher und eher als die anderen kommen. Zweitens, weil sie auch größer und stärker an Bienen als die anderen zu pflegen sind.

Hierbei habe ich zu bemerken, dass das vielmalige Schwärmen die alten Stöcke nicht umbringen soll, denn mir berichtet ein geistlicher in meiner Heimat zu Grimm, H. M. J. R., dass im Jahre 1642 sein dicker Stock, wie er ihn nannte, sieben mal vollkommen geschwärmt, und im Jahre 1643 wiederum ohne seinen Schaden und Nachteil vier vollkommene Schwärme gelassen hat. Ebenso hatte im Jahre 1656 meines Herren Gevatters und Nachbars Stock jeder sechs Schwärme gelassen, den er weder speisen noch füttern musste, darum nimmt kein guter Bienenvater seinen Bienen zu viel, sondern lässt ihnen Vorrat der zum Schwärmen nötig ist.

Das andere Kapitel

Wie man den Bienen das Schwärmen erwehren soll.
In diesem Kapitel wird von zweierlei berichtet.

Wie man den Bienen das schwärmen verwehren soll

Unser Autor Nicol Jacob weiß zwei Mittel: erstens, wenn sie ausgezogen sind, so nehme man dem Schwarm den Weisel und lasse die Bienen wiederum zum Fladerloch, oder, das ist gewisser, zum untersten Beutenbrett hinein in den Stock, aus dem sie gezogen sind, laufen. Zweitens, dass man ihnen das Gewürche oder die Arbeit zerstöre, so behalten die Alten die letzten Schwärme bei sich, nachdem sie die Könige getötet haben, damit sie ihnen bauen helfen. Wenn aber der junge König schon mit dem alten im Kampf und Streit liegt, so funktioniert dies Mittel nicht immer, der junge zieht gleichwohl mit seinem Heer aus dem Stock. Außerdem verwehrt man den Bienen das Schwärmen auch so, dass man eine gute Anzahl von den Drohnen vor dem Stock beschädigt, der nicht mehr schwärmen soll, man schneidet oder sticht in sie, so dass sie noch mit dem Leben in den Stock kommen. Sobald nun die Bienen bemerken, dass die Drohnen verletzt sind, fällt Feind und Freund (um des Honigs willen, den sie stets bei sich haben) diese an, und bei diesem Lärmen müssen die jungen Weisel auch mit herhalten, und so wird dann das Schwärmen auch eingestellt.

Regel: Kein Stock schwärmt mehr, wenn er angefangen hat seine Drohnen zu würgen.

Ausnahme:

Im Jahre 1655, als die Mitglieder der Pfarrgemeinde hier das baufällige Dach deckten, war der eine oder andere vornehme Bienenvater auch mit da, die krochen um die Schwarmzeit vor den Bienenstöcken und sahen, ob die Drohnenschlacht angefangen hätte, und als sie vor dem ersten mehr als vor anderen Stücken erwürgte Drohnen fanden, sagten sie, nun wäre es mit dem Schwärmen vorbei, am dritten Tag aber danach schwärmte der Stock vor dem die meisten erwürgten Drohnen lagen.

Bienenhüter – Vom Klingeln

Wie man die Bienen im Fortzuge aufhalten soll: Die Bienenhüter läuten mit Schellen wenn die Bienen schwärmen.

Wenn man schon das ganze Jahr über für die Bienen keinen Hirten braucht, so ist es doch in der Schwarmzeit höchst vonnöten, weil kein einziger Schwarm aus dem Stock zieht, der nicht seine bestallte Herberge habe. Deswegen ist es nötig, fleißig auf sie aufzupassen. Wenn man nun in dieser Zeit einen Hüter für die Bienen anschafft, so muss man nicht eine faule unverständige Person (wie es für gewöhnlich zu geschehen pflegt) als Bienenhüter einsetzen, sondern eine solche, die bei den Bienen Nutz und nicht Schaden schafft. Die gemeinen Bienenhüter, sobald sie sehen, dass die Bienen beginnen aus den Stöcken zu ziehen, so fangen sie aus freien Stücken nach höchstem Vermögen an zu klingeln, werfen mit Erde und Sand getrost unter die Bienen die ausgezogen sind, und meinen, sie haben so ihres anbefohlenen Amtes stattlich gewaltet, und ihren Herren großen Frommen geschafft.

Wie die Bienen im Fortziehen aufzuhalten sind

In Wahrheit aber sind diese Dinge mehr schädlich als nützlich. Denn fängst du an zu klingeln, bevor der Weisel aus dem Stock ist, so zieht er schwer heraus, und da begeben sich dann die Bienen wieder zu ihm in die Beute, so bekommt man dann an demselben Tag den Schwarm nicht. Dasselbe pflegt auch zu geschehen, wenn man mit Sand und Erde zu zeitlich unter sie wirft. Ziehen dann die Bienen wiederum in den alten Stock, so wird der Weisel leicht getötet, und der Schwarm bleibt ganz auf dem Platz, wie ich mit Schaden erfahren habe.

Drum ist der sicherste Weg, man lasse nach des Autors Meinung die Bienen beim Auszuge ungeirrt und ungehindert mit diesen Dingen, besonders wenn man sieht, dass sie sich beginnen anzulegen. Wenn aber die Bienen aus dem Stock sind und sich in die Höhe begeben, und nicht anlegen wollen, dann mag man klingeln was man vermag, damit die Bienen ihren Anweiser und Heerführer nicht mehr hören können und so gezwungen werden, weil sie irre gemacht sind, sich anzulegen.

Dazu ist es nun auch dienlich, dass man mit Erde und Sand unter sie werfe, mit Wasser unter sie spritze und gieße, und auch, wenn sie diesem nicht nachgeben, einen Schuss aus einem Handrohr, auch wohl zwei, ihnen entgegen tue, welches sie nicht vertragen können, sondern sich dann anlegen. Sobald aber die Bienen sich beginnen anzulegen, muss man aufhören zu klingeln, sonst stehen sie wiederum auf.

Etliche laufen einen guten Weg vorweg und halten einen Ast oder Zweig vor einen Baum an dem Weg empor.

Dieses Mittel geht in weitem flachen Felde an, wenn die Bienen durch stetiges Sandwerfen unter sie, oder von weitem Fluge müde geworden sind, sonst fragen sie nichts nach einem solchen Ast oder Zweig.

Was zu tun, damit sich ein Schwarm nicht beim Nachbarn anlege

Wohl ist zu bemerken, wenn ein Schwarm beim Auszug sich nach meines Nachbarn Garten oder nach einem hohen Baume lenkt, so trete ich an dem Ort vor den Weg und klingel, so weicht er vor dem Schall wiederum auf die andere Seite, dadurch werden Schaden und Gezänk verhütet. Unter allen Instrumenten aber, mit denen man klingelt, sind alte Sensen am besten, weil dieser Klang ihrem Gesang am ähnlichsten ist.

Ich habe hier auch das Gegenteil erfahren dass, als ich mit der Sense gestanden und geklingelt habe, sich die Bienen oben über mir an den Baum angehängt haben, und also dem Klang der gefolgt sind.

Wie die Bienenstöcke, darein die Bienen zu fassen, zuzurichten sind

Wie man Bienenstöcke machen und bequem zur Bienenzucht zurichten soll, davon ist im ersten Buche weitläufig berichtet worden, und dort solle sich der günstige Leser Bescheid holen. Hier aber ist zu bemerken, dass man die Stöcke, in die man Bienen setzen will, vor der Schwarmzeit so zurichten soll, wie oben gelehrt wurde. Denn es geht gar nicht an, dass man in einer Stunde wie gezeigt die Stöcke innen verkleben und junge Bienen darein setzen wollte. Die Bienen verderben in nassem Lehm oder besudeln sich zumindest so darin, dass sie sich danach selbst die Flügel zerbeißen. Wenn die Stöcke innen gut ausgetrocknet und der Lehm ausgedörrt ist, so ist's am besten. Deshalb muss man auch einen, zwei oder drei Tage vor der Bienen Ansatz oder Vorstoß in die Stöcke diese zurichten, davon berichtet der Autor im Text.

Ich forme und mache etliche Stücke Wachs weich und länglich, wie kleine Wachslichtlein, die drücke ich oben an. Dieses pflegt man nicht nur darum zu tun, dass die jungen Bienen daran umso leichter ansetzen können, sondern vor allem geschieht es darum, dass die Bienen solchermaßen in dem Stock anfangen zu bauen, und die Kuchen des Gewürche nicht die Zwerch (quer), sondern der Länge nach setzen, das ist eine gute Weise und nicht zu verachten. Wenn man drei oder höchstens vier solcher Linien von Wachs in einen Stock drückt, so ist es gar genug, dass sie nur zuerst einen Anfang haben, sie verfahren danach ohne unsere Hilfe ganz gut.

Etliche aber heben ihnen kurze Stücklein Rohs vom Zeideln mit Fleiß auf, suchen auch die kleinen Kuchen, die in den jungen Schwärmen am Anfang herunter in den Stock zu fallen pflegen, solche stoßen sie in warmes Fasspech, dass nicht allzu heiß ist, und kleben diese oben nach ihrem Gefallen am Stocke an, danach fangen die Bienen auch an zu bauen. Wenn man aber zu große Stücke anrichtet und die Bienen sich haufenweise daran hängen, so fällt das angeklebte Gewürche und die Bienen auf einen Haufen herunter in den Stock. Die erste Weise, bei der man Wachs der Länge nach oben in den Stock andrückt ist gewisser. Da auch die Bienen aus solchen Stöcke ausziehen, die richtig angesetzt haben, so bedarf es solcher Mühe nicht gar nötig, denn es geschieht selten, dass die jungen Schwärme anders ansetzen und bauen sollten als ihre Alten es getan habe.

Womit man die Beuten in der Schwarmzeit zurichten soll

Nicol Jacob deutet an, dass etliche Bier und Honig durcheinander mengen und die Beuten damit beschmieren. Etliche gebrauchen Malvasier oder Muskateller, die anderen nehmen eine Blase von einem wilden Schwein, füllen altes Schmer (weiches Schweinefett) hinein und hängen sie an die Sonne, danach beschmieren sie die Beuten damit. Etliche nehmen Gartheil (Johanniskraut oder Andreaskraut), Feldkümmel, Rosmarin, Sadebaum, welches Narrenwerk ich zu erzählen als unnötig erachte. Etliche laufen mit Krügelein herum, haben Sirup wie die Landbetrüger, die Tyriack (altes Arzneimittel aus pulverisierten Pflanzenteilen und Honig) feilbieten. Mir ist glaubhaftig gesagt worden, dass einst einer von den Nachrichtern (Henkern) Menschenfett bekommen hat, habe die Beuten damit beschmiert, und eine große Anzahl Bienen bekommen, damit hat er aber die Bienenstöcke alle so verdorben, dass ihm die Bienen davon bald danach gestorben sind, und er hat am Schluss die Beuten mit großen Unkosten wieder auf's neue aushauen lassen müssen. Mit solchem Gaukelwerk bekommt einer viel Bienen, aber innerhalb von zwei Jahren sind sie wieder dahin, denn sie haben keinen Bestand, und wegen des Schmierens werden die Beuten verdorben, wie dieses die gemeine Erfahrung zeigt. Ich glaube, wenn einer Wagenpech, Essig, Zwiebeln, Knoblauch und Branntwein, welches den Bienen böse Stücke sind, nehme und die Fluglöcher damit einschmiert, dennoch zögen die Bienen hinein. Aber wie zuvor berichtet, so harren sie nicht lange darin aus, denn wenn sie die Beuten erwärmen müssen sie vom Gestank sterben.

Ich aber mache die Beuten rein mit Fleiß, nehme ein Kraut namens Grentze oder wilder Rosmarin, was bei uns gemein wächst in niedrigen Orten der Heiden und Wäldern, und Bienenkraut oder Melisse, dazu ein reines Wachs von jungen Bienen, reibe oder bestreiche die Beuten damit, stecke 3 oder 4 Zweiglein von der Grentze hinein, und mache aus dürrem Holz ein Brett eigens dafür, so fest hineingeschlagen, dass, wenn Wasser darin wäre, es nicht gut heraus fließen könnte, und auch eine Flugschiene aus dürrem Holz. Bis hier Nicol Jacob.

M. Höffler aber sagt: er halte genau wie der Autor das Schmierwerk für Fantasie und Narrenwerk, wie ich mit ihm übereinstimme. So zum Beispiel: Bier taugt nicht für die Bienen, denn es wird sauer; Sadebaum wegen des Gestank auch nicht, wie Menschenfett dazu dienlich sei, kann ich nicht verstehen. Doch sind etliche Stücke hier nicht unbequem und undienlich. Bei all diesem aber soll ein christlicher Biedermann gut acht geben, ob solche Dinge, die man gebraucht, ihre Ursache der Wirkung in der Natur haben, oder ob sie vom Aberglauben und Zauberei herrühren, oder wenigstens damit vermengt sind. Mit diesen, den abergläubischen usw., soll ein Christ unverworren sein, bei Verlust der Seelen Seligkeit. Was aber jene, die natürlichen, die ihre Ursachen in der Natur haben, und reine Naturwissenschaften sind, angeht, dies sind nicht ganz zu verachten. So wie wir lesen, dass der Patriarch Jacob mit bunten Stäben der Natur merklich geholfen hat, doch ist in diesem Exempel die Metaphysik mit untergelaufen.

Womit Bienenstöcke zu reiben sind

Die Stöcke aber, in die man die Bienen fassen will, kann man mit nachfolgenden Sachen einreiben oder beschmieren. Man nimmt Melisse oder Bienenkraut, stößt es in einem Mörser und reibet den Stock am Haupte gut damit ein. Desgleichen braucht man Lindenblüten, Quendel (wilder Thymian, Feldkümmel) oder reinen Kümmel, ebenso Weißenklee, Fenchel, Taubnessel, ein jedes besonders (einzeln?). Etliche schmieren die Stöcke oben am Haupt davor mit einem Löffel voll Honig ein, wegen der Raubbienen aber ist es nicht gut, denn diese fliegen flugs danach (*andere sagen, aus einem solchen Schwarm sollen Raubbienen werden*). Stock und Beutenbrett oben mit Meth gut befeuchten ist sehr dienlich.

Bienen abnehmen und Weisel gefangen nehmen

Wie man Bienen abnehmen, den Weisel gefangen legen, und wann man ihn wieder loslassen soll.

Vom ersten ist weiter oben behandelt worden, ebenso vom zweiten, vom dritten, wenn man den gefangenen Weisel, oder auch verstopfte Bienen wiederum loslassen soll, so ist es freilich am Nachmittag um drei oder vier Uhr am sichersten, weil die Bienen gegen Abend nicht leicht wandern, wie der Autor berichtet.

Woran man erkennen kann, wann die Bienen in einem Stock bleiben wollen

Wenn sie sich bald, sagt der Autor, in die Händel schicken als gute Hauswirt, sich den Stock zurichten, und Gewürche am Beinlein tragen, usw.

Für gewöhnlich pflegen die Bienen zu bleiben, die sich so anstellen. Aber doch ziehen etliche trotzdem wiederum aus, auch wenn sie schon etliche Kuchen eine Spanne lang im Stocke gebaut haben. Da sie entweder böser Geruch oder Nässe oder Bitterkeit des Stockes oder auch wohl die Spur-Bienen aufrührerisch machen. Zusammengefasst, innerhalb von drei oder vier Tagen hat keiner keinen Bürgen, dass ein neuer Schwarm in seinem Stocke, in den er gefasst wurde, gewiss bleibt.

Woran man erkennen soll, wann die Bienen aus den Stöcken ziehen und schwärmen wollen, davon oben.

Wie mit den Bienen umzugehen sei, die sich wie große Schwärme außen um das Fladerloch an die Stöcke anzulegen pflegen, davon weiter oben.

Wenn zwei oder drei Schwärme sich zusammenlegen

Wie man es machen soll, damit nicht zwei Schwärme sich zusammenlegen oder wenn es geschehen ist, wie man sie trennen soll.

Diese beiden Stücke erklärt der Autor so deutlich, dass es unnötig ist, viele Worte darüber zu verlieren.

1. Hat sich ein Schwarm angelegt, und man muss fürchten, dass sich ein anderer, der beginnt auszuziehen, dazu legt, so bedeckt man den ersten mit einem reinen Tuch am Baum, so ist diesem Unheil vorgekommen.

2. Haben sich zwei oder drei Schwärme zusammengelegt, soll man sie in ein großes Fass tun,

zudecken, und über Nacht stehen lassen, so scheiden sie sich selbst.

Dieses rät der Autor in diesen Fällen, ich nehme aber solche zusammengelegten Schwärme, besonders wenn es nicht Hauptschwärme sind, und fasse sie miteinander in einen geräumigen großen Stock. Bleiben sie beisammen, so wäre es mir ein gewünschter Handel, denn der Schwarm wäre stark an Bienen, und trüge dasselbe Jahr wohl auch soviel wie ein alter ein. Zöge aber ja ein Schwarm wiederum aus, so fasste ich ihnen einen anderen Stock, und die ersten blieben in dem ihrigen. Man fasst auch wohl ohnedies kleine Affterschwärme in einem Stock zusammen, wenn sie sich schon nicht zusammenlegen, wie unser Autor in diesem Kapitel beschreibt. Wenn sich auch beim Anlegen ein Schwarm auf zwei, drei, vier, oder fünf Häuflein teilt, solange er einen Weisel bei sich hat, so fasse ich sie alle in einen Stock. Den bienenreiche Stöcke sind was wert, kleine schwache Schwärmlein kosten viel Mühe und Honig, doch wenn man sie erhält, und recht gut auf sie acht gibt, kommen sie das nächste Jahr auch zur Macht, und werden oft sehr gut, wie ich denn etliche solcher Stöcke zeigen kann.

Zu merken aber ist, wenn man mehr als einen Schwarm in einen Stock fasst, so muss man zwei oder drei Tage fleißig darauf aufpassen, denn sie pflegen leicht auszuziehen.

Wie mit gefundenen Bienen zu hantieren ist

Wie man mit Bienen, die man auf der Reise im Holze usw. findet handeln soll.

Es glückt selten, dass man Bienen auf diese Weise findet, doch trägt sich solches bisweilen auch so zu, wie der Autor sich eines Beispiels erinnert, und auch ich habe oben im ersten Buch eines namhaftig gemacht, davon habe ich noch etliche Stöcke.

Wenn es aber einem glückt, dass er einen Schwarm Bienen so findet, der schneide die Zweiglein um den Schwarm ab, ziehe einen Sack, oder in Mangel desselben sein Unterhemd über sie, verbinde sie, schneide den Ast ab, und trage sie verwahrt an gelegene Ort und Stelle, und fasse sie ein wie andere Bienen. Und das hat seinen Nutzen an den Orten, wo man sie sonst liegen lassen muss. Wenn aber einer berechtigt ist, solche Bienen abzunehmen und einen Stock zu bekommen, der fasse sie drein, lasse sie an der Stelle stehen bis sich die Bienen alle in den Stock begeben, welches spät am Abend, bisweilen auch kaum des morgens in der Kühle geschieht, danach verschließe er sie, doch so dass sie Luft behalten und nicht ersticken, und lasse sie tragen, wohin er sie haben will.

Wenn ein Schwarm in einem Stock nicht arbeiten will

Was man mit einem Bienenschwarm machen solle, wenn er in einem Stock nicht arbeiten will.

Wenn er ihn deswegen gerne in einer anderen Beute haben will, so nehme er den gefangenen Weisel aus dem Stock und lege ihn in eine Mulde oder Sieb, wie beschrieben, und setze ihn neben oder auf den Bienenstock, mache einen scharfen Rauch, räuchere die Bienen heraus, so werden sie sich willig zu ihrem Herren finden, danach kannst du sie forttragen, wohin es dir am besten gefällt. Bis hier Nicol Jacob.

M. Höffler aber sagt, dass dieser Widerwillen daher rührte, dass der Weisel gefangen ist, und den Bienen nicht zum Bauen liege. Ich ließe den Weisel los, so bauten sie oder zögen aus. Zögen sie aus dem Stock, so fasste ich sie in einen anderen, das wäre die beste Weise. Wollen die Bienen nicht in einem Stock beim gefangenen Weisel bleiben (der Stock wäre dann modrig oder erstunken) so werden sie es im anderen auch wohl bleiben lassen.

Wie man die Stöcke zeichnen soll, so dass sie von den Bienen desto eher erkannt werden, ist oben behandelt worden.

Dass der Weisel aus dem Stocke ziehen und sich umsehen soll, ist oben behandelt worden.

Warum an etlichen Orten die Bienen nicht sehr zu schwärmen pflegen

Dies ist ein notwendiger Punkt. Nicol Jacob führte drei Ursachen an: an etlichen Orten, besonders um die Stadt Sprettau, schwärmen die Bienen nicht gerne, denn sie fliegen nach Honig in die Häuser und Gemächer, wo Honig ist, und es kommen viele von ihnen um, welche durch unverständige Leute erschlagen werden, da doch den Bienen nicht zu wehren ist, sie sind auch nicht zu verjagen, allein durch Zudecken, Rauch oder Verwahrung des Honig. Ursache:

1. Die Bienen finden oft auf dem Blumen und Bäumen keine Nutzung, und niemand kann wissen was die Ursache ist. Mein Bedenken ist, das es die Schuld von Ungewitter, Kälte oder kaltem Regen, sauren unfruchtbaren Winden und dergleichen ist, welches alles den Bienen die Nutzung verdirbt. Denn auf solchen Bäumen, auf denen die Bienen nicht Nutzung haben, wenn sie blühen, werden auch danach selten viele Früchte gefunden. Wenn aber die Feldblumen wachsen, ungefähr in Brachmonden (Juni), werden sie den Honig in Häusern wohl zufrieden lassen, selbst wenn er in einem Garten stünde.

2. Die andere Ursache, warum die Bienen nicht schwärmen, ist, dass die Schwalben, welche in Häusern im Rauche zu wohnen pflegen, und ganz früh singen, auch nicht bald mit den anderen Vögeln im Lentzen (Frühling) wiederkommen, auch vor den anderen um Jacobi wegziehen, die ernähren ihre Jungen mit den Bienen, und wenn vier Tage mehr oder weniger kaltes Regenwetter ist, dass die Bienen vor Ungewitter nicht fliegen können, so sterben denselben ihre jungen Schwalben vor Hunger, wie die Erfahrung bezeugt.

3. Das um etliche Städte in der Nähe viele Schafe oder anderes Vieh ist, welche die Blumen bald weg fressen, weshalb die Bienen wenig Nutzung finden, und deshalb schwärmen sie nicht. Aber wo große Dörfer sind, die in fruchtbarem Erdboden liegen, da haben die Bienen gar viel mehr Nutzung, denn es sind um die Behausungen viele fruchtbare Bäume, von deren Blüte sie große Nutzung haben. Ebenso von Sammgeräte (?) und viel Borragen (Herzblümlein). Auch hält ein Wirt für seine Rösser ein großes Stück Acker mit Blumen als Futter. Dergleichen wächst auch nach der Ernte ein braunes Stäudelein in dem

Stopfel (Stoppelfeld), Heide genannt, und den Bienen sehr nützlich.

Und das ist die Ursache, warum die Bienen auf den Dörfern mehr schwärmen als in und um die Städte. Freilich, sagt M. Höffler, sind die Ursachen wahrhaftig; denn erstens, wo den Bienen an die Menschen mehr abgeht als ihnen zugeht, es geschehe wodurch es wolle, so schwärmen sie nicht, denn sie können kaum die leeren Stellen in den Stöcken durch die jungen ersetzen. Zweitens, an welchen Orten die Bienen nicht viel Nutzung finden, können sie auch nicht viele Junge zeugen, weil sie eines großen Vorrats an Honig dazu bedürfen. Übersetzung: Denn ohne Wein und Brot ist Venus tot.

Andere Gründe, warum Bienen nicht schwärmen

Dies sind aber noch bei weitem nicht alle Dinge, welche die Bienen am Schwärmen hindern, sondern wegen dieser pflegt es auch zu geschehen:

1. Wenn die Bienen in großen und weiten Stöcken wohnen. Denn für eins haben alte und junge Raum genug, im alten Stock zu bleiben und zu arbeiten, ist es deswegen unnötig, dass die alten die jungen von sich stoßen, weil sie diese benötigen: außerdem lassen sich die jungen Schwärme auch nicht leicht aus den Stöcken treiben, wenn sie darin Raum zu weichen haben. Wenn der Streit viele Tage währet, so kommt vielleicht einer von den Weisel, der alte wie der junge, um, und danach bleiben die Bienen beisammen im Stock. Deswegen sind große weite Stöcke nicht gut zum Schwärmen der Bienen wie zum Honig eintragen.

Wenn die Stöcke sehr im Schatten stehen, so schwärmen sie auch nicht leicht.

Etliche Stöcke schwärmen auch von Natur aus nicht leicht, und das tun diejenigen, die gut Honig eintragen. Böse giftige Nebel und Taue, von denen die Bienen krank werden, dienen auch nicht zum Schwärmen.

Außerdem hindert es die Bienen auch trefflich am Schwärmen, wenn man ihnen im Frühling zu nah an Honig und Rohs schneidet, und besonders wenn ihnen die Brut, die sie schon gesetzt haben, mit herausgenommen wird.

Mancher lässt sich eine Kanne Honig aus einem Stock belieben, und muss diese danach vielfältig wiederum an Honig den jungen wie auch den alten Bienen zahlen, wie berichtet werden wird.

Schlussendlich, wenn keine der angegebenen Ursachen vorhanden ist, und die Stöcke voller Bienen sind, so dass es wimmelt, so werden sie doch leicht durch untüchtiges Gewitter am schwärmen gehindert. Wenn die Schwärme schon auf dem Sprung sind, und es fällt etliche Tage kaltes Regenwetter ein, so werden die übrigen Weisel getötet, und das Schwärmen wird ganz eingestellt. Dieses pflegt sich oft und viel zu begeben.

Wie man die Bienen halten soll, damit sie leicht schwärmen

Besser kann man den Bienen nicht raten, als wenn man ihnen im Frühling beim Zeideln genug Honig und Rohs lässt; so haben sie Gebäue, worin sie beizeiten Brut setzen, sie haben auch Honig, damit sie diese erziehen können, und außerdem macht ihnen der Honig (als ihr Gut und Reichtum) auch einen Mut, und fällt dann gutes Wetter zur Schwarmzeit ein, so hat man durch Gottes Segen auf genug junge Schwärme zu hoffen.

Mir ist bewusst, dass etliche hier lehren, man soll den Bienen von der Zeit an, da man sie verschnitten hat, Honig in Tröglein vor die Stöcke setzen usw. Aber man lasse den Stöcken ihren Honig, dann muss man sich nicht sorgen, dass die Raubbienen einfallen.

Etliche verschneiden in vielen ihrer Stöcke nur das Rohs ein wenig unter dem Fladerloch, damit sie ansetzen können, das erachte ich für eine gute Weise, und sie lässt solche Bienen nicht ungeschwärmt, es sei denn, sie würden durch böses Wetter oder andere Zufälle daran gehindert.

Wenn aber die Stöcke voll gebaut sind und die Bienen keinen Raum zu arbeiten hätten, und man wollte ihnen deswegen nichts nehmen, das wäre ein Unrat, und man macht faule Bienen dadurch. Wenn man ihnen eine gute Notdurft lässt, und gleichwohl Raum zu arbeiten in Stöcken macht, so ist es genug.

Etliche geben vor, wenn man Frauen- oder Schafsmilch um Walpurgis dem Stock an's Flader schmiere, so sollen sie schwärmen. Ich halte aber nichts davon, Milch hin, Milch her, es ist keine sehr große Kraft darin, der Honig bringt die Bienen hurtig zum Schwärmen.

Neulich hat mich einer von Adel, ein sehr guter Naturkundiger und Künstler, gelehrt, ich solle die erste Hornisse nehmen, die anfängt eine Zucht zu ziehen, diese in gar kleine Stäubelein schneiden, mit Honig vermengen und den Bienen in die Stöcke zu genießen geben, davon sollen die Bienen viel und gute wahrhaftige (wie der Hornissen Natur ist) Weisel zeugen. Weil aber solche Hornissen übel zu bekommen sind, halte ich mehr davon, wenn man einen Weisel aus einem Hornissennest nehme (dieser Weisel, nachdem man die fliegenden Hornissen umgebracht hat, ist gut zu erkennen und zu finden, er ist viel größer als eine gemeine Hornisse, sitzt im Nest gar still, ich habe sie oft gesehen, wenn ich Hornissennester zerstört habe, habe aber nicht gewusst, dass sie dazu dienen) und mache es mit ihm, wie es beschrieben wurde, es sollte die gleiche Wirkung haben. Ich habe es noch nicht probiert, dies soll aber ob Gott will bald geschehen.

Es macht mich nicht irre, dass die Hornissen böse und giftig sind, die Schlangen sind auch nicht köstlich, doch kann man, wenn man sie zu Pulver brennt, oder, welches besser ist, das Rückgrat von ihnen pulvert, Menschen und Vieh in der höchsten Todesgefahr, wenn man's recht gebraucht, damit retten, ja einen Menschen auf 40 oder 50 Jahre vor allem Gift, selbst wenn er Spinnen, Mäusepulver usw. frisst, sichern. Dieses Kunststück gehört nicht an diesen Ort, ich bin auch kein Medicus von Beruf.

Das dritte Kapitel

Von etlichen anderen Umstände, welche beim Bienenschwärmen zu beachten sind

Wenn die Bienen zum Schwärmen ausziehen

Wenn die Bienen anfangen auszuziehen, soll man mit Fleiß darauf achten, wann der Weisel herauskommt, so dass man ihn bald an dem Bienenstock ergreife, und dann tue man ihn in ein Weiselhäuslein und siehe mit Fleiß, wo sich die Bienen hinlegen, und alsbald binde ihn unter die Bienen, so legen sich die anderen alle zu ihm. Es hat sich in meinem Garten im Jahre 1563 begeben, dass ein Bienenschwarm sechs Tage nacheinander ausgezogen und der halbe Teil der Bienen sich angelegt hat, die anderen aber flogen im Garten herum und letztlich flogen sie alle wieder in den Stock aus dem sie gezogen waren. Am siebenten Tag morgens um sieben Uhr befahl ich meinem einzigen Sohne, N. J., der dieser Dinge kundig ist, bei dem Stock zu sitzen und es mir bald zu sagen wenn die Bienen ausziehen, dies geschah. Als der halbe Teil der Bienen ungefähr aus dem Stock geflogen war, da kam auch der Weisel, welchen mein Sohn sah, der aber schnell davon flog. Da machte ich bald die Fluglöcher bis auf ein kleines Löchlein zu, nach einer Stunde kam der Weisel und wollte wieder hinein, da wurde er wie üblich als Gefangener eingezogen. Alsbald nahm ich den Weisel und band ihn an den Baum unter die Bienen wo sie sich legten. Also zogen die Geleitsbienen wiederum heim, die andern legten sich zu ihrem Herrn. Da nahm ich den Weisel aus den Bienen und legte ihn samt einem Haufen in die Mulde, und kehrte die anderen mit einem Flederwisch auch in die Mulde, welches die Bienen ohne Rauche willig annahmen. So trug ich sie zu einem Stocke, fasste den Weisel hinein, machte die Beuten feste zu bis auf das Flugloch, da gingen die Bienen ganz willig hinein zu ihrem König, fingen bald an zu arbeiten, und taten wie es frommen Untertanen wohl geziemt und gebührt, **das ist ein Meisterstück meines Erachtens nach**.

Etliche sagen: wenn die Bienen ausziehen und schwärmen, so soll man den Weisel nicht erwischen wenn er an den Bienenstock läuft. Ursache ist, die Bienen sondern sich ab von dem Schwarm und ziehen wiederum heim. Meine Wohlmeinung (sachliche Meinung) ist, dass ich jederzeit mit meinen Bienen, wenn sie schwärmen, so umgehe wie jetzt beschrieben worden ist. Es trägt sich oft zu, dass der Weisel nicht fliegen kann, wenn er zum ersten Mal auszieht, sondern in's Gras fällt mit wenigen Bienen, da muss man gut aufpassen. Ich habe oft ein weißes Tuch um den Stock gebreitet, am zweiten Tag, wenn die Bienen wiederum ausziehen, so ist der Weisel auf das Tuch gefallen, und ich habe ihn in das Weiselhaus gesetzt und zu den Bienen getragen, wie beschrieben.

Ich habe auch einmal die Mulde an eine Stange gebunden und grüne Zweige von Kirschbäumen hineingelegt mitsamt einem ledigen Weiselhäuslein, indem nicht lange zuvor einen Weisel gewesen war, und die Mulde so in die Höhe aufgerichtet, da hat sich der Weisel mitsamt den Bienen willig hineingelegt, ich habe sie danach eingesetzt wie andere. Bis hierher Nicol Jacob.

In diesem Kapitel handelt der Autor von diesen Stücken:

1. Lehret er, wie man den Weisel beim Auszug fangen soll.

2. Was man machen soll, wenn der junge Weisel ausgetrieben wird bevor er fliegen kann.

Vom Weiselfang beim Ausziehen

Was ich von diesem Wert halte, wenn man die Weisel aus dem Schwarm entnimmt und gefangen legt, habe ich im ersten Kapitel des dritten Buches gesagt. Dass man aber den Weisel beim Auszug vor dem Stock auffange, davon halte ich noch weniger, weil ich aus Erfahrung so viel gelernt habe, dass die Bienen, sobald sie ihren Weisel verlieren, sich wiederum haufenweise in ihren Stock begeben. Es überredet mich keiner, dass die Schwärme durch solche Absonderung nicht geschwächt werden sollen. Eine rechter Bienenmann, der hält auf starke Schwärme, und wendet allen möglichen Fleiß an, das den Schwärmen nicht viel abgehe, mit willen (willentlich) soll man nicht eine Biene, weder beim Zeideln noch in der Schwarmzeit umbringen.

Bei dem Beispiel, dass der Autor erzählt, hat es funktioniert, weil die Bienen alle aus dem Stock gezogen gewesen sind, wie er dann meldet: der halbe Teil habe sich angelegt, der andere halbe Teil aber sei im Garten herum geschwärmt, doch wenn sie sich alle richtig zu ihrem Weisel gelegt hätten, wäre der Schwarm noch größer und besser gewesen. Es hat aber Nicol Jacob diesem beikommen müssen, wie er konnte, sie hätten sich sonst dermaleins (bald) gar davon gemacht, es wundert mich, dass sie so oft und viel nur gescherzt und nicht Ernst daraus gemacht haben. Im gleichen Fall könnte es einer auch so machen, das Kunststück aber dabei ist, dass er den Bienen und Weisel das Loch verschließt, dass sie nicht geschwind wiederum in den Stock sich haben begeben können.

Wenn der Weisel vor den Stock fällt

Wie man mit dem Weisel umgehen soll, wenn er vor den Stock fällt und nicht fliegen kann.

Davon gibt der Autor guten Bericht, dem man wohl folgen kann, und in diesem Fall auch ein Weiselhäuslein gebrauchen kann. Wollten sich aber die Bienen nicht zum gefangenen Weisel in den Stock begeben, so kann er denselben in ein paar Stunden wiederum in den Stock laufen lassen, aus dem er kommt.

Wenn der Weisel so in's Gras fällt, bleiben gewöhnlich ein paar Bienen bei ihm, wie der Autor auch beschreibt, die andern ziehen wiederum in den Stock. Ich pflege Bienen und Weisel mit einem Spaten zu unterstechen und halte sie mit dem abgestochenen Rasen vor's Flader, so laufen sie willig in den Stock, aus dem sie gezogen sind. In drei oder vier Tagen kommt der Weisel mit seinem Heer wieder und hat fliegen gelernt, und dann verfährt man mit ihm wie mit anderen.

Wenn die Bienen sich vom Weisel verlieren oder verschüttet werden

Genauso pflegt man es auch zu halten, wenn sich die Bienen sehr von ihrem Weisel verlieren. Ebenso, wenn man die Bienen beim Fassen verschüttet hat und sie nicht wieder zum Weisel bringen kann, so lässt man Bienen und Weisel wiederum miteinander in den Stock laufen, aus dem sie gezogen sind, und achte noch am selben oder folgenden Tag besonders auf sie.

Anmerkung:

Wenn die Schwarmzeit herangrückt, so sind hohes Gras und Geräusche vor den Stöcken schädlich. Ich habe oben gelobt, dass etliche einen Platz vor den Bienenstöcken mit Brettern wie in einer Stube dielen lassen. Wenn man das Erdreich vor den Stöcken umgräbt und klein eggt, das ist ebenso gut, man kann so den Weisel nicht verlieren, dazu gibt es von etlichen Sachen Nachricht.

Ich habe auch einmal die Mulde an eine Stange gebunden.

Das ist auch, wie das erste, ein besonderer Fall, da kann keine Regel daraus gemacht werden.

Das vierte Kapitel

Wie man Bienen von Bäumen ohne Leiter abnehmen soll

So nimm die Mulde oder Sieb und binde es an eine Stange, damit du die Bienen erreichen kannst, und lass es dir unter die Bienen halten. Zum anderen, mache es mit einem Federwisch auch so. Zum dritten den Rauchkrug wie beschrieben. Danach kehre sie mit dem Federwisch ab in die Mulde, soviel wie möglich, die aber liegen bleiben, die zwinge mit einem guten Rauch auf, so dass sie die Stelle verlassen müssen. Es soll aber zu jeder Zeit die Mulde mit den Bienen von der Stelle ein wenig weggetan werden, sodass sie der Rauch nicht treffe, sie werden sonst ganz widerwillig. Wenn sich aber die Gelegenheit ergibt, soll die Mulde mit den Bienen in den Schatten gesetzt werden, wenn der Weisel gesucht wird, so kommen die anderen umfliegenden willig zu ihnen, denn sie wohnen gerne in dem Schatten, danach kannst du sie zur Beuten tragen, in der sie bleiben und das vollbringen sollen, wozu sie Gott geschaffen hat. Bis hier Nicol Jacob.

So nehme die Mulde oder Sieb

Wer in diesem Fall des Autors Rat folgen will der mag es tun. Meine Meinung ist, wenn man die Bienen mit Leitern erreichen kann, so bedarf man dieser Mühe gar nicht.

Wenn aber, wie es bisweilen geschieht, die Bienen sich entweder so hoch angelegt haben, dass keine Leiter dahin gelangt, oder sie liegen ganz außen an schwachen Ästen, die keine Leiter tragen können, so kann man so mit ihnen hantieren. Ich nehme eine lange leichte dürre Stange, die ich gut halten kann, binde einen feinen schönen Bücher grüner Zweige daran, deren Laub besprenge ich gut mit Honigwasser (man kann auch Fenchelwasser zur Hand haben, und ein wenig Honig darin zerreiben, die Zweige danach damit befeuchten, so ist es umso besser), und nähere mich mit den Zweigen an der langen Stange dem Ort, an dem der Schwarm liegt. Reicht die Stange nicht, so

nehme ich eine Leiter zur Hand und steige so hoch, dass ich
den Schwarm gut mit der Stange erreichen kann.

Wenn dieses geschehen ist, so bewege ich die Bienen
vorsichtig mit meinem Wisch von der Stelle, an der sie

liegen, und halte den Wisch an diese Stelle, da begeben sich die Bienen wegen der Süßigkeit auf meine Zweige, und wenn ich denke dass es Zeit ist, so lasse ich die Stange vorsichtig sinken und bringe so den Schwarm mit der Hilfe anderer zur Erde. Sehe ich, dass noch viele von ihnen oben liegen, so hole ich sie noch ein- oder auch wohl zweimal auf dieselbe Weise herunter.

So kann man einem Schwarm beikommen, er liege wie hoch er wolle.

Nachdem ich die Bienen großteils herunter habe, so hänge ich einen Rauchkrug an die Stange und treibe die übrigen Bienen von der Stelle, die begeben sich dann herunter zu den anderen Bienen. Dieses Werk kostet Mühe, aber es ist eine Lust anzuschauen.

Wenn auch der Ast nicht gar zu groß und schwer ist, an dem die Bienen liegen, so funktioniert es auch, wenn man ein langes Seil durch einen Kloben (ein gespaltenes Holzstück) zieht, an den Ast bindet, und danach vorsichtig mit einer Handsäge absägt, und auf die Erde niederlegt, damit können die Zimmerleute gut umgehen. Man pflegt auch wohl noch ein Seil an den Ast zu legen, damit man ihn frei vom Baum an's Licht ziehen kann, damit sich der Schwarm nicht sehr in den Ästen abstreicht, vorsichtig und mit Bescheid muss man hiermit aber umgehen.

Mulde in den Schatten setzen

Wenn sich aber die Gelegenheit ergibt, soll die Mulde mit den Bienen in den Schatten gesetzt werden.

Das ist eine nötige Erinnerung und gut zu beachten, wenn es möglich ist, dass man die Bienen in den Schatten bringe, denn in der heißen Sonne pflegen sie erstens sehr böse zu werden, und zweitens leicht aufzustehen. Genauso pflegen auch die jungen Schwärme leicht wiederum aus den Stöcken zu ziehen, wenn sie gar zu heiß stehen, deswegen muss man sie am vorteilhaftesten so setzen, dass sie irgendwann von den Bäumen ein wenig Schatten haben, oder muss sich mit den Decken danach richten, damit der Oberteil des Stockes davon abbekomme. Dieses Stück ist sehr notwendig und zu beachten.

Das fünfte Kapitel

Wie und wann die Bienen aus den Löchern und Bäumen zu nehmen seien

Es ziehen auch die Bienen in hohle Bäume und Löcher und wohnen darin, auch an Kirchmauern, die man nicht immer bekommen kann. Aus hohlen Bäumen soll man sie im März (wie ich es getan) gewinnen, ein großes Loch in den Bau machen, indem die Bienen wohnen, und dann das Gewürche und den Honig mitsamt den Bienen herausschneiden, und wenn der Weisel in dem ausgenommenen Honig gefunden wird, soll er eingesetzt werden wie zuvor beschrieben. Wenn man ihn nicht finden kann, tue man die Bienen in eine Zeidelmeste oder in ein Fass, decke sie zu, trage sie in den Garten, setze das Gewürche mit dem Honig und Bienen in eine ledige Beuten wie beschrieben, wenn der Weisel nicht umgekommen ist, dann arbeiten sie und bleiben; ist er aber umgekommen, so muss man ihnen helfen und Brut zusetzen, damit sie einen neuen zeugen, wie später beschrieben wird. Im Sommer haben die Bienen nicht eine Farbe wie im Herbst und Winter, denn der Weisel hat viele junge Bienen gezeugt, dies sind großteils grau, die alten Bienen behalten ihre Farbe, so sie sich nicht auf dem Blumen färben, wegen der Nutzung, wie später berichtet werden wird. Bis hier Nicol Jacob.

Bienen aus Bäumen zu nehmen

Bienen aus großen starken hohlen Bäumen zu nehmen, sagt M. Höffler, kostet viel Mühe, und es gehört große Vorsichtigkeit neben gutem scharfen Gerät und Rüstung dazu. Ich will lieber 100 Schwärme unter freiem Himmel fassen als einen aus einem dicken hohlen Baum gewinnen, außerdem verdrießt es einen, dass er so viel Mühe und Fleiß daran gewendet hat, wenn solche Bienen danach eingehen wie es für gewöhnlich zu geschehen pflegt. Es sind aber vor allem drei Mittel, wodurch man solche Bienen mächtig werden lässt und zu Nutzung bringt.

Erstens macht man ein großes Loch in den hohlen Baum, treibt die Bienen auf einen Haufen, schneidet ihnen das Gewürche mit dem Honig heraus, tut das beste in einen Bienenstock und fasst die Bienen auch darein. Am besten aber arbeitet man sich auf diese Weise zu solchen Bienen vor: man bohrt zuerst mit einem langen dünnen Bohrer vor, und erkundigt sich, wie weit die Bienen unter und über sich gebaut haben. Wenn man dann die Kundschaft erledigt hat, so nimmt man einen starken Bohrer, bohrt vier oder sechs Löcher nicht weit voneinander, spaltet danach mit einem scharfen Meißel dieses Teil aus, macht das Loch vorsichtig so groß, wie man es zum Werke benötigt, und verfährt wie oben gemeldet mit dem Gewürche, Honig und den Bienen. Es ist aber hier sehr wohl zu bemerken, dass, wer diese Arbeit vornehmen will, der soll sich nicht nur gut verwahren, sondern auch mit Rauch ausreichend gefasst machen, damit er die Bienen überwältigen möge. Das Gerüst mag er auch am Anfang (auf dem er mit seinen Helfern ungehindert gehen und stehen kann) gut verwahren, wenn danach die Bienen aufrührerisch gemacht sind, so baut es sich übel.

Zweitens lassen etliche auch so in den Bäumen arbeiten, richten dieselben wie eine Beuten oder einen Bienenstock zu, und lassen die Bienen darin bleiben, ebenso wie oben im ersten Buch von Waldbienen berichtet wurde. Dieses geht gut an, wenn die Bäume frisch und nicht sehr hohl sind. Wenn aber der Baum darüber sehr hohl und faul ist, so haben die Bienen kein Gedeihen darin, das Gemülbe (der Staub) fällt täglich herunter in den Honig und das Gebäue und verdirbt alles, so kommen auch leicht Schaben und Motten dazu, deswegen, wenn es um den Baum, indem die Bienen sind, so bewandt ist, so greife man zum ersten Mittel und nehme die Bienen mit ihrem Gebäue heraus und fasse sie in einen Stock. Wenn aber der Baum oben am Haupt frisch und gut ist, unten aber tief und hohl ist, so mache man unten einen Spund vor, bestreiche dasselbe gut mit Pech, verwahre die Beute mit Brettern, so sitzen sie wohl gewisser als in einem Stock, **denn einen solchen Stock können mir die Bienendiebe nicht wegtragen.**

Drittens pflegt man den Baum, indem der Bienenschwarm ist, umzuhauen, und die Bienen in einem Klotz in der Form eines Bienenstocks herauszuschneiden und danach in den Garten zu führen. Weil aber den Bienen für gewöhnlich ein merklicher Schaden durch den Niederfall des Baumes verursacht wird, so ist es am bequemsten, dass man zuerst den Baum in dem die Bienen wohnen über den Bienen abhaue oder -säge, so gut man kann und mag. Danach schneide man ferner einen Klotz mit den Bienen daraus, soweit es nötig ist, lasse diesen vorsichtig auf einem Seile auf die Erde, so geschieht den Bienen kein großer Schaden, dazu aber braucht man Zimmerleute. Etliche lassen bald dazu arbeiten, etliche aber lassen es einen Sommer anstehen. Diejenigen, die bald dazu arbeiten lassen, dürfen sich desselben Jahres daraus nicht leicht einen Schwarm erwarten. Diejenigen aber, die sie einen Sommer schonen, pflegen bisweilen junge Bienen daraus zu bekommen. Wer mir folgen will, der lasse solche Schwärme nicht länger als zwei oder drei Jahre in solchen Klötzen, man kann das Gemülbe nicht gut aus ihnen bringen, sie gehen sonst ein ehe man sich dessen am wenigsten versieht, deswegen ist der beste Rat, dass man sie beizeiten in einen Stock fortfasse.

Zum anderen. Zu welcher Zeit man diese Art von Bienen aus den Bäumen gewinnen solle, nämlich im März, oder welches gewisser ist, wenn die Bäume blühen, und die Bienen volle Nutzung haben, und sich leicht von dem erholen können was ihnen zerstört worden ist.

Zum dritten. Wenn aber in der Schwarmzeit ein Schwarm in einen Baum zieht und man wird dessen beizeiten gewahr, so ist es der beste Rat, dass man sich zu ihnen hinarbeite, sie mit Rauch heraustreibe und in einen Stock fasse. Wird man dessen aber erst in der Ernte oder im Herbst gewahr, so lasse man sie nur sitzen und tue ihnen nichts an, denn es ist ihnen dann, wenn die Nutzung vorüber ist, unmöglich, dass sie sich erholen können, wenn ihnen zur selben Zeit ihr Gebäue zerstört wird. Man kann zusehen, dass man sie vor Regen und Gewitter schütze, und vor allem das Fladerloch bis auf ein weniges verschließe, damit nicht Marder oder Spechte zu ihnen kommen können, und sie verderben. Im Frühling danach kann man sie herausnehmen.

Zum vierten. Wo aber einer im Holze langsam einen Schwarm in einem Baum antreffe und befand, dass sie viel Honig hätten, und getraute sich nicht diesen wie beschrieben zu gebrauchen, der begebe sich um Michaelis, wenn sie keinen Honig mehr finden zu ihnen, nehme für ein paar Pfennige gezogenen Schwefel, zünde ein Büchslein nach dem anderen an, lasse es so brennend durch das Fladerloch in den Baum fallen, verhindere, dass der Dampf zum Fladerloch herausgehen kann, so ersticken die Bienen bald davon, und am nächsten Tag kann er dazu arbeiten, den Honig und das Gewürche herausnehmen und so seinen Fund etwas genießen.

An Kirchmauern. Aus festen Mauern sind freilich die Bienen schwer zu gewinnen, da muss man sie wohl sitzen lassen bis sie umkommen. Zu Rothschönberg ist ein Schwarm in einer Mauer gar kunstvoll, gleich wie in einem Winckelälmlein (?) befestigt worden. Wenn man nach ihnen schauen will, so schließt man das Türchen auf. Es soll eine schöne Lust zu sehen sein, wie mir etliche von Adel wahrhaftig berichtet haben. Es glückt aber selten so, mir ist sonst kein Beispiel mehr bekannt, an hohen Türmen habe ich sie wohl aus- und einziehen gesehen, man hat aber nicht zu ihnen kommen können.

Das sechste Kapitel

Von etlichen Umständen, die zum Bienenfassen nötig sind, derer der Autor nicht gedacht hat

I - Warum die Bienen die Drohnen vor der Schwarmzeit zu würgen pflegen

Zu beiden Zeiten, im April und im Mai pflegen die Bienen oft nicht nur die Drohnen aus dem Gewürche auszustoßen, sondern töten auch diejenigen, die da im Stocke aus- und einfliegen. Das ist ein gewisses Zeichen, dass diese Stöcke Mangel an Honig haben, und man darf sich nicht getrösten, dass aus diesen Stöcken denselben Sommer junge Schwärme fallen werden. Weil nicht der Mangel, sondern der Überfluss an Honig die Bienen wie auch anderes Vieh wacker macht, wie davon neulich berichtet wurde.

II - Wenn nicht viel Bäume um die Stöcke stehen

Wo um die Bienenstöcke nicht viele Bäume stehen, pflegt man Wische (gedrehte Bündel) aufzuhängen, daran pflegen sich die Bienen auch zu legen. Wenn eine Stange, an die man einen Wisch hängt, sechs oder sieben Ellen lang ist, so ist es genug, sie müssen auch nicht alle so hoch gehängt werden. Die Wische macht man aus Tannen, Fichten oder Kiefern-Reisern (Zweigen), wo aber solche nicht vorhanden sind, so nimmt man von Linden, Eichen, Kirschbäumen usw. Sobald aber das Laub der Wische dürr wird, so dass sie rauschen, muss man neue anhängen. Die Stangen, an die die Wische gehängt werden, müssen fest in der Erde stehen (doch so, dass man sie in dem Fall ausziehen kann), und die Wische dürfen nicht schaukeln, sonst stehen die Bienen davon wiederum auf, wie es mir vor etlichen Jahren geschah, ich soll denselben Schwarm noch wieder sehen. Etliche hängen die Wische so an die Stangen, dass sie diese, wenn sich die Bienen daran gelegt haben, davon ohne Bewegung der Stangen abnehmen können. Etliche binden die Wische fest an die Stange, ziehen diese nachdem sich die Bienen daran gelegt haben aus und schütteln den Schwarm davon in den Stock. Wenn man solche Wische morgens mit ein wenig mit Honigwasser besprengt, darunter ein wenig Kampher mischt, so legen sich die Bienen willig daran.

III - Was beim Fassen an Laub usw. mit in die Stöcke kommt, muss beizeiten herausgenommen werden

Weiter oben im dritten Buch habe ich gelehrt, was die beste Weise ist, junge Schwärme zu fassen, wenn man sie mit einem anständigen Ast abschneiden und damit in den Stock legen kann. Dabei ist zu beachten, dass man alles dasjenige, womit man die Bienen in den Stock trägt, seien es Äste, Laub, Rasen usw. sobald man nur kann, und die Bienen davon gewichen sind, am Abend oder Morgen wiederum aus den Stöcke nehmen solle, sonst bauen sie diese Dinge mit in ihr Gewürche, was danach großen Schaden bringt.

IV - Wie Bienen, die unten liegen bleiben, hinauf in die Stöcke zu bringen sind

Bisweilen bleiben junge Schwärme in den Stöcken, die nicht gefüttert sind, unten am Boden liegen, was nicht nützlich ist. Dies hilft man so, man macht einen kleinen Rauch, hält diese nicht fern vor den Stock, und treibt davon ein wenig mit einem Federwisch unter die Bienen, sobald sie aber anfangen fortzulaufen lässt man nach, und macht das Beutenbrett ordentlich vor, in einer Stunde sieht man wieder danach, sind die Bienen hinauf gewichen so ist es richtig, wenn nicht, so fächel ich ihnen wiederum zu, und zwar so lange, bis sie sich trollen, sie pflegen es aber für gewöhnlich nicht lang zu machen. Man soll aber gut aufpassen, dass man den Rauch nicht zu stark in den Stock ziehen lasse, da er sonst durch übrigen Rauch versäuert wird, und die Bienen bleiben nicht in demselben Stock, sie ziehen gewiss wiederum daraus.

V - Was zu tun ist, wenn die Bienen unten gebaut haben

Wenn man aber dies nicht beachtet, und man lässt die Bienen unten liegen, so fangen sie unten an, über sich zu bauen, und wie die anderen haben sie ihren Honig oben am

Haupt, also haben diese ihren Vorrat an Honig unten, welches sehr unbequem ist.

Wie soll man nun mit solchen Stöcken handeln

Antwort: Im Frühling wenn sie anfangen zu fliegen, pflegen etliche den Stock zu verkehren, ich rate aber nicht gerne dazu, denn die Bienen werden leicht in ihrer Arbeit irre gemacht. Die beste Methode ist, man lasse die Bienen den Stock vollbauen, ehe man ihnen etwas vom Rohs und Honig nimmt, und fange danach von unten an zu zeideln wie in anderen Stöcken. Wenn aber einem dieses Vorhaben nicht vonstatten geht, und die Bienen zu lange brauchen, ehe sie den Stock vollbauen, so öffne er ihnen das Löchlein unten am Beutenbrett, dass die Bienen dadurch den Abgang leicht austragen können, und bewahre den Stock unten gut vor der Nässe, schneide ihnen auch nicht zu viel aus, so dass sie frisch und stark bleiben, so können sie sich des Ungeziefers leicht erwehren.

VI - Wie zu erfahren ist, ob der Weisel noch am Leben ist

Außerdem pflegt es sich auch oft zu begeben, dass die Bienen zwar aus einem Stock, aber bald wiederum hineinziehen, und dass sie durch Regen und kaltes Gewitter gezwungen werden, etliche Tage darin zu verharren.

Wie soll ich es denn angehen, damit ich erfahre ob der Weisel noch am Leben sei, und dass ich diesen Schwarm bekommen kann?

Antwort: Man passe gut auf, wenn ein warmer Sonnenschein kommt, dann mache man die unterste Beuten auf und räuchere die Bienen im Stock mit ganzer Macht. Ist der Weisel noch am Leben, so zieht er mit seinem Heer aus. Als Beispiel: im Jahre des Herrn 1609, am 26. Juni, zog mir auf diese Art ein Schwarm wiederum ein und blieb acht Tage wegen des Regens und kalten Gewitters im Stock. Am 3. Juli, als die Sonne zu blicken begann, setzte ich dem Stock mit Räuchern zu, da kam er wie ein Mann, und steht noch zu gegenwärtiger Stunde wohl.

Wenn aber ein Schwarm bei gutem Wetter wiederum in den Stock zieht, und an demselben, am nächsten oder auch wohl am dritten Tag nicht wiederkommt (bei gutem Wetter sage ich), da ist jede Hoffnung verloren und zu vermuten, dass der Weisel im Stock von seinen Widerwärtigen getötet worden sei. Es ist deswegen ratsam, dass man sich am nächsten Tag, bei gutem Wetter, früh zwischen neun und zehn Uhr (damit sie den Tag vor sich haben und wenn sie schon dem Rauche nicht stracks weichen, danach den Tag über von den Bienen ausgetrieben werden) mit Rauch, wie beschrieben, an diese Schwärme mache, und sie mit Gewalt austreibe.

VII

Wie man junge Schwärme ausstechen und zur Herbstzeit zwei oder drei Schwärmlein zusammensetzen soll, ist weiter oben berichtet worden.

Das siebente Kapitel

Vom Bienen-Recht

Wenn die Bienen beim Schwärmen auf anderer Leute Grund und Boden fliegen und sich anlegen, so pflegt oft deswegen Streit zu entstehen, denn derjenige, dem der Schwarm entflogen ist, der will seines Gutes nicht entbehren, der andere, bei dem sich die Bienen angelegt haben, will sie dem anderen nicht folgen lassen, und da steht dann ein Bienenkrieg an. Damit nun ein jeder wisse, was ihm zustehe oder nicht, will ich kürzlich das, was ich von einem Rechtsverständigen (A. P. Caesar), meinem guten Freunde, erkundet haben, hier verzeichnen. Anfänglich aber rate ich den Leuten, bei denen sich solcher Fall begibt, dass sie sich im guten soweit möglich um solche Schwärme vertragen, denn es ist gewiss wahr, dass die Bienen nicht viel Rechtens oder Fechtens erdulden, wie die Erfahrung zur genüge bezeugt, wenn man um sie zankt, so geben sie den Krieg für gewöhnlich so auf: entweder sie ziehen davon, oder sterben. Dasselbe geschieht auch, wenn Gesellschaften untreu handeln, einander in der Nutzung übervorteilen, wie oben im ersten Buch gemeldet worden ist. Das beste Mittel aber, dass in solchen Fällen zum Friede und zum Vertrag dienet, ist, dass man auf alte Gewohnheiten und Gebräuche des Ortes acht nehme, nämlich, wie sich in früherer Zeit Nachbarn um solche Schwärme verglichen und geeinigt haben.

Übersetzung (Quellenangaben wurden wegen Unklarheit weggelassen):

-Diejenigen, die sich durch langjährigen Gebrauch bewiesen haben, ebenso wie die unausgesprochene Versammlung der Nachbarn, gelten nicht weniger als jene, die niedergeschrieben sind, das ist Gesetz.

-Alte Gesetzesgebräuche werden nicht zu unrecht bewahrt.

-Allerdings kann jener Gebrauch Recht oder Unrecht ausüben.

-Am Schluss wird das Pfand verpfändet.

-Und außerdem hebt die Gewohnheit den Zustand auf, sie erlaubt die Tatsache mit Klausel (nicht durch die Gewohnheit einigermaßen gehindert) die beschlossene Gewohnheit selbst werde befolgt. (Teilweise Übersetzung)

Zur besseren Beschreibung will ich etliche dieser Gewohnheiten namhaft machen.

1. An manchen Orten ist es Brauch, zieht einem ein Schwarm Bienen hinweg, und er folgt demselben mit Klange nach bis an den Ort wo er sich anlegt, so gibt er dem Nachbarn ein hausgebackenes Brot für den Schaden, den er ihm am Baum und Grase getan hat, fasst die Bienen und schaffet sie hin wo er will.

2. An etlichen Orten ist der Brauch üblich, dass derjenige, dem die Bienen entflohen in sind, dem anderen, auf dessen Boden sie sich angelegt haben den ersten Schwarm davon ohne alle Entgeltung fassen lassen muss.

3. Außerdem pflegen etliche solche Schwärme auf gleiche Beute zu fassen, und danach auch gleiche Nutzung davon zu nehmen.

4. An etlichen Orten gibt derjenige, dem die Bienen zugezogen sind, etliches Geld, bis zu zwölf Groschen, und behält den Schwarm ganz für sich, und was es noch für friedliche Mittel gibt, die mit Nutz beachtet werden, dagegen spricht auch kein Recht. Wenn auch gleich keiner der Bräuche an einem Ort üblich ist, so können sich doch die Nachbarn freundlich miteinander um einen Schwarm Bienen, vor allem wenn es nicht ein Hauptschwarm ist, vertragen, da geht eigene Einstimmigkeit auf dem Land Recht vor. Da aber ja etliche so störrisch sind, dass keine Güte bei ihnen zu finden ist, und sie durch recht vertragen sein wollen, diese mögen diesen Bericht annehmen.

Der erste Casus oder Fall

Wenn einer einem anderen einen Schwarm Bienen von seinem Gute nehmen will, so ist er schuldig zu beweisen, dass er gewiss ihm entflogen und nicht eines anderen gewesen sei. Kann er das nicht tun, so bleibt der Bienenschwarm demjenigen, auf dessen Grund und Boden er liegt.

Zum Beweis aber ist es genug, wenn er damals in seinen Garten geklingelt und diesem bis zur Stelle gefolgt ist. Daher sind etliche der Meinung, dass man vor allem um des Beweises willen im Garten klingeln soll wenn ein Schwarm Bienen auszieht. Wenn nun auf diese Weise einer seinen Bienen nacheilt, und diese auf eines anderen Grund befestigt, kann man sie ihm mit Recht nicht nehmen. Übersetzung: Und dieses hat seine Kraft nach Kaiserlichem oder gemeinem Bürgerlichen Recht.

Sachsen Recht aber lautet so

Fliegt ein Bienenschwarm aus eines Mannes Haus oder Hof zu seinem Nachbarn, so ist er näher den Schwarm zu behalten, als jener der ihm folgt, denn die Biene ist ein wilder Wurm; Weichbild (Ortsrecht).

So lautet auch. Übersetzung: Die zahmen Bienen, die lange einer Stelle gewöhnt und gebräuchlich sind, fliegen für gewöhnlich weg und wieder zurück: solange sie unsere sind, so lange behalten sie ihre Seele und ihre Gebräuche des Umkehrens, wenn sie diese abgelegt haben, hören sie auf, in unserer Macht zu sein, und sind des Besetzten. L. natural. §5 Baronum ff. de acquire, rer. dom.

Der zweite Fall

Es findet einer im Holze oder in einer Wiesen einen Schwarm der sich angelegt hat, der Herr desselben Stück Gutes weiß nichts davon, da fragt es sich nun, ob dieser Schwarm dessen sei, dem der Grund und Boden ist, oder jenes, der den Schwarm gefunden hat? Antwort: von Rechtswege sind sie desjenigen, der die Bienen gefunden hat. L. natural. §5 apium quoq; natura ff. de acquir. rer. dom.

Und wenn auch dieser solche Bienen fasst und wegschafft, so kann er keines Diebstahls beschuldigt werden, denn die Bienen hat der, dem das Gut zuständig ist, nicht in seiner Gewalt gehabt, sie sind noch vogelfrei gewesen.

Übersetzung: Was vorher niemandens Gut ist, das steht aus vernünftigem Grund dem Besetzten zu (dies trifft auch auf wilde Tiere zu). Und der Besetzte nutze diese zu niemandems Schaden, sagt die Vernunft.

Dieses Recht aber wird 1. sowohl nach Bürgerlichem und Sachsen Recht geändert, oder auch wohl ganz aufgehoben durch der hohen Obrigkeit Befehl und Verbot. Was nämlich dem Herrscher beliebt, hat die Kraft eines Gesetzes. L. §1 ff. de onstit. Princip. 2. Weicht auch solches Recht einer jeden Stadt oder Ortes Statuten oder Bürgerlichem Rechte.

Übersetzung: Alte Gebräuche werden nicht mit Unrecht als ein Gesetz bewahrt.

Der dritte Casus oder Fall

Wenn einer in eines anderen Holze Bienen und Honig in einem Baum findet, und der Besitzer des Holzes nichts davon weiß, darf derjenige auch, der den Honig gefunden hat, diesen aushauen und sich ihn aneignen? Antwort: Ich rate dieses keinem, muss doch mir und einem jeden einer unser Eigentum, wenn kein Weg durchgeht, ohne unseren willen wohl unbetreten lassen, (L.natural. §5 favos. 3 ff. de tit. de acquir.) Vielmehr muss er auch dass unsere darinnen und unbeweglich stehen lassen. Wenn aber einer zufällig Bienen in des Landesfürsten oder eines von Adel Revier fände, der zeige es alsbald an, nehme ein Trinkgeld, samt geneigtem Willen, für sein Glück, das ist für ihn weit besser, als wenn er Wachs und Honig bekäme, und geriete danach dadurch bei der Herrschaft in große Ungelegenheit. So ist auch bei unrechtem Gute kein Glück und Segen. Damit ich aber das Bienenrecht schließe, wie ich es angefangen habe, so rate ich in diesem Fall allen zu glücklicher Vergleichung, nicht nur, weil einer leicht mehr verrechten (durch Recht verlieren) als erlangen kann; sondern auch, weil Bienen bei Gewalt und Unrecht, wie auch bei Gezänke, kein Fortkommen und Gedeihen haben.

Der andere Teil

Vom Zeideln, und was dabei in acht zu nehmen ist.

Das achte Kapitel

Vom Bienen-Rauche

Zum Räuchern gebraucht man Rindermist, etliche auch harziges Kiefernholz, meiner Meinung nach ist altes Weidenholz am besten zum Rauche, da dieser Rauch nicht allzu schädlich ist wie der erst gemeldete, jedoch ist an dem wenig gelegen. Ein fleißiger Bienenwirt soll einen Blasebalg im Garten haben, damit er bald einen Rauch machen kann, denn aus Mangel des Rauches ziehen die Bienen oft davon, wenn sie eine Zeit lang gelegen haben. Es sollen auch allezeit in zwei Gefäßen kleine gehauene Hölzlein von Weiden, wie beschrieben, im andern von fettem Kiefernholze, aber nicht zu viel auf einmal, in den Krug gelegt werden.

Wenn die Bienen geschwärmt haben, oder man ihnen Essen geben will, mag wohl ein Krug gebraucht werden, aber der oben ganz eng ist, so dass die Bienen nicht hineinfliegen, an den Krug mache eine Winde, vorne mit einem Haken, so ist er gut anzuhängen wo die Schwärme liegen, da muss der Rauch eine Weile verbleiben, sonst legen sich die Bienen oft mitsamt dem Weisel auf die vorige Stelle. Aber wenn man zeidelt und fegt, ist die Rauchkanne besser. Beides, wenn man Bienen einfasst, und auch dann, wenn diese gezeidelt und gefegt werden, ebenso so oft man einen Stock öffnet, muss man Rauch haben, und sich vor der Bienen Gewalt damit zu schützen, deswegen will ich dieses Kapitel hierher setzen, ungeachtet dessen, dass es in unseres Autors Buch das letzte ist.

I - Was man für ein Geschirr zum Rauchen brauchen solle

Unser Autor hat einen starken Krug dazu gebraucht, der oben ganz eng war; jetzt pflegt man Rauchfässlein zu gebrauchen, dessen Figur ich hierher gesetzt habe, welche sehr bequem zum Räuchern sind. 1. Fliegen keine Bienen darein. 2. So brennt das Holz in diesen nicht auf, und gibt keine Lohe (wallende Glut).

Wenn man normale Töpfe zum Räuchern gebraucht, fallen die Bienen oft in die Glut und verbrennen, weil sie oben weit sind, deswegen ist es nötig, sich ein paar dieser Rauchzeuge anzuschaffen, oder wenigstens starke Krüge die oben eng sind, zu diesen aber muss man notwendigerweise einen Blasebalg haben, sonst mag man keine Glut darin zu Wege bringen.

I - Was für Holz man zum Rauche brauche

Antwort: Faules Holz muss es sein, und zwar darum, damit es keine große Lohe gibt oder aufbrennt, und solch faules Holz haut man aus Weiden, Pappeln, und, welches am besten ist, aus hohlen Linden.

III - Was man noch zum Rauche nehmen kann

Zum Bienen-Rauche pflegt man nützlich zu gebrauchen: 1. Bienen und Gemülbe, dass man unten aus den Stöcken beim Fegen kehrt. 2. Altes Fasspech, klein zerklopft oder im Mörser zerstoßen, dieses ist besser als neues, weil es nicht zu scharfen Rauch gibt und auch nicht so leicht aufbrennt. 3. Man kann auch Kühn (fettes Kiefernholz), ganz klein zu Spänlein gehackt, nehmen, dieser Rauch riecht lieblich. Die faulen Rinden von diesen Bäumen sind auch nicht böse dazu, man sammelt diese von alten Stöcken. Die von Tannen und Fichten muss man nicht gar verwerfen. 4. Dürrer Kuhmist ist auch nicht unbequem dazu. 5. Etliche dürre Kräuter wie Tosten (Pflanzen mit dichten, doldenartigen Blütenständen, wie wilder Majoran, Thymian, Wohlgemuth, Oregano), Dille, Beyfuss braucht man auch zum Bienen-Rauch. 6. Die ausgedrückten Wachsballen sind zum Bienen-Rauch auch sehr dienlich. 7. Kranke Bienen räuchert man mit Weihrauch und Bernstein, der weiße ist am besten. Ebenso mit dem edlen Gummi, Gelban (Gelbammer?), dürren Rosen, Tausendgulden-Kraut, gestoßenen Galläpfeln, wer aus Armut diese Stücke nicht haben kann, der nehme guten frischen Kühn, Kühekot und die beschriebenen Kräuter in diesem Fall. *Ich gebrauche im Frühling beim Zeideln Dille, Wermuth und Schwarzkümmel und durchräuchere sie damit, das ist ein guter Schutz vor mancher Krankheit. Noch eines ist hier zu bedenken, wenn die Bienen erzürnt worden sind, sodass sie heftig stechen, so werfe ich auf die Kohlen nur Moos von einem grünen Baum, so stellen sie das Stechen ein.*

Am Schluss sei jeder Bienenmann treulich ermahnt, dass er gut acht auf seine Rauchgefäße gibt, damit nicht Schaden daraus entstehen. Ich weiß ein Beispiel, dass durch Verwahrlosung des Rauchgeschirrs einmal nicht nur eine Bienenhütte samt den Stöcken zu Asche brannte, sondern dass auch eine ordentliche Stadt, die nicht gar weit entlegen war, davon ausgebrannt ist. Ebenso achte er fleißig auf seine Rauchfass, damit er nicht den Bienen die Flügel verbrenne, das Gewürche erhitze und weich mache. Die beste Weise, Bienen in Stöcken mit dem Rauch zu treiben ist, dass man das Gefäß mit dem Rauch außen vor dem Stock habe, und den Rauch mit einem Federwisch in den Stock unter die Bienen treibe.

Das neunte Kapitel

Wie und wann die Nutzung von den Bienen genommen werden soll

In diesem Kapitel handelt der Autor von den nachfolgenden Stücken

1. Vom Zeug, dass man zum Zeideln und Bienenfegen haben muss.

2. Wann und zu welcher Zeit man den Bienen den Honig nehmen soll.

3. Wie oder auf welches Maß man einen Stock richtig zeideln soll.

4. Woher es kommt, dass man ein Jahr mehr Honig als im anderen in einem Stock zu finden pflegt.

5. Warum Stöcke, die beisammen stehen, einander im Honig nicht gleichen.

6. Wie man Bienen in Stöcken das Gewürche verschneiden soll.

I - Vom Zeug, das zum Bienenschneiden notwendig ist

Eine gute Bienenhaube muss man 1. haben, damit man sein Gesicht verwahren kann. 2. Ein paar gute Handschuhe, damit, wenn man die Stöcke öffnet, man vor dem Grimm der Bienen verwahrt sei. Wenn man aber einen Stock öffnet und die Bienen mit Rauch (welcher drittens auch dazu gehört, samt dem Blasebalg, Kohlen, Rauchwerk usw.) gedemütigt hat, kann der Zeidler die Kappe und die Handschuhe ablegen, damit er besser sehen und seine Arbeit fein reinlich verrichten möge. 3. Muss man auch eine Zange haben, damit man die Pflöcke oder Nägel an den Beutenbrettern langsam herauszieht, man muss auch mit einem Meißel oder starken Messer den Lehm von den Beutenbrettern wegräumen, Federwisch kann man zum Ausräumen der Stöcke und Rauchtreiben auch nicht entbehren, und andere Dinge, auf welche sich ein jeder leicht ohne meine Erinnerung vorbereiten kann. Außerdem muss sich ein Bienenmann, der zeideln und fegen will, vor allem mit gutem scharfen Messern gefasst machen, damit er das verhärtete Rohs in den Stöcken gewinnen und die Beuten gut reinigen möge. Mit einem gemeinen Messer um 15 oder 18 Pfennige wird mir einer in großen Stöcken, in denen das Rohs manchmal so hart wie Horn ist, nicht viel ausrichten, und weil danach solches hartes Gewürche von den Bienen nicht belegt und gereinigt wird, so wachsen Motten darin, die nachher den ganzen Stock verderben, darum ist die Erinnerung des Autors von den richtigen Zeidelnmessern sehr nötig. *Ich habe zwei Zeidelmesser: eines vorne schmal und mit einer keulichten (runden) Spitze, damit schneide ich den Honig mit dem Gewürche ab. Das andere ist wie ein Krätzelein (kleiner Wollkamm) oder Krückelein (krummer Haken), damit fege ich die Beuten, und ziehe die Wachsbänder in der Fasten heraus.* Ich gebrauche neben einem großen langen, doch sehr dünnen Messer dieses, dessen Form ich hier beschreiben will.

Der vordere Breite Teil mit A gekennzeichnet ist zwei Finger breit, damit es einen Kuchen im Stock und nicht mehr löse, und vorne an beiden Seiten sehr scharf, damit stoße ich Gewürche und Honig ab, an das ich mit dem großen gemeinen Messer nicht gut herankommen kann.

Am Hinterteil B ist eine Scharre (Werkzeug zum scharren) und Kratze, mit der ich die Wachsbänder löse und die Beuten auf's sauberste reinige. Das ganze Messer ist eine gute Elle lang. Solches lässt man einen Waffenschmied aus einer alten Klinge, Dolch oder ähnlichem machen, die viel Stahl haben. Vor allem aber muss der Teil A gar dünn geschmiedet und geschliffen werden, so dass, wenn man beim Zeideln in die fetten vollen Honigwaben schneidet oder sticht, der Honig nicht mit der dicke eines kleinen Fingers herausdringt und auf die Bienen falle, unten in den Stock triefe und Ungelegenheit anrichte.

Außer dem Zeidelmesser kann ein Bienenmann auch einen starken Werkschnitzer bei der Hand haben, damit er diesen zum Holzschnitzen gebrauchen kann. Bienenmesser soll man mit Holzschneiden verschonen, wenn möglich. Die hier beschriebenen Messer lege ich, wenn ich anfange zu zeideln, in ein Gefäß voll sehr kaltem Wasser, setze es neben mich, nehme heraus was ich brauche, und was ich davon gebraucht habe, lege ich alsbald wiederum in das frische Wasser, so hängt sich das Rohs nicht daran, und schiebt sich auch beim Schneiden nicht zusammen. Mit diesem Wasser reinige und wasche ich auch meine Hände, wenn ich sie mit Honig besudelt habe.

II - Wann oder zu welcher Zeit man den Bienen Honig zu nehmen pflegt

Zeideln, oder von den Bienen Ausbeute heben ist eine schöne Lust, und je öfter man das selbige brauchen kann, desto besser ist es, wenn es nur den Bienen zum Nutzen und nicht zum Schaden gereicht. Zu viel aber dessen ist mehr schädlich als nützlich. Unser Autor nennt drei Termine, den ersten um Jacobi, den zweiten um Michaelis, den dritten um Gregorii. Um Jacobi, auch 14 Tage eher, nimmt man den Bienen Honig, die ihre Stöcke ganz voll gebaut haben und nichts mehr in ihre Stöcke tragen können. Wenn man einem Stock aus der unteren Beuten zwei Kuchen oder zwei Tafeln nimmt (wobei ich doch allzeit eher nach denjenigen greife, worin junge Drohnen als Honig sind), ist es genug, man suchet nicht vor allem Honig, sondern den Bienen Raum im Stock zu machen, der Honig ist um die Zeit nicht der beste, sondern sehr dünn, und das Rohs wenig zu gebrauchen. Ich halte mehr davon, dass man nur das Gewürche aus dem Unterteil (denn oben mache ja nicht auf, man zerreißt das ganze Gebäue im Stock, und der Honig läuft hier und dort davon, als wenn man den Zapfen an einem Fass hätte aufgedreht oder ausgezogen) nehme, worin noch Brut von Drohnen ist, und gebe danach einen Kasten an den Stock. Doch weiß ich, dass ich einmal neun Kandeln anständigen Honig aus einem Stock vor Jacobi nur aus der unteren Beuten genommen habe, und die Bienen haben gleichwohl denselben Sommer und Herbst fast den Stock wiederum voll gebaut. *Der Kantor von Rohren berichtet mir, dass er 40 Kannen aus drei Stöcken ohne Schaden auf einmal genommen habe.* Solches sind gute Stöcke, sie sind aber nicht üblich, da muss man nach St. Viti zeideln, ob man will oder nicht, wie auch unser Autor im Text beschreibt. Wo aber Bienen genug Raum haben zum bauen, kann man das Zeideln nach Viti wohl anstehen lassen. Damit man aber das Gebäude in den Stöcken, wenn man sie in solch warmer Zeit, wo alles weich ist, öffnet, nicht zerreißen möge, nimmt man einen Draht (nachdem man den Lehm von den unteren Beutenbrett weggetan und die Bienen durch Rauch abgetrieben hat), steckt ihn von einer Seite zur anderen hindurch, und schneidet fein langsam das Gewürche damit vom Beutenbrett er ab, wie ein Töpfer den Topf von der Scheibe. Diese Methode pflegt man auch mit Nutz zu aller Zeit, wenn man einen Stock öffnet, zu gebrauchen. *Um Michaelis lassen verständige Bienenherren ihre Bienen nur in der unteren Beuten aufmachen, die Bienenstöcke auf das reinste auskehren, und wenn die Bienen am Boden des Stockes aufgesetzt haben, eine vordere Spanne lang das Wefel verschneiden, damit weder Nässe noch Ungeziefer sich dadurch hinauf in den Stock arbeiten möge.* Honig aber schneiden sie nicht leicht, sie bedürfen dessen denn, um die jungen Schwärme damit den Winter über zu erhalten. *(Denn je mehr Honig die Bienen den Winter über im Stock haben, desto weniger zehren sie, während sie sich von dem Brodem (Dunst, Dampf) erhalten, und wo nun viel Honig ist, da ist viel Brodem, und umgekehrt).* Wer nun aus diesem Grund um Michaelis zeideln muss, dem rate ich treulich, dass er nur die untere Beuten angreife und den oberen nichts tue. Ich habe in diesem Fall, wie auch in mehreren anderen, auch mit Schaden gelernt, welches ich dem günstigen Leser zur Nachricht vermelden will: ich bekam vor etlichen Jahren eine ziemliche Anzahl junger Bienenschwärme, die hatte nicht viel Honig im Vorrat, nahm deswegen den Honig unten aus allen Stöcken. Endlich machte ich auch meinen allerbesten Stock (von dem ich neulich berichtet habe, aus dem ich einmal neun Kannen aus der unteren Beute genommen habe) obenauf, schnitt getrost und mit Lust darein, denn er war voller gediegenem Honig, und dachte, ich hätte es gut ausgerichtet. Als um Lichtmess keine Bienen aus diesem und den anderen Stöcken flogen, machte ich auf, da lagen wohl eine große Wasserkanne voller Bienen und waren erfroren, ich habe auch nicht eine einzige lebendig gesehen. Ich klagte meinen Schaden meinem Weibe, die da stracks sagte, sie wollte diesen Schwarm mit der besten Kuh, die sie im Stall hätte wieder erlösen. Darauf ging ich wiederum zum Stocke, mit der Absicht denselben auszuräumen, da wurde ich gewahr, dass sich etliche zwischen zwei Tafeln vorne am Flader, die ich ganz gelassen hatte, erhalten hatten, diese erwärmte ich wiederum mit heißen Steinen und brachte sie durch Gottes Segen wiederum auf, aber sie sind niemals mehr so nutzbar gewesen wie zuvor, aber ich habe sie - Gott Lob! - noch dieser Stunde.

Daraus versteht nun der günstige Leser, warum ich nicht rate, dass man den Bienen aus der Oberbeuten vor dem Winter das Gebäue zerstören solle, nämlich, damit sie nicht erfrieren. Es hilft nicht, wenn sie noch so viel Honig in den Stöcken haben, damit können sie sich nicht erwärmen, und so gehen sie zu Boden.

Übersetzung: Wer den Schaden der anderen versteht, der versteht.

Rechte Zeidelzeit

Um Gregorii oder zur Frühlings-Tag und Nachtgleiche ist die rechte Zeidelzeit, das sind Honig und Wachs recht pflücke (reichlich?), Da halte ich mit unserem Autor am meisten vom Honig ausnehmen, *besonders im neuen Monden*. Im Frühling sobald es beginnt warm zu werden und die Bienen anfangen Höslein zu bringen, sieht ein fleißiger Bienenmann zuerst nach den jungen Stöcken und erkundigt sich, ob sie ein Auskommen haben können oder nicht. Wo ein Mangel anfallen will, so kommt er diesen Stöcken mit Honig zu Hilfe. Die jungen, die genügsam sind und auch einen ziemlichen Überschuss haben beraubt er nicht, schneidet ihnen unten das Rohs einer zwerch Hand (eine handbreit) ab, verwahrt sie und lässt sie den Sommer so stehen, so bringen sie nicht nur einen großen Vorrat an Honig, sondern pflegen auch ein paarmal zu schwärmen. Auf diese Weise kommt doppelt ein was man im Frühling im Stock gelassen hat. Der Geiz glaubt es aber nicht gerne und folgt meinem Rat noch unlieber. Ich pflege keinem jungen

Stock leicht etwas von Honig und Wefel (ohne dass ich das Gewürche im Frühling unten ein wenig beschneide) zu nehmen, es sei denn er ist ganz voll gebaut, wenn ich auch gleich in zwei oder drei Jahren keine Nutzung von ihnen bekäme, ich weiß das ich nichts daran einbüße. Ist der Stock groß und kommt auf diese Weise recht zum Stande, so schneide ich danach im nächsten Jahr mehr Honig aus diesem Stocke als sonst aus drei oder vier. Doch muss hierbei beachtet werden, dass die Bienen im Stock auch Raum haben zum Bauen. Sobald man mit den jungen fertig geworden ist, mag man auch die alten angreifen, wenn man auch beachten muss, dass noch Kälte dahinten ist (dass es noch kalt werden kann?). Ich halte vom frühen Zeideln am meisten, und dass darum: 1. Weil ich das Rohs bekommen kann und dieses abschneiden kann wo ich will, weil die Bienen noch keine Brut gesetzt haben. *Dieser Grund ist etwas, weil aber die Bienen die Brut nicht weit vom Honig zu setzen pflegen, und ein rechtschaffener vorsichtiger Bienenvater den Bienen das Rohs zunächst am Honig und nicht zu viel zu nehmen pflegt, so wird durch spätes Zeideln wenig verschüttet, meines Erachtens nach.* 2. Weil sie darauf ungehindert bauen können und ihnen nichts zerstört wird. Wer langsam kommt, der tut Schaden an der Brut und am neuen Honig, den sie hin und wieder ins Wefel getragen haben. 3. Weil sie am Anfang nicht übermäßig böse sind, noch durch viel Stechen weder mir noch ihnen Schaden zufügen, denn welche Biene sticht, die ist des Todes.

III - Wie man einen Bienenstock richtig zeideln soll

Das ist eines der wichtigsten Stücke, die in der Bienenzucht zu beachten sind, wird dieses Werk richtig vollbracht so bringt es Nutz, wenn nicht, so bringt es den Bienen vielfältig Schaden und Verderben. Deswegen soll ein jeder, der Bienen hat, treulich gewarnt sein, dass er nicht jedermann seine Bienen schneiden lasse, wenn ihm seiner Bienen Wohlfahrt lieb ist. Es geben sich zwar viele als Zeidler aus, ein Teil von ihnen denkt, es sei keine Kunst Honig auszunehmen, schneiden und rumoren unter den edlen Tierlein, dass einem Verständigen das Herz im Leibe davon wehtut, wissen auch ihre Tyrannei meisterlich zu beschönigen und sagen: es muss ein geringer Krieg sein, wenn nicht etliche auf dem Platz bleiben. Vor solchen Bienenmördern und Dieben (die sie wahrhaftig sind, weil sie sich eines Dinges annehmen, von dem sie nicht gründlich wissen) hüte man sich. Ich weiß Exempel, dass solche unzeitigen (voreiligen) Meister von neun Stöcken wohl drei auf einmal zu Tode geschnitten haben. Deswegen will ich davon zum Beweis und zur Benachrichtigung gründlich berichten.

1. Wenn nun die rechte Zeidelzeit vorhanden ist, so muss ein Bienenmann auch schöne warme und ganz stille Tage zum Zeideln wählen. Damit, obgleich etliche Bienen in den Honig tauchen und in demselben wie die Vöglein am Lehm kleben, sie sich dennoch untereinander wiederum reinigen, und in dem warmen Sonnenschein sich wiederum erquicken können. Aus den hier beschriebenen Gründen fängt man auch früh beizeiten an, die Stöcke zu beschneiden, und höret spätestens zwischen ein und zwei Uhr nach Mittag wiederum auf. Wer in trübem kalten Wetter zeideln lässt, und bei scharfem Wind, derselbige tut seinen Bienen großen Schaden. Nicht nur die in den Honig tauchen sind des Todes, sondern auch diejenigen, die vor den Stöcken auf die Erde fallen, pflegen zu erstarren und zu erfrieren. *Obwohl sie sich auch nicht gerne bei solchem Wetter austreiben lassen.*

2. Wenn dann das Wetter gut ist, so nimmt man das Zeug, dass man zum Zeideln braucht, rüstet und verwahret sich, und fängt an, den Stock, den man schneiden will, zuerst unten aufzumachen.

Mottennester

3. Wenn der Stock geöffnet ist, und die Bienen langsam über sich getrieben wurden (am Anfang muss man die Bienen nicht zu sehr mit Rauch über sich zwingen, dass man sie danach wenn nötig auch wieder unter sich treiben kann), so kehret man den Abgang von Bienen und Gewürche auf's reinste in eine Mulde, das verwendet man dann zum Rauche, wie im nächsten Kapitel beschrieben werden wird.

Außerdem suche ich auf's allerfleißigste an Boden und Seiten, ob Mottennester vorhanden sind, solche kratze oder scharre ich auf's reinste heraus, werfe sie in den Rauchkrug und verbrenne sie.

Nachdem man nun den Stock solchermaßen auf das sauberste gereinigt hat, fängt man an, dass Rohs fein groß in der unteren Beuten abzuschneiden, und bedecke den Boden des Stockes ganz und gar damit, so dass, wenn Honig heruntertrieft, er nicht in den Stock, sondern auf das Gewürche falle, so kann ich diesen Honig nicht nur leicht herausnehmen, sondern der Stock bleibt mir auch trocken und rein, so können dann die Motten nicht so leicht darin aufkommen, wie es sonst geschieht, wenn die Stöcke unten mit Honig angefeuchtet und beschmutzt werden.

Wachsbänder abnehmen

5. Dann ziehe ich mit der Kratzen oder Krücken am Zeidelmesser die Wachsbänder auf's reinste ab, soweit ich das Rohs zerschnitten habe, und dass darum, weil ich danach wegen der Bienen, die aus dem Oberteil des Stockes herunterweichen, nicht gut ohne der Bienen Schaden dazukommen kann.

6. Wenn dies verrichtet ist in der unteren Beute, so mache ich den Lehm an der oberen Beuten auch los, räuchere die Bienen zu beiden Seiten gut weg, schneide dann mit einem Draht das Gewürche vom Beutenbrett ab, nehme das Brett davon weg, und entblöße den Oberteil des Stockes, der für gewöhnlich das rechte Honignest ist, und wenn viele Bienen am Beutenbrett sind, lasse ich sie unten in den Stock laufen, damit ich nicht etwa den Weisel aus dem Stock reiße.

Was für Rohs man abschneiden soll

Darauf fange ich an wiederum Rohs zu schneiden, wo ich zuvor gelassen hab, und vor allem greife ich nach dem schimmeligen und schwarzen, wenn vorhanden, und nehme dessen so viel, als es mir dienlich erscheint. Ist es vor dem Flader schwarz und verdorben von der Kälte, die durchs Fladerloch bei grimmiger Kälte hineingeschlagen ist, so sehe ich, wenn ich mit meinem langen Zeidelmesser hinein arbeite, dass ich das böse vorne samt den Wachsbändern abstoße, und das hintere stehen lasse.

7. Nach diesem betrachte ich, wie viel Honig ich dem Stock ohne seinen Schaden wohl nehmen kann, denn wie die Stöcke einander bei weitem nicht gleichen, so darf ich auch aus einem nicht so viel wie aus dem andern schneiden. Aus reichen fetten Stöcken fallen reiche Ausbeuten: von armen, die wenig Vorrat haben, nimmt man wenig, man lässt ihnen auch wohl alles, ja man gibt ihnen auch wohl oftmals Zubuße. Vor allem muss man mit denjenigen, die im vorigen Sommer zwei- oder dreimal geschwärmt haben, gnädig umgehen, damit sie Hauswirte bleiben mögen.

In weiten und großen Stöcken

8. Mit einem Stock der ziemlich gut steht, und eine ordentliche Weite hat, teile ich, das ist, ich schneide den halben Teil an einer Seite von oben an, soweit das Rohs geht, rein ab, und lass die andere Hälfte stehen. Sie haben gebaut wie sie wollen, es hindert nichts. Sind die Kuchen der Länge nach angesetzt, so schneide ich sie ganz heraus, stehen sie aber über zwerch, so schneide ich sie vorsichtig in der Mitte entzwei, nehme den halben Teil heraus und lasse die andere Hälfte im Stock stehen. Wenn ich im nächsten Jahr wiederum zeidel, so schneide ich dasjenige heraus, dass ich zuvor habe stehen lassen, und verschone das neue Gebäue. Auf diese Weise fege und reinige ich allezeit in zwei Jahren meine Stöcke von Honig und Rohs, und muss mich nicht sorgen, dass sie leicht mottig werden, und es verdirbt mir auch der Honig nicht, wie es denjenigen widerfährt, die viele Jahre den Honig über dem Kreuz stehen lassen.

Was beim Zeideln zu beachten und vonnöten ist

9. Beim Schneiden muss man die reinen Stücke Honig in ein Gefäß alleine, und die unreinen auch alleine legen, und diese danach auf's reinste säubern.

10. Beim Schneiden aber muss ich guten Rauch nicht nur in einem, sondern in zwei Krügen oder Töpfen haben, damit ich die Bienen mithilfe eines Federwisches rein vom Honig abtreibe. Ich schneide nicht, es sei denn die Bienen sind weggewichen, und vor allem muss man gut zusehen in

den Stöcken, die quer gebaut haben, dass man nicht den Weisel zu Tode schneidet, oder aus dem Stock mit wegnehme. Man mache zuerst die Tafeln vom Stocke an der Seiten los, an der man Gewürche und Honig herausnimmt, beuge diese zu sich, soweit es geht, so kann man ihnen mit Räuchern beikommen und sie abtreiben.

11. Wenn man dann genug aus dem Stock genommen und die Wachsbänder rein abgezogen hat, macht man stracks das obere Beutenbrett vor und verklebt es, damit andere Bienen nicht einfallen können, nachdem man auch das Rohs aus der unteren Beute genommen hat, verklebt man den Stock unten auch. Man soll ja keinen anderen, um einen Einfall der Raubbienen zu verhüten, im geringsten öffnen, bevor der erste auf's beste wiederum verwahrt ist.

Eine Biene drei Pfennige wert

12. Indem man aber die Beutenbretter vor den Stock macht und verklebt, muss man zuvor an allen Enden die Bienen mit Rauch abtreiben, so dass man keine Bienen erdrücke oder mit verklebe. **Um diese Zeit, wenn die Nutzung und Bienen sich mehren, soll kein Bienenherr eine Biene mit Absicht um drei Pfennig aus dem Stock entrathen** (entbehren), haben die Alten zu sagen gepflegt. Wo nun unachtsames Gesinde ohne Rauch die Stöcke verklebt und manches Mal (wie ich ehemals, wenn ich an anderen Orten gezeidelt habe, mit Schmerzen gesehen habe) der alte Lehm pechschwarz voller erdrückt er Bienen ist, so kann ein jeder leicht ermessen, was ein solch mächtiger Abgang diesen Stöcken geschadet hat. Das ist also in Kürze der Bericht, wie man einen Stock ohne Schaden zeideln oder schneiden soll.

Man soll den Bienen nicht zu viel nehmen

Zum Überfluss will ich einem jeden nochmals treulich erinnert haben, dass er seinen Bienen nicht zu viel nehme, und sie berauben lasse, denn es kann den Bienen kein größerer Schaden zugeführt werden, als durch übermäßiges Verschneiden, zu viel Honig kann man ihnen nicht lassen, aber leicht zu viel nehmen. Wer seinen Bienen zu nahe greift beim Schneiden, der schneidet sich selber in diesem Fall all sein Glück ab, denn 1. So gehen viele Bienenschwärme davon, wenn kaltes Wetter einfällt, oder in der Baumblüte, wie es oft geschieht, und keine Nutzung zu finden ist, ganz ein. 2. Bleiben sie schon am Leben, so können sie doch vor Mattigkeit (als Haushalter, die in großes Abnehmen gekommen sind) den ganzen Sommer über zu keiner rechten Nutzung kommen. Ja ich sage die Wahrheit, dass mancher Stock solche Plünderung kaum in drei Jahren recht verwindet. 3. Solche Stöcke werden auch leicht von Raubbienen und Motten überwältigt. Frische Bienen müssen sowohl Raubbienen als auch Motten wohl ungebissen lassen.

Matten Bienen helfen

Im Jahre 1609 gingen meinem Nachbarn sehr viele gute und alte Stöcke ein, weil sie ihnen zu viel genommen hatten. Ich habe mit meinen Augen gesehen, dass die Bienen in etlichen Stöcken alle Brut ausgebissen und herunter in die Stöcke geworfen haben, nur um ihr Leben zu retten. Ich sah auch etliche Stöcke vor Hunger so ermattet, dass sie nicht von der Stelle fliegen konnten. Etlichen besprengte ich das Gebäue mit dünnem Honig, erwärmte sie mit heißen Steinen, damit sie die Kost zu sich nehmen konnten, etliche Stöcke haben es noch dieser Stunde nicht recht überwunden. Es schadet den Bienen nicht, wenn man ihnen von Jahr zu Jahr überflüssigen Honig lässt, was man ihnen ein Jahr lässt, das nimmt man ihnen das nächste Jahr, und der Honig in den Stöcken, die da an einer gewissen Stelle stehen, ist so sicher wie in Töpfen. Es wäre zwar fein, wenn es damit daher ginge, wie der heidnische Poet Virgilius schreibt:

Übersetzung: Je mehr sie sich erschöpft haben, desto stärker werden sie den Sturz des fallenden Geschlechts ausbessern, und ihre Galerien anfüllen und ihre Scheunen mit Blumen durchweben.

Gesetzte Brut soll man nicht anschneiden

Aber in unseren kalten mitternächtlichen Ländern trifft es nicht zu, dass die Bienen, je mehr man sie plündert desto stattlicher eintragen sollen. In Welschland bei Rom hat es andere Luft und Nutzung als hier. Doch lassen wir uns gewiss in unseren Landen es auch an Gottes Segen begnügen, sagen Ihm Lob und Dank dafür. Hierbei soll auch nicht in Vergessenheit geraten, dass man den Bienen beim Schneiden ja die gesetzte Brut nicht ausschneide, sondern mit höchstem Fleiß schonen solle. Wenn man es aber nicht vermeiden kann, und man muss wegen des schimmeligen und schwarzen Gewürches Brut mit ausschneiden, oder es geschieht ungefähr, so schneide man das ledige Rohs weg, und setze die Brut fein gefüge, wo es sich schickt wiederum in den Stock, aus dem sie genommen wurden, so wird sie von den Bienen ausgebrütet. Ich weiß wohl das unbesonnene Zeidler zu sagen pflegen: es schadet nichts, sie setzen wohl andere. Das weiß man wohl, dass sie andere setzen, wenn aber diese fertig sind, so helfen sie auch Junge zu zeugen und arbeiten. Zusammengefasst, was ich neulich von alten Bienen gesagt habe, wie man diese am fleißigen beim Zeideln schonen solle, dieses soll auch von der Brut wie von den Jungen verstanden werden.

Das ledige Rohs vor die Stöcke zu setzen ist gar nicht nützlich

Weil es auch ein alter Brauch ist, dass man das ledige Rohs, dass man ausgeschnitten hat, vor die Stöcke zu setzen pflegt, damit die Bienlein dasjenige was noch vom Honig darin ist, davon nehmen mögen. Dieses Vorhaben ist den Bienen dienlich, wo nicht andere in der Nähe stehen. Wenn aber Bienen in der Nähe sind, so trage man das Gewürche nur stracks in's Gebäue, denn man gewöhnt die fremden Bienen an Stöcke, welche danach in schlechten Zeiten dieselben anfallen und wohl gar tilgen. Wenn aber jemand dieses Werk für nötig erachte, so lege oder setze er das Rohs in eine gute Ecke von seinen Stöcken, so ist die Gefahr nicht so groß, *oder setze dieses vor die Stöcke, wenn's nicht sogar übermäßig warm ist, und die anderen Bienen nicht gerne weit fliegen tun.*

IV - Einmal ist viel, andernmal wenig Honig zu finden

Ich habe etliche Male bei meinen Bienen viel Honig gefunden, und im nächsten Jahr habe ich ihnen geben müssen.

Das ist nicht verwunderlich, etliche Bauern verkaufen ein Jahr viel Korn, das andere Jahr müssen sie kaufen. Was ist die Ursache? Antwort:

1. Es wächst ein Jahr nicht wie das andere; so haben auch die Bienen ein Jahr nicht dasselbe Gedeihen wie das andere.
2. Es kann auch der alte gute Weisel umgekommen sein.
3. Du kannst ihnen auch wohl beim Zeideln zu nahe geschnitten haben.
4. Es kann auch wohl ein anderer Unfall mit zugeschlagen haben, wie in folgenden Punkten soll gesagt werden.

V - Es stehen oft zwei Stöcke beieinander

Warum die Stöcke, die so beisammen stehen, einander im Honig oft nicht gleich sind, wie der Autor klagt, das hat diese Ursachen.

1. So ist ein Schwarm von Natur häuslicher als der andere, und vor allem wenn er einen Weisel hat. Etliche Bienen mehren sich mit Gewalt, diese tragen wenig Honig ein, etliche aber halten auf Honig und schwärmen selten, darum können solche an Honig einander nicht gleich sein.

Ich glaube aber, dass es sehr viel am Mondschein gelegen sei, ob sie gesetzt werden und schwärmen in zu- oder abnehmenden Monden; außerdem fallen in einem Jahr auch unterschiedliche Arten aus einem Stock, wie man es auch an Kindern sieht, die von einerlei Eltern herkommen, wo doch etliche hager, etliche beleibt, etliche verschwenderisch, etliche sparsam oder haushältig sind.

Übersetzung: Denn in der Natur versteckt sich bisher auch vielerlei, und öffnet sich den Erforschenden.

2. Wenn auch beim Zeideln einem mehr als dem anderen genommen wird, und der eine davon in Abnehmen gerät (Mangel erleidet, Anm.), so können sie einander danach nicht gleich sein.

3. Wenn einem Stock die Raubbienen zusetzen, so können diese nicht gleichviel wie die anderen eintragen.

4. Bisweilen werden im Frühling die Bienen in einem Stock siech (krank), und manches Mal der Weisel krank,

durch diese Dinge werden die Stöcke auch mächtig am Eintragen gehindert.

VI - Wie man den Bienen in den Stöcken das Gewürche versetzen soll

Weil man beim Zeideln den Bienen bisweilen das Gewürche auf eine andere Weise als sie es gebaut haben zu versetzen pflegt, so will ich auch hier etwas davon berichten, da ich ja willentlich nicht das allergeringste, dass es von den Bienen zu wissen gibt, übergehen wollte. Es liegt daran, dass die Stöcke, die über zwerch gebaut haben nicht so gut zu zeideln, auch nicht so gut beim Kauf sind, wie diejenigen, die der Länge nach angesetzt und gebaut haben, deswegen bemühen sich etliche, solchen Stöcken das Gebäue zu verändern, dass geschieht auf zweierlei Weise.

Etliche schneiden den Stöcken, die da zwerch gebaut haben, Honig und Rohs rein aus und setzen danach nach ihrem Gefallen denselben Stock über dem Kreuze wieder mit Honig ganz voll. 2. Etliche schneiden nur den halben Teil heraus und setzen davon an die ledige Stelle auf die Weise, wie sie es haben wollen, dass die Bienen bauen sollen. Die erste Weise ist die beste und gewisseste, wenn die eingesetzten Kuchen gut befestigt werden. Die Bienen werden leicht hierdurch irre gemacht und am Eintragen und Schwärmen denselben Sommer sehr gehindert. Ich glaube nicht sehr an dieses Werk. Hätte ich nur viele gute Bienen, wenn sie schon über Zwerch gebaut hätten, ich wollte ihnen mit Gottes Hilfe wohl beikommen. Manche Bienen, ehe sie sich ihre Weise nehmen ließen, setzen am Kreuze an nach ihrem Gefallen, lassen den Raum über dem Kreuze ungebaut, welches sie auch zu tun pflegen, wenn das Oberteil über den Haufen fällt, bisweilen ziehen sie wegen der Zerstörung gar davon. *Oben ist gemeldet worden, wie ihnen auf verschiedene Weise Anlass zum Bauen gegeben werden könnte.*

Das zehnte Kapitel

Wie man Honig aussäumen und Wachs machen soll

Wenn man mit dem Zeideln fertig ist, so fange man kurz darauf damit an, den Honig von dem Gewürche zu schneiden, damit hantiert man aber so: man nimmt einen Romkrug (Rahmkrug) oder Milchtopf mit einem Zapfen (groß oder klein, je nachdem ob man viel oder wenig Honig hat) in den tut man zuerst die besten und reinsten Honigstücke, die Stücke aber, in denen sich Haselzapfen, Bienenmeel (Bienenmehl?) oder alter Honig befinden, menge ich nicht unter diesen reinen, sondern behalte sie alleine bis zum Schluss in einem Geschirr. Wenn der Topf voll ist, so verschließe man den Zapfen fleißig, sieht auch wohl zu, dass man beim Umrühren diesen nicht losstoße, setzte diesen Topf in einen Kessel mit heißem Wasser, unter dem ein anständiges Feuer ist. Wenn nun der Topf eine Zeit lang in dem heißen und siedenden Wasser gestanden hat, und ich dieses etliche Male gut umgerührt habe, so zerfließt der Honig, dass er ganz dünn wird, als dann hebt man den Romkrug oder Topf aus dem Wasser, zieht den Zapfen daran aus, lässt den Honig durch einen Durchschlag oder Tüchlein (die man zuvor mit heißem Wasser warm gemacht hat) in ein reines Gefäß laufen, wie es kann und mag, bisweilen kommt etwas vor das Loch, dies räumt man von außen mit dem Zapfen oder von innen mit einer Kelle weg. Wenn der Honig nicht mehr folgen will, so setzt man es wiederum in den Kessel und schmilzt es von neuem. Wenn dann das Beste heraus ist, so legt man zu dem übrigen auch das geringe in den Topf und geht mit demselben um wie hier gemeldet wurde. Lässt den Honig auch heraus, doch in ein anderes Geschirr (das Gute tut man alleine, den Affterhonig auch), wie es folgen kann und will. Endlich wenn nichts mehr zum Zapfenloch herausgehen will, so wärme ich es von neuem wiederum im Kessel, schütte danach dieses (auf zwei oder dreimal, je nachdem wie viel es ist) in einen passenden Sack, den ich mir dazu habe machen lassen, und flugs damit in die Presse, so bleibt mir nicht viel darinnen. Beides, den

Sack aber und die Presse lass ich zuvor in heißem Wasser warm werden, so geht's desto besser durch. Diesen Honig tue ich auch alleine in ein Geschirr, die Überreste oder was im Sack bleibt lasse ich durch reines gesottenes Brunnenwasser gut waschen, und behalte dieses Honigwasser für Meth, wovon ich bald berichten werde. Den ausgeseimten Honig tut man in ein reines Geschirr, ein jedes in ein anderes, setzt es in ein kühles doch auch luftiges Gemach, und behält es zur Nutzung wie lange man will.

Wo man den Honig am besten behalten kann

Etliche setzen den ausgeseimten Honig an die Sonne, das ist aber nicht gut, denn der Honig versäuert an der Sonne, und danach sterben die Bienen davon genauso wie von Tonnen-Honig.

Die Art, den Honig im Backofen zu seimen

Das ist die beste Weise, Honig auszuseimen und zu verwahren. Andere legen den Honig wie oben beschrieben in Töpfe und setzen es in heiße Backöfen, zwingen es danach auf vorige Weise durch eine Presse, oder bei Mangel derselben, gießen sie ihn gleichwohl aus in einen Honigsack, legen diesen auf ein glattes Brett, anderthalb Ellen lang, und drücken ihn darauf mit einem Mandelholze aus. Etliche zwingen den Honigsack mit zwei Stöcken nach höchstem Vermögen. Diese Weise aber, dass man den Honig in Backöfen wärmt ist nicht gut, denn der Honig verliert von der Hitze die Farbe, den Geschmack und die Kraft, und das Wachs mengt sich auch haufenweise mit unter, was man nicht zu befürchten hat, wenn man's im Wasser heiß macht. Wenn ausgeseimter Honig ein paar Tage in Töpfen steht, so wirft er alles Unreine und übriges Wachs über sich, das kann man zum Affterhonig tun, oder die Bienen damit speisen. Es schadet auch dem Honig nicht, wenn es darauf bleibt.

Ich mache den Honig auf diese Weise aus: anfänglich setzt sich das reinste in die Stuben auf einen warmen Ofen, wenn ich bald fertig haben will, das er nur ein wenig geschmeidig wird, danach nehme ich ein paar wenige Stücke auf einmal in ein klares reines Tuch und drücke es durch, so gewaltig wie ich kann, da bekomme ich den schönsten und reinsten Honig, mit dem ich einen jeden bewahren kann, es geht zwar etwas langsam zu, aber gut Ding will Weile haben, und weil ich bisher nicht mehr als zwölf Kannen auf einmal auszumachen gehabt habe. Also hat die Mühe nicht lange dauern dürfe, das übrige aber, was auf diese Weise nicht herausgebracht werden konnte, habe ich auf vorhergehende Weise gemacht, oder wie ich gewusst und gekonnt habe.

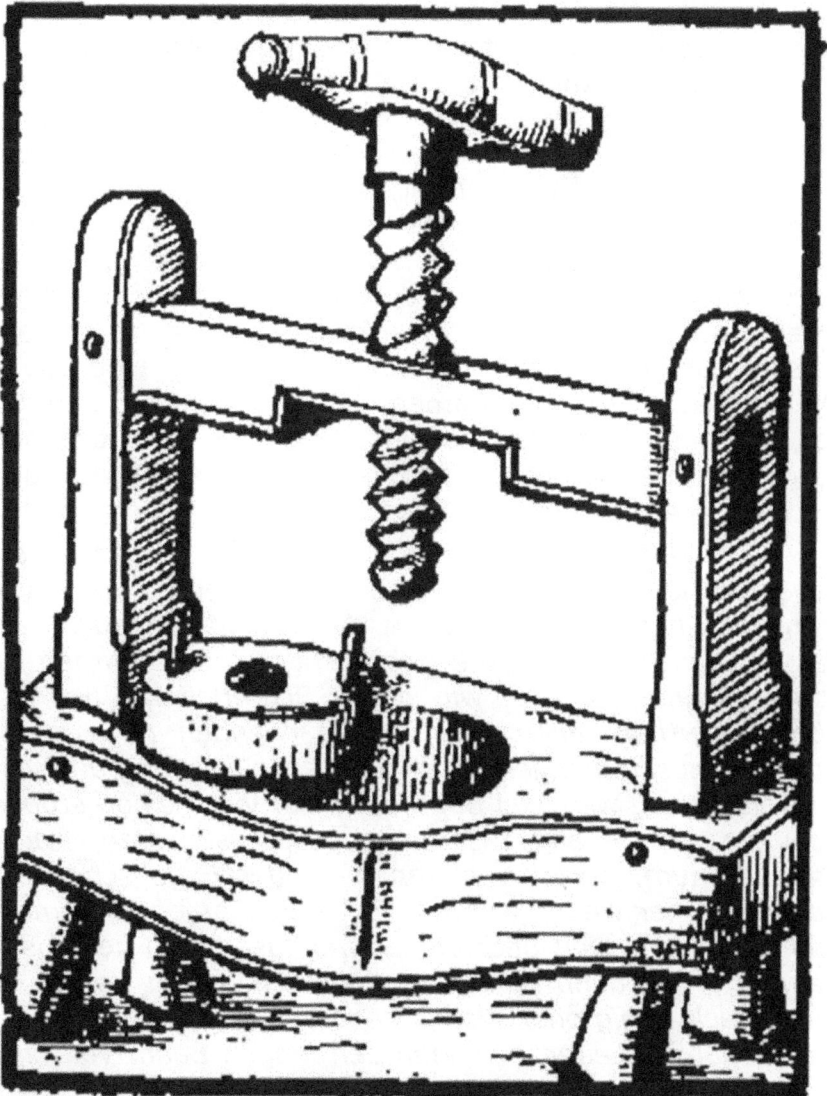

Wie man Wachs aus dem Gewürche macht

Man nimmt das Gewürche oder Rohs, zerbricht es in Stücke, tut es in einen Kessel oder Topf (je nachdem ob man wenig oder viel hat), gießt Wasser drauf, macht ein ordentliches Feuer darunter, und lässt es gut sieden, rührt es gut durcheinander, danach nimmt man den Honigsack zur Hand, gießt auf einmal einen Schöpftopf voll rein (*doch dass der Sack durch siedend heißes Wasser auch erwärmt worden ist!*), presst und drückt dieses aus in ein Geschirr, in dem kaltes Wasser ist, wie jetzt vom Honig gemeldet wurde. Wer keine Presse hat, der mag alle Mannskräfte wohl anstrengen, es bleibt dennoch wohl Wachs in den Ballen. Wenn man auf diese Weise das Wachs in kaltes Wasser gebracht hat, wovon es eine schöne Farbe bekommt, nimmt man es heraus, tut es in ein reines Geschirr, schmelze es langsam, und wenn es wiederum lauter (klar, rein) ist, gießt man es durch einen Durchschlag oder Tuch, oder den Sack in ein anderes Gefäß, indem unten ein wenig warmes Wasser ist, weil es im kalten Wasser rumpich (unregelmäßig) und runzelig wird. Sobald aber dickes Wachs mitkommen will hört man auf, und gießt das unreine in ein Gefäß alleine. Das erste wird besonders schön, wenn es stehen bleibt, dass andere gebraucht man zu wüchsen (Wachs machen), Baumsalben usw.

Zu Wittenberg, als ich im Jahre 1641 dort studiert habe, sah ich bei einem Wagner, der ein guter Bienenvater war, und über 100 Bienenkörbe daselbst in Gebrauch hatte, dass er eine solche Presse gebrauchte. Zuerst wurden zwei starke Bäume, so dick wie große Schrotleitern, und etwa über anderthalb Ellen lang, mit gar engen doch starken Sprossen zusammengefügt, so dass sie hinten eng und vorne zu weit waren, wie zwei Bäume die auf vier Beinen stünden, dahinter, wo sie eng zusammen gesprosst waren, war ein starker Baum, der von hinten nach der Enge schmal und danach immer weiter wurde, mit einem Zapfen eingemacht, und ging vorne weit über diese zwei zusammen gesprossten Bäume. Wenn dann nun in den heißgemachten Honig- oder Wachssack Honig oder Wachs gegossen wurde, so legten sie diesen auf die Leiter, schlugen den langen Baum von hinten herüber, legten sich vorne über den vorstehenden Teil am

Oberbaum, und drückten so fest sie konnten, wendeten den Sack oft um, so dass er zwischen den drei Bäumen fein gequetscht wurde, da blieb wenig zurück. Es gefiel mir die Art sehr gut.

Das elfte und letzte Kapitel

Vom Gebrauch des Honigs
Nutzung des Honigs

Honig ist ein edler Saft und fast einem ziemlichen Tyriack gleich. Er ist sehr nützlich zur Erhaltung des menschlichen Lebens, dient in den Apotheken für Arzneien, ebenso in den Küchen und im Keller. Zur Arznei ist Honig sehr dienlich, er kann sowohl innerlich als auch äußerlich gebraucht werden.

Wie der Mensch alt werden kann

Athenaeus schreibt von einem Volk, dass er Cyrnios (Übersetzung: welche Korsika bewohnen) nennt, das deshalb lange leben soll, weil sie täglich viel Honig gebrauchen, der bei ihnen überflüssig sein soll. Als Demokrit einst gefragt wurde, wie ein Mensch es machen müsste, damit er sehr alt werden möchte, hat er geantwortet: das geschehe, wenn er den Leib täglich auswendig mit Öl, inwendig aber mit Honig versorge. Auf der Insel Malta findet man den besten Honig, der in der ganzen Welt ist, deswegen heißt sie auch Melite, das ist die honigsüße Insel, die Einwohner werden für gewöhnlich 70 und 80 Jahre alt.

Bunting im Reisebuch fol. 118, it. 120: Frühe nüchtern ein Stücklein Honig gegessen, einen Trunk Brunnenwasser darauf getan, gibt eine gelinde Purgation (Reinigung). Den kleinen Kindern, wenn sie zur Welt gekommen sind, gibt man auch Honig, soviel an einem Finger kleben bleibt (mehr darf es nicht sein), damit sie fein sanft gereinigt werden. Wasser von Honig gebrannt und Beulen, Mähler (Male) und kahle Köpfe oft damit benetzt lässt das Haar wachsen. D. Melch. Selititus 2. Buch, Kapitel 120. Vom Feldbau.

Honiggebrauch in Apotheken

Vor Honig aber sollen sich hüten, die neulich zur Ader gelassen wurden, ebenso Weibsbilder, die ihre Menses haben oder Sechswöchnerinnen sind, denn es treibt das Blut

gewaltig, *es gibt auch gelbe garstige Flecken*. Die Apotheker
pflegen auch viel und mancherlei Konfekte, Konserven und
Ladwergen (Arznei in Breiform) von Honig zu machen.

Küchen

Wie man Honig in der Küche zur Speise gebrauchen
soll, wissen Köche und Küchen ohne meine Erinnerung zu
tun.

Kellern - Kraft und Wirkung des Meths

Im Keller findet man auch gutes süßes Honigwasser
oder Meth, welcher in Wahrheit nichts Anderes ist als ein
zugerichteter köstlicher Wein (Plinius Buch 14, Kapitel 17),
welcher zum Teil in Litauen, zum Teil aber in diesen Landen
gemacht wird. Solcher Trank ist nicht nur alten und kalten
Leuten sehr gesund, sondern im Geschmack so gut, dass er
die besten Weine übersticht, und einem anständigen
Malvasier gleichkommt. Was von diesem Trank die alten
verständigen Römer gehalten haben, erscheint aus Pollionis
Romulis Antwort, die er seinem Gast dem Augusto gab, als
er von dem selben gefragt wurde, was er denn gebraucht
hätte, dass er über 100 Jahre alt geworden wäre? Er hat
gesagt: Meth habe ich täglich zu meinem Trank gebraucht,
von außen aber mich mit Öle gesalbt (Plinius 22. Buch,
Kapitel 24).

Meth

Meth macht man so: Man nimmt Honig (je nachdem
ob man viel oder wenig Meth machen will), einen Topf voll,
und dann sechs solcher Töpfe voll reinem Brunnenwasser,
die Alten haben Regenwasser dazu genommen, tut's
miteinander in einen Kessel, und siedet es bei gelindem
Feuer bis auf den dritten Teil ein. Außerdem muss man ein
paar Hände voll Hopfen in ein reines Tüchlein mit einem
reinen Kieselstein, der das Büschelein zu Boden zieht,
vernäht haben, und diese, sobald der Meth anfängt im Kessel
zu sieden, auch nicht eher, bis auf die letzte heraus tun.
Während des Siedens aber muss allezeit eine Person dabei
stehen und den Schaum mit einer löchrigen Kelle abheben,
und bisweilen auch kosten. Wenn dann kein Schaum mehr
vorhanden ist, nimmt man ein anderes Säcklein, in dem

kleingeschnittenes Canöl (?), Muskatsnuss und Blumen, Ingwer, Nägelein (?), Paradieskörner, Galgant, Pfeffer und ganzer Safran vernäht sind, legt dieses auch in den Kessel und lässt es eine gute Viertelstunde lang miteinander wallen. Nach diesem schlägt man den Meth aus, wenn er erkaltet füllt man denselben in ein Weinfässlein, tut das Gewürzsäcklein hinein, legt das Fässlein an einen kühlen Ort in einem Keller oder Gewölbe, wenn er danach in drei oder vier Wochen gärt und aufstößt, so ist er reif und zeitig. Doch je länger er in einem Jahr liegt, desto besser wird er. Vor wenigen Tagen ist ein vertriebener Pfarrer aus Dänemark zu mir gekommen und hat mich beim Methsieden erwischt, der sagte mir, der Meth müsste Jahr und Tag liegen, bevor er seine rechte Kraft erreichte.

Wie der Meth gut zu machen sei

1. Müsste er zwar den Unflat (Verunreinigungen) von sich stoßen und werfen. 2. Müsste man ihn auf's festeste zuspinden und über ein Jahr liegen lassen. 3. Wenn dann das andere Jahr der Holunder blüht, so sollte man bisweilen ein Ohr an das Fass halten, wenn man dann hört, dass der Meth braust, summt und brummt wie ein Bienenschwarm, so möge man ihn vier Wochen danach aufmachen, so würde er sehr köstlich und dick sein, und auch das ganze Haus mit seinem lieblichen Geruch erfüllen. Und wenn einer Früh ein halbes Nösel (kleine Maßeinheit) Brot ausesse und zu sich nehme, könnte er einen ganzen Tag ohne alle Müdigkeit und Mattigkeit dabei wandern. Da aber unser Meth dem litauischen nicht gleich ist, da wir doch besseren Honig haben als die in Litauen ist nicht die alleinige Ursache, und dass wir Deutschen unseren Meth nicht lange genug liegen und zeitig werden lassen, ist auch glaubwürdig.

Wer aber seinen Meth liegen lassen will, der darf das Gewürzsäcklein nicht darin liegen lassen, der Meth beschlägt sonst davon. Wenn er das Fass zuspunden will, nehme er das Gewürzsäcklein heraus, presse es gut aus, und fülle mit dem ausgeprägten Abgang das Fass, und spunde es darauf zu. Mit den ausgepressten Gewürzen pflege ich zu räuchern, will mir einer folgen, der wird es nicht bereuen. Wie viel einer Gewürze dazu nehmen soll, kann man so eigentlich nicht sagen, macht man viel Meth, so nimmt dann auch viele Gewürze.

Die besondere Kraft des Meths

Dieser Trank ist besser als der herrlichste Wein, hilft für viertägiges Fieber, für Siechtage des Gehirns, für die fallende Sucht, ebenso für den Schlag, treibt auch den Harnstein, zertreibt den zähen Köder, und ist denjenigen, welchen der Wein zu trinken verboten ist, sehr bequem.

Gemeinen Meth macht man so

Man nimmt zu jeder Kanne Honig (für gewöhnlich braucht man den letzten oder Affterhonig dafür) acht Kannen Wasser, tut auch eine Geuspel (Hand voll) Hopfen vernäht dazu, schäumt und siedet es so lange bis es nicht mehr schäumt und der dritte Teil eingesotten ist. Dann schlägt man den Meth aus dem Kessel (sonst bekommt er einen Kupfergeschmack), füllt es auf und lässt es gären. Dieser ist auch gesund und gut, aber dem ersten bei weitem nicht gleich. Wenn man das Gefäß, worin der Meth nach dem Sieden ausschlägt, und das Fässlein, wo hinein man denselben auffüllt, mit Ziegen- oder anderer Milch *(von Milch halte ich nichts, weil alle Milch sauer wird, ich nehme frisches Wasser)*, darin das weiße von ein paar Eiern zerrieben, zuerst ausschwenkt, so reinigt er sich bald.

Mancherlei Meth, Claret, Hippocras

Weinmeth macht man aus Most, er darf aber nicht so lange wie Hydromel oder Wassermeth sieden, er reinigt sich wohl selber. Der Unterschied zwischen Meth, Claret und Hippocras ist dieser, dass man Meth aus Honig, Claret und Hippocras aus Zucker zurichtet. Man macht auch Meth aus guten Kräutern, Alantmeth ist nicht zu verachten, weil er der Brust und der Beschwerung sehr dienlich ist.

Vom Gebrauch des Wachses

Wachsbilder: Dass man, günstiger lieber Leser, aus Wachs so scheinliche ansehnliche Kreaturen und Körper formen und bilden könne, die da ein Ansehen haben als lebten sie, wissen solche Künstler, die damit umgehen, und die damit im Land herumfahren und große Summen Geldes davon einbringen am besten. Meine Absicht aber ist nicht, von diesen hier zu schreiben, das gehört auch nicht zur Haushaltung. Dass man auch durch Zutun anderer Dinge aus Wachs köstliche Salben, für jedermann, besonders den Armen sehr dienlich, präparieren und bereiten kann, ist auch bekannt und offenbar.

Besonders will ich den unwissenden, doch aber geplagten (wenn die Warzen ihnen aufreißen oder aufgesogen werden) Sechswöchnerinnen hiermit ein besonderes Mysterium aufdecken, so dass sie alsdann die Wunde mit ihrer eigenen Milch salben und ein Hütlein aus reinem Wachs darüber machen, so bleiben die Wunden darunter nicht nur gelinder und schmerzen nicht, weil sie nicht drücken und starr werden können, sondern vielmehr heilen sie. Denn es kann keine bei solchen zarten Wunden bessere und den Kindern gesundere Arznei gefunden werden als die eigene Muttermilch, oder daraus gemachte Butter; dazu ist eine milchreiche Mutter erforderlich, wie ich solche gesehen habe. Ja wenn ein Kind gar roh wäre ohne Haut, oder über den ganzen Leib fratt (verletzt), so wäre nichts Besseres als Frauenmilch zu gebrauchen, um diese Orte damit zu besprühen oder zu befeuchten, dies heilet in einem Tage mehr als das beste Pflaster.

Doch wie man aus dem Wachskerzen und Lichter machen soll will ich in Kürze berichten.

Wie man Docht machen soll

Man muss den Docht aus grobem Garn, das beim Spinnen nicht sehr gedreht, auch wohl gesotten und geklopft ist, machen, und diese Dochte fast gar nicht drehen, sonst wenn sie zu sehr gedreht werden, brennen die Dochte und Kerzen nicht helle. Damit aber gleichwohl die Dochte beisammen bleiben, setzt man ein Geschirr mit Wachs auf ein gelindes Kohlenfeuer, nimmt für jeden Docht mit einem Leppelein (?) aus dem Geschirr so viel wie nötig, und bestreiche die Dochte damit, so werden sie wie sie sein sollen. *Ich mache es so, nehme Licht- oder Dochtgarn, drehe es so lange es sein soll mit der Hand nicht gar zu feste, bestreiche es nur mit kaltem Wachs so stark, so läuft es voneinander und bleibt auch beieinander wie es sein soll.*

*Wenn man die Dochte gleich sehr dreht und mit kaltem
Wachs bestreicht, so schadet es ihnen nicht, und alsdann,
wenn sie in heißes Wachs getunkt und daraus gezogen
werden sollen, wird das kalte Wachs warm gemacht, und der
zu viel gedrehte Docht kann auflaufen.*

Wie man das Wachs zubereiten soll

Zuerst nehme ich das Wachs, spalte es mit einem
Meißel in etliche Stücke, lege diese auf ein Papier in einer
Mulden, setze sie auf den warmen Ofen, so werden sie
langsam weich. Lassen sich schneiden wie ein alter Schmeer
(weiches Tierfett). Zum anderen, wenn die Stücke nun
gelinde geworden sind, so nehme ich eins nach dem andern
und schneide diese gleichsam zu dünnen Hobel- oder
Zunderspänen, dass gar schöne auf einen, das unsaubere
auch auf einen Haufen, lege danach jedes einzeln (*dieses
Unterschiedes bedarf ich nicht, weil ich nur das schöne
Wachs alleine, und das andere auch abgesondert machen
tue*) in eine Mulde auf reines Papier, setze es auf den heißen
Ofen, so wird es bald weich. Man macht auch das Wachs
wohl in heißem Wasser weich, man muss aber das Wasser
rein wiederum herausarbeiten und über einem Kohlenfeuer
abtrocknen, und dann, wie gemeldet werden sollen, Kerzen
und Lichter daraus wirken (herstellen).

Wie man Wachskerzen und Lichter macht

*Ich habe meinem Schulmeister Kerzen in die Kirche
allhier gelehrt: das er das Wachs, siebeneinhalb Viertel eines
Pfundes zu einer Kerzen anderthalb Ellen lang, unserer Ellen,
nehmen muss, in kleine Stücklein, halb so groß wie Nüsse,
mit einem Meißel schlagen muss, und diese danach in
warmes Wasser das nicht zu heiß ist, (die Probe des Wassers
ist diese, wenn das Wachs zuerst hinein getan wird und
schmilzt, so ist es zu warm, wenn es aber nur weich wird, so
ist es recht) danach herausnehmen und mit den Händen gut
durchkneten, und allmählich hernach daraus einen lange
Rolle etwa eine Elle lang machen, folgendes mit beiden
Händen fein vorsichtig ausrollen, bis sie fast anderthalb Ellen
lang ist und zusammengefügt werden: als dann schneidet
man es gerade in der Mitte auf, legt den Docht gerade mitten
hinein, drückt die geschnittene Wunde aufs zierlichste zu,*

und walke es noch so lange bis man die Wunde nicht mehr sieht und auch die Kerze ihre gebührende Länge habe. Danach, solange sie noch warm ist, lässt man sie auf dem Tisch auf dem sie gewirkt wurde liegen, bis sie erstarrt, sonst kann sie brechen, wenn sie gut erstarrt ist, so streicht man mit dem Daumen und Oberfinger in der Höhle fein rauf und runter, da kriegt sie einen Glanz als wenn sie von dem besten Künstler auf das künstlichste gemacht worden wäre, und reiten auf der Straße, wie es täglich geschieht, wohl zehn vorüber, die da schwören Stein und Bein, es wären die Kerzen vom besten Künstler gemacht. Diese Art geht auch zum Licht machen an, ich habe oft aus der Not solchergestalt selber eine Tugend machen müssen. Das Wasser schadet ihnen nicht im geringsten, denn wie es aus einem dicken Wachsboden bald austrocknet, so auch und desto eher und mehr aus einer Kerzen oder Lichte, wie wohl das Wasser, wenn es ihm Wachs bliebe, sich das Wachs ohnehin nicht zusammenrollen ließe.

Zum dritten, wie man Lichter formt.

Nachdem nun das Wachs gut weich gemacht worden ist, nehme ich ein Stück, soviel wie ich zu einem Licht gebrauchen will, aus einer Mulde, durchknete und arbeite es an der Wärme, vor oder auf dem Ofen mit den Händen, dass kein Knötchen darin bleibt. Forme dann diese Stücklein eine sehr gute handbreit lang und ein paar Finger breit und auch eines Fingers dick, trage es aus der Wärme auf einen reinen Tisch, lege der Länge nach einen Docht mitten hinein, treibe das weiche Wachs mit den Handballen (welche ganz rein sein müssen) an beiden Enden aus, und forme ein Licht oder Kerze nach meinem Gefallen daraus. Man muss aber am Anfang genug Wachs für ein Licht nehmen, denn wenn das Wachs nicht für ein Licht ausreicht, und man Stücklein dazu tun will, geht es nicht gut an. Außerdem muss man auch fleißig darauf achten, dass der Docht allzeit in der Mitte bleibt.

Es können Formen aus Blech verwendet werden

Etliche haben Formen aus Blech dazu, die man auf etliche Teile auseinandernehmen kann, diese schmieren sie mit einem Schwämmchen mit Baumöl oder mit einem

Speckschwärtelein, setzen sie wiederum zusammen, ziehen einen Docht durch die Form, stecken oben einen Nagel vor, und so halten sie es von außen, gießen von oben mit einem Krügelein, dass ein Schnäuzelein hat, zerlassenes heißes Wachs hinein bis sie voll ist, wenn dann das Licht erkaltet ist, nehmen sie es heraus und gießen ein anderes darein.

Hölzerne Formen

Ich habe hölzerne Formen gesehen, mit sonderlichen Materien gefüttert, damit das Wachslicht umso leichter herausgehen sollte, es war aber eine mühselige und gefährliche Arbeit. Ich habe solche selber in den Händen gehabt, sonst, wenn man die Formen aus einem dazu tüchtigen Holz macht (wie ich sie einem Kirchenvater in der Mähre es in die Hände gegeben habe, welcher es auch zu gutem Glück und Fortgang gebraucht hat), fügt diese zwei Stücke mit einer Hoelhofel (Hobel zum Aushöhlen?) ausgezogene Stücke genau (mit Zwängen oder Bändern) zusammen, so kann man sicher, wenn zwischen den zusammengezwungenen Spalten oder Fugen kein zerlassenes Wachs eindringen kann, das zerlassene und recht heiße Wachs in die Form gießen, doch zuvor, dass sie gut mit Wasser angefeuchtet wird, oder vielmehr mit warmen Wasser eingewässert worden ist, denn dann schrumpelt das Wachs alleine nicht, sondern es löst sich auch das Licht umso eher. Ich habe es wunderlich versucht. Glaube!

Wachsstöcke zu machen

Für Wachsstöckelein macht man die Dochte solange man sie haben will, drückt diese mit einem Gäbelein in ein Geschirr, indem zerlassenes Wachs ist, und zieht es vorsichtig hindurch, wenn man es verrichtet, wendet man die Mangel, so eine vorhanden ist, mit den Händen, zieht's dann ein zweites auch wohl ein drittes Mal hindurch, bis es dick und stark genug wird, das letzte Mal walkt man es vorher rein auf den Tisch oder zwischen den Händen ab, bis dass es eine rechte Gestalt gewinnt, darauf legt man das gezogene Wachs zusammen so gut man kann und mag. *Die Kuchenbäcker haben eine Messing-Scheibe mit einem Schock kleiner Löcher, von denen immer eines größer ist als das andere, dadurch können sie allerlei dicke und dünne Fäden aus Wachsstöcken ziehen. Welche ihre Kunst zu ihrem Schaden ich ihnen nicht offenbaren will.*

Ganze Form

Es gibt auch ganze Lichtformen, die man nicht auseinandernehmen kann, sie sind aus Kupfer oder Blech gemacht. In diese verfügt man gedachtermassen den Docht, gießt auf die vorige Manier zerlassenes Wachs darein, wenn dies geschehen ist, so stößt man die Form bis an den Hals in kaltes Wasser, damit das Wachs erkalte und hart werde. Wenn das geschehen ist, so taucht man die Form mit dem Licht genauso in heißes Wasser, davon wird das Licht am Rande der Form wiederum weich und lässt sich leicht herausziehen. Dieses halte ich für die beste Weise Wachslichter zu machen, doch geht es mit zerlassenem Unschlitt (tierisches Fett) auch an, *welches die Schuster, die großer Lichter zu ihrer Nachtarbeit bedürfen, und deswegen solche blecherne Formen haben, gar wohl wissen.*

Ende des dritten Buches

Index ungebräuchlicher Wörter und Ausdrucksweisen:

A

abscheusen, abschiessen: abfallen, herabfallen

Äffterig: leichtes Getreide, Kornhülle

Äffterhonig: minderer, unreinerer Honig

Aglaster: Elster

Agstein: Bernstein

Ahle: Pfriemen

Am füglichsten: am passendsten, am bequemsten, am besten

Auf's allergehebeste: am allerbesten?

Auf's gehebeste: ordentlich?

ausbündig: musterhaft, vortrefflich

B

befahren: fürchten, befürchten

Beute, Beutebretter: Bienenhaus, Bretter dafür

bevoraus: zumal, besonders, hauptsächlich, vor allem

Bibergeil: Sekret aus den Drüsensäcken der Biber

Bienge:?

Borragen: Herzblümlein, Wohlgemuth

Brachmonden: Juni

Brästen: Gebrechen, Krankheiten

bresthaft(ig), presthaft: mangelhaft, krank, gebrechlich

Brod, Broden: Dampf, Sud, Feuchtigkeit, Dunst

C

Carnier: Rucksack, Ranzen, Tasche, Ledertasche

Concipient: Schriftsteller (von concipere, zusammenfassen, erfassen)

D

Dechsel: Hacke, Haue, Krummhaue

Index ungebräuchlicher Wörter und Ausdrucksweisen

Düllen: Vertiefungen, Dellen

E

Empfahung: Empfang(nahme)

enrathen, entrathen: entbehren

F

Fegezeit: Zeit der Reinigung der Bienenstöcke

Flader: Flugloch

Flederwisch, Federwisch: Federbesen

fratt: verletzt, wund

Fündelein: etwas Gefundenes, das man als klein und unbeträchtlich bezeichnet

fürnehmlich: vor allem, vorzugsweise

G

Gartheil: Johanniskraut oder Andreaskraut

Gehecke: Brut

gehling, gähling: plötzlich, schrecklich, tödlich

gemachsam: bequem, angemessen, vollständig

Gemülbe: Staub

geschwanck, schwang: biegsam, schlank

Geuspel: Masseinheit, ungefähr eine handvoll

Gevierdte, Gevierte, Geviertelholz: Holz, welches nach der Lage, die die Holzfibern haben und nach der Richtung, nach welcher man es mit dem Kolbeisen spalten kann, gehauen worden ist.

gewandtsweise: zufällig, nur der Form halber, wie auch immer

Gewürche: Wabe

glunsen: aufblähen, anschwellen

Grabscheit: Spaten

Grummet: zweites Heu, zweiter Heuschnitt

H

Häderlein: abgerissenes Stück Zeug, Lumpen, Fetzen

hecken: hausen, behausen, nisten

Heideren (Heyderen): Eidechsen

hero: hier, jetzt

Honigseim: der ungeläuterte Honig in den Waben, oder die Honigwaben selbst

Hopffenzieche: langer Hopfensack

Hornung:Februar

I

ingemein: im allgemeinen, umfassen, zusammenfassend

inmassen: weil, so wie

K

Kancker (Kanker): Spinnen

keulicht: rund, kugelig

Klinse:Spalte

Krätzelein: von Krätzel (Wollkamm)

Krückelein: Hörner des Gamsbocks oder krummes Ding, Haken

Kühn, Kien: fettes Kiefernholz

L

Ladwergen: Arznei in Breiform

Lainheintzen: Vielleicht Laien?

laulicht: lau, lauwarm

lauter: klar,rein

Leimen, Leim: Lehm, Kot

Lentzen: Frühling

liederlich: fröhlich

Lohe: wallende Glut

M

Malvasier: griechischer Wein

Manier: Art und Weise

Männglich/en: hier: alle/n, jeder/m

mehren, mähren: umrühren, rühren

Molkendieb: Schmetterling

Index ungebräuchlicher Wörter und Ausdrucksweisen

Mulde: längliches, ausgehöhltes Gefäß

N

Nachrichter: Henker, Scharfrichter

Nösel: kleineres Flüssigkeits- oder Trockenmass

O

Oder diß: außerdem

P

pferchen: defäkieren, düngen

Pflege: geschützter Ort, Wald, Heide

Pfriemen: an einem Hefte befestigte Eisenspitze zum Bohren

pichen: picken, kleben

Poley, Polei: Flohkraut

Polizei: Regierung, Verwaltung, Ordnung

Potentat: Machthaber

pregeln: braten, sieden, schmoren

Prob: Beweis, Nachricht

purgieren: reinigen

Q

Quendel: Wilder Thymian, Feldkümmel

R

Raute: die Pflanze

Reisig: Kriegszug zu Pferde

Rom: Rahm

rumpich: unregelmässig?

S

Schmeer, Schmer: das von Tieren (meist Schweinen) gewonnene weiche und linde Fett, unterscheidet sich von Talg

schmeissen, schmeiszen: Eier legen, oder jemanden in die Flucht schlagen

Schock: 60 Stück

schweifen: schwingend bewegen

Schwinge: länglichrunde geflochtene Wanne, um das Korn durch Schwingen zu säubern

schwirmeln: schwärmen

seimen: das Wachs und die Unreinheiten vom flüssigen Honig absondern, den Honig ‚läutern'

sich versehen: erwarten

Siede: mit siedendem Wasser abgebrühtes Viehfutter aus Häcksel, Getreideabfall, zerschnittenem Stroh etc.

sintemal: weil, indem

Spund: Verschlusszapfen

T

Threnen: Drohnen

Tosten: Pflanzen mit dichten, doldenartigen Blütenständen, wie wilder Majoran, Thymian, Wohlgemuth, Oregano

Trucken: Trockenheit

Turst: Kühnheit

Tyriack: altes Arzneimittel aus pulverisierten Pflanzenteilen und Honig

U

überkommen: erlangen, erhalten, erwerben

Unschlitt: tierisches Fett

unterweilen: zuweilen, von Zeit zu Zeit

unzeitig: zu früh, voreilig

V

verlustig: beraubt

verrechten: durch Recht verlieren

Verwilligung: Einwilligung, Übereinstimmung, oder freier Wille

verzwecken: befestigen, verkeilen

Vorschub tun: Förderung durch beihelfende Tätigkeit oder Hergabe von Mitteln

W

Wefel, Weffel: Bienenwabe

Über dieses Buch

Das im Jahre 1568 von Nicol Jacob aus Sprottau verfasste Werk "Gründlicher und nützlicher Unterricht von der Wartung der Bienen" gilt als der Beginn der deutschen Bienenliteratur. Es ist Zeuge einer Zeit, in der Bienen von immensem wirtschaftlichen Nutzen waren, da Honig das einzig verfügbare Süßungsmittel stellt. M. Caspari Höffler griff Jacobs Werk auf und publizierte 1614 die erste Auflage eines kommentierten Werkes, „Die rechte Bienenkunst". Es erschienen insgesamt 4 Ausgaben dieses Werkes zwischen 1614 und 1700.

Die hier vorliegende zusätzlich von Christoph Schrot überarbeitete Fassung von Höfflers Werk wurde 1660 in Leipzig veröffentlicht.

Altertümliche Schreibweisen und Satzstellungen, die das Lesen erschweren, wurden aktualisiert, und Satzzeichen eingeführt. Die Illustrationen stammen aus einer weiteren Ausgabe desselben Werkes, und sind teilweise mit denen in Nicol Jacobs Werk ident.

www.ingramcontent.com/pod-product-compliance
Lightning Source LLC
Chambersburg PA
CBHW020657270326
41928CB00005B/161